中高职一体化 高等职业教育教材

流体输送与传热技术

王 珏 ◎ 主编　　赵 埔 ◎ 副主编
刘承先 ◎ 主审

化学工业出版社
·北京·

内 容 简 介

为了全面贯彻党的二十大精神，落实立德树人根本任务，编者团队以化工总控工国家职业技能标准为依据，以一线操作工岗位技能要求为目标，按照"岗课赛证"综合育人的要求进行整体设计，通过挖掘化工生产核心职业技能点，引入典型化工生产案例，对化工单元操作技术课程的教学内容进行重构，将化工设备、仪表、原理、仿真、实训等课程的相关知识有机融合，以典型化工生产单元操作为纽带进行一体化的项目化内容设计，编写了《流体输送与传热技术》和《分离过程操作与设备》两本新型活页式教材。

《流体输送与传热技术》主要内容包括化工生产基础知识、流体输送技术和传热技术三个大模块，下设21个项目，每个项目分为若干个任务，共78个任务。各项目中设有"学习目标""项目导言""项目评价""项目拓展"，每个任务包括"任务描述""应知应会""任务实施""任务总结与评价"，便于教学和学生自学，强调对学生工程应用能力、实践技能和综合职业素质的培养。本书重视信息化技术的应用，配套了丰富的信息化资源，扫描二维码即可学习丰富多彩、生动直观的动画、视频等资源。

本书可作为高职、中高职一体化、中职化工技术类及相关专业的教材，也可供化工企业生产一线的工程技术人员参考。

图书在版编目（CIP）数据

流体输送与传热技术 / 王珏主编；赵埔副主编．—北京：化学工业出版社，2023.12
ISBN 978-7-122-44671-8

Ⅰ.①流… Ⅱ.①王…②赵… Ⅲ.①流体输送-化工过程-高等职业教育-教材②传热-化工过程-高等职业教育-教材 Ⅳ.①TQ02

中国国家版本馆CIP数据核字（2023）第240912号

责任编辑：提 岩　熊明燕　　　　　　　文字编辑：崔婷婷
责任校对：宋 夏　　　　　　　　　　　装帧设计：王晓宇

出版发行：化学工业出版社（北京市东城区青年湖南街13号　邮政编码100011）
印　　装：中煤（北京）印务有限公司
787mm×1092mm　1/16　印张20¾　字数482千字　2024年5月北京第1版第1次印刷

购书咨询：010-64518888　　　　　　　　售后服务：010-64518899
网　　址：http://www.cip.com.cn
凡购买本书，如有缺损质量问题，本社销售中心负责调换。

定　　价：58.00元　　　　　　　　　　　　　　　　　　版权所有　违者必究

前言

随着现代职业教育体系的逐步完善，中高职一体化长学制培养改革日益深化，课程教学模式不断创新，人才培养质量全面提高，社会服务能力明显增强。课程建设是专业发展的核心要素之一，教材建设和教学方式改革是课程建设的重要内容，对学生能力培养起着至关重要的作用。

化工单元操作技术是化工专业群的基础核心课程，涵盖了化工生产操作职业领域的基本知识，是培养学生专业能力的重要课程。在浙江省高水平专业建设背景下，为推进"三教"改革，强化校企协同育人，我们联合了多所职业院校及浙江巨化技术中心有限公司、浙江石油化工有限公司、浙江中控科教仪器设备有限公司、北京东方仿真软件技术有限公司等企业，统筹规划课程建设与配套教材开发工作，对接石化行业职业标准、岗位规范，改进传统教材的不足，推进课程深度改革，培养学生全面发展。经过两年的建设，共同完成了《流体输送与传热技术》和《分离过程操作与设备》两本新型活页式教材的编写工作。

编者团队根据化工岗位工作规范和技术要求，结合国家职业技能标准《化工总控工（中级）》（2019年版）以及学生就业岗位典型工作任务，进行教材教学设计。为有效引导任务培养目标，积极开展课程结构分析，确立专业课程体系，配套任务评价表，将课程思政元素、岗位工作规范和技术标准融入教学内容，依托典型岗位工作任务，形成基于岗位能力培养的新型活页式、工作手册式教材，能有效度量学生技能发展水平，达成人才培养的职业能力目标。

本书由王珏担任主编，赵埔担任副主编。其中，模块一由王珏、赵埔编写，模块二由徐豪、秦传高编写，模块三由费益、米星、刘彦峰编写。全书由王珏统稿，刘承先教授主审。

本书通过校企共建共同体实现教学内容与工作需求动态对接，很多素材来自企业一线最新技术和先进成果；采用活页式的形式，便于内容及时迭代和更新。在此对提供了大量素材的参与企业表示衷心的感谢！

由于编者水平所限，书中不足之处在所难免，敬请读者批评指正！

编者
2023 年 9 月

活页式教材使用说明

一、页码编排方式

为了便于对教材中的内容进行更新和替换,页码采用"模块序号—项目序号—页码号"三级编码方式,例如"1-1-2"表示"模块一"的"项目一"的第 2 页。

二、各类表、单的使用方法

教材中设计了"工作任务单"和"项目综合评价表"。"工作任务单"可根据各任务的学习和实施情况,及时填写;"项目综合评价表"在各项目学习结束时,根据学习和完成情况,从知识、能力、素质、反思等方面进行评价。"工作任务单"和"项目综合评价表"可从教材中取出,填写后提交。

三、活页圈的使用方法

使用活页圈,可灵活方便地将教材中的部分内容携带到一体化教学场地,也可将笔记、习题等单独上交。

四、信息化资源的使用方法

本教材配套开发了丰富的信息化资源,包含设备结构动画、任务指导视频、工艺流程讲解视频、理论知识讲解微课、化工装置操作视频等,扫描书中二维码即可按需学习。

教材还设计"项目拓展"栏目,学生可根据自身需要进行延伸阅读,拓宽知识面和眼界。

目 录

模块一　化工生产基础知识　　1-1-1

项目一　化学工业和化工生产　　1-1-1
　　学习目标　　1-1-1
　　项目导言　　1-1-1
　　任务一　了解化学工业的概念、特点及其在国民经济中的地位　　1-1-2
　　任务二　了解化工生产企业的组织架构、岗位职责和对人才的
　　　　　　基本要求　　1-1-4
　　任务三　认识化工生产的工作环境与班组制度　　1-1-9
　　任务四　认识常用的化工单元操作　　1-1-17
　　项目评价　　1-1-20
　　项目拓展　现代巡检技术　　1-1-21

项目二　化工设备　　1-2-1
　　学习目标　　1-2-1
　　项目导言　　1-2-1
　　任务一　认识化工管路　　1-2-1
　　任务二　了解化工常见阀门　　1-2-6
　　任务三　了解化工常见设备　　1-2-12
　　项目评价　　1-2-17
　　项目拓展　西气东输　　1-2-18

项目三　化工常见仪表及自动化　　1-3-1
　　学习目标　　1-3-1
　　项目导言　　1-3-1
　　任务一　仪表及自动化基础认知　　1-3-2
　　任务二　认识检测仪表　　1-3-5
　　任务三　认识PID和PFD　　1-3-12
　　任务四　初识DCS系统　　1-3-15
　　项目评价　　1-3-20
　　项目拓展　MES系统介绍　　1-3-21

模块二　流体输送技术　　　　　　　　　　　　　2-4-1

项目四　流体　　　　　　　　　　　　　　　　　2-4-1
　　学习目标　　　　　　　　　　　　　　　　　　2-4-1
　　项目导言　　　　　　　　　　　　　　　　　　2-4-1
　　任务一　认识流体的基本性质　　　　　　　　　2-4-2
　　任务二　学习静力学方程及其应用　　　　　　　2-4-6
　　任务三　学习连续性方程及其应用　　　　　　　2-4-11
　　任务四　学习伯努利方程及其应用　　　　　　　2-4-13
　　任务五　学习流体流动类型及输送方式　　　　　2-4-17
　　任务六　学习流体阻力来源及计算管道阻力　　　2-4-20
　　项目评价　　　　　　　　　　　　　　　　　　2-4-23
　　项目拓展　大禹治水　　　　　　　　　　　　　2-4-24

项目五　离心泵的维护与操作　　　　　　　　　　2-5-1
　　学习目标　　　　　　　　　　　　　　　　　　2-5-1
　　项目导言　　　　　　　　　　　　　　　　　　2-5-1
　　任务一　学习离心泵的基本结构及工作原理　　　2-5-2
　　任务二　学习离心泵的性能参数和特性曲线　　　2-5-6
　　任务三　学习离心泵的安装高度与汽蚀　　　　　2-5-9
　　任务四　认识离心泵的组合操作　　　　　　　　2-5-13
　　项目评价　　　　　　　　　　　　　　　　　　2-5-16
　　项目拓展　离心泵的使用　　　　　　　　　　　2-5-17

项目六　其他类型泵　　　　　　　　　　　　　　2-6-1
　　学习目标　　　　　　　　　　　　　　　　　　2-6-1
　　项目导言　　　　　　　　　　　　　　　　　　2-6-1
　　任务一　认识往复泵的结构、原理及工业应用　　2-6-2
　　任务二　认识计量泵的结构、原理及工业应用　　2-6-3
　　任务三　认识齿轮泵的结构、原理及工业应用　　2-6-6
　　任务四　认识隔膜泵的结构、原理及工业应用　　2-6-8
　　项目评价　　　　　　　　　　　　　　　　　　2-6-11
　　项目拓展　设备的管理规定（示例）　　　　　　2-6-12

项目七　流体输送设备和管路拆装　　　　　　　　2-7-1
　　学习目标　　　　　　　　　　　　　　　　　　2-7-1
　　项目导言　　　　　　　　　　　　　　　　　　2-7-1
　　任务一　学习拆装的原则和方法　　　　　　　　2-7-2

任务二　了解管路拆装的机械简图　　　　　　　　　　2-7-4
　　任务三　学习管路拆装的顺序和步骤　　　　　　　　　2-7-5
　　任务四　拆装实训　　　　　　　　　　　　　　　　　2-7-7
　　项目评价　　　　　　　　　　　　　　　　　　　　　2-7-12
　　项目拓展　管线/设备打开安全管理规定（示例）　　　 2-7-13

项目八　离心泵单元操作仿真训练　　　　　　　　　　　2-8-1
　　学习目标　　　　　　　　　　　　　　　　　　　　　2-8-1
　　项目导言　　　　　　　　　　　　　　　　　　　　　2-8-1
　　任务一　绘制离心泵单元流程框图/PFD　　　　　　　　2-8-2
　　任务二　劳保用品的穿戴　　　　　　　　　　　　　　2-8-3
　　任务三　辨识离心泵单元的安全风险　　　　　　　　　2-8-5
　　任务四　离心泵的维护与保养　　　　　　　　　　　　2-8-7
　　任务五　离心泵开车前准备　　　　　　　　　　　　　2-8-9
　　任务六　离心泵的开车操作　　　　　　　　　　　　　2-8-10
　　任务七　离心泵的停车操作　　　　　　　　　　　　　2-8-13
　　任务八　离心泵的事故处理　　　　　　　　　　　　　2-8-15
　　项目评价　　　　　　　　　　　　　　　　　　　　　2-8-17
　　项目拓展　离心泵的事故处理实例　　　　　　　　　　2-8-18

项目九　离心泵操作实训　　　　　　　　　　　　　　　2-9-1
　　学习目标　　　　　　　　　　　　　　　　　　　　　2-9-1
　　项目导言　　　　　　　　　　　　　　　　　　　　　2-9-1
　　任务一　开停车操作与稳定生产　　　　　　　　　　　2-9-2
　　任务二　双泵操作训练　　　　　　　　　　　　　　　2-9-7
　　任务三　典型事故处理　　　　　　　　　　　　　　　2-9-9
　　项目评价　　　　　　　　　　　　　　　　　　　　　2-9-11
　　项目拓展　离心泵实训报告（样例）　　　　　　　　　2-9-12

项目十　气体输送装置　　　　　　　　　　　　　　　　2-10-1
　　学习目标　　　　　　　　　　　　　　　　　　　　　2-10-1
　　项目导言　　　　　　　　　　　　　　　　　　　　　2-10-1
　　任务一　认识真空泵的结构、原理及工业应用　　　　　2-10-2
　　任务二　认识鼓风机的结构、原理及工业应用　　　　　2-10-4
　　任务三　认识通风机的结构、原理及工业应用　　　　　2-10-6
　　任务四　认识离心式压缩机的结构、原理及工业应用　　2-10-8
　　项目评价　　　　　　　　　　　　　　　　　　　　　2-10-11
　　项目拓展　常见固体输送设备　　　　　　　　　　　　2-10-12

项目十一　二氧化碳压缩机单元操作仿真训练　　　　　　2-11-1
　　学习目标　　　　　　　　　　　　　　　　　　　　　2-11-1

项目导言　　　　　　　　　　　　　　　　　　　　　　　2-11-1
　　任务一　开车操作　　　　　　　　　　　　　　　　　　　2-11-2
　　任务二　停车操作　　　　　　　　　　　　　　　　　　　2-11-6
　　任务三　压缩机喘振事故处理　　　　　　　　　　　　　　2-11-7
　　任务四　压缩机四段出口压力偏低、打气量偏小事故处理　　2-11-9
　　项目评价　　　　　　　　　　　　　　　　　　　　　　　2-11-11
　　项目拓展　干冰　　　　　　　　　　　　　　　　　　　　2-11-12

模块三　传热技术　　　　　　　　　　　　　　　　　　　　3-12-1

项目十二　传热基础知识　　　　　　　　　　　　　　　　　3-12-1
　　学习目标　　　　　　　　　　　　　　　　　　　　　　　3-12-1
　　项目导言　　　　　　　　　　　　　　　　　　　　　　　3-12-1
　　任务一　了解传热现象、基本原理和方式　　　　　　　　　3-12-2
　　任务二　了解传热速率和基本计算　　　　　　　　　　　　3-12-6
　　任务三　学习强化与弱化传热过程的方法　　　　　　　　　3-12-11
　　项目评价　　　　　　　　　　　　　　　　　　　　　　　3-12-17
　　项目拓展　传热热阻与物质的性质　　　　　　　　　　　　3-12-18

项目十三　换热器的操作与维护　　　　　　　　　　　　　　3-13-1
　　学习目标　　　　　　　　　　　　　　　　　　　　　　　3-13-1
　　项目导言　　　　　　　　　　　　　　　　　　　　　　　3-13-1
　　任务一　学习间壁式换热器的分类　　　　　　　　　　　　3-13-1
　　任务二　学习列管式换热器的结构、工作原理和选用　　　　3-13-7
　　任务三　学习板式换热器的结构、工作原理和选用　　　　　3-13-14
　　任务四　学习换热器的除垢清理　　　　　　　　　　　　　3-13-18
　　项目评价　　　　　　　　　　　　　　　　　　　　　　　3-13-22
　　项目拓展　换热器的应用　　　　　　　　　　　　　　　　3-13-23

项目十四　换热器拆装实训　　　　　　　　　　　　　　　　3-14-1
　　学习目标　　　　　　　　　　　　　　　　　　　　　　　3-14-1
　　项目导言　　　　　　　　　　　　　　　　　　　　　　　3-14-1
　　任务一　学习拆装的原则和方法　　　　　　　　　　　　　3-14-2
　　任务二　了解换热器拆装工艺流程简图　　　　　　　　　　3-14-3
　　任务三　学习换热器的拆装步骤　　　　　　　　　　　　　3-14-5
　　任务四　换热器拆装操作实训　　　　　　　　　　　　　　3-14-8
　　项目评价　　　　　　　　　　　　　　　　　　　　　　　3-14-11
　　项目拓展　造纸术　　　　　　　　　　　　　　　　　　　3-14-12

项目十五　换热器单元操作仿真训练　　　　　　　　　　　　3-15-1

学习目标 　　　　　　　　　　　　　　　　　　　　　3-15-1
　　项目导言 　　　　　　　　　　　　　　　　　　　　　3-15-1
　　任务一　换热器的开车操作　　　　　　　　　　　　　3-15-2
　　任务二　换热器的停车操作　　　　　　　　　　　　　3-15-6
　　任务三　换热器的事故处理　　　　　　　　　　　　　3-15-7
　　项目评价 　　　　　　　　　　　　　　　　　　　　　3-15-10
　　项目拓展　换热器事故典型案例　　　　　　　　　　　3-15-11

项目十六　锅炉单元操作仿真训练　　　　　　　　　　　　3-16-1
　　学习目标 　　　　　　　　　　　　　　　　　　　　　3-16-1
　　项目导言 　　　　　　　　　　　　　　　　　　　　　3-16-1
　　任务一　锅炉的开车操作　　　　　　　　　　　　　　3-16-2
　　任务二　锅炉的停车操作　　　　　　　　　　　　　　3-16-8
　　任务三　锅炉的事故处理　　　　　　　　　　　　　　3-16-9
　　项目评价 　　　　　　　　　　　　　　　　　　　　　3-16-12
　　项目拓展　锅炉　　　　　　　　　　　　　　　　　　3-16-13

项目十七　管式加热炉单元操作仿真训练　　　　　　　　　3-17-1
　　学习目标 　　　　　　　　　　　　　　　　　　　　　3-17-1
　　项目导言 　　　　　　　　　　　　　　　　　　　　　3-17-1
　　任务一　管式加热炉的开车操作　　　　　　　　　　　3-17-2
　　任务二　管式加热炉的停车操作　　　　　　　　　　　3-17-6
　　任务三　管式加热炉的事故处理　　　　　　　　　　　3-17-8
　　项目评价 　　　　　　　　　　　　　　　　　　　　　3-17-9
　　项目拓展　管式加热炉　　　　　　　　　　　　　　　3-17-10

项目十八　传热操作实训　　　　　　　　　　　　　　　　3-18-1
　　学习目标 　　　　　　　　　　　　　　　　　　　　　3-18-1
　　项目导言 　　　　　　　　　　　　　　　　　　　　　3-18-1
　　任务一　换热器的开、停车操作　　　　　　　　　　　3-18-1
　　任务二　换热器联合操作　　　　　　　　　　　　　　3-18-9
　　任务三　换热器典型事故处理　　　　　　　　　　　　3-18-12
　　项目评价 　　　　　　　　　　　　　　　　　　　　　3-18-13
　　项目拓展　换热器在生活中的应用　　　　　　　　　　3-18-14

项目十九　干燥基础知识　　　　　　　　　　　　　　　　3-19-1
　　学习目标 　　　　　　　　　　　　　　　　　　　　　3-19-1
　　项目导言 　　　　　　　　　　　　　　　　　　　　　3-19-1
　　任务一　学习干燥的基本概念和干燥速率　　　　　　　3-19-2
　　任务二　了解干燥的方式和工业应用　　　　　　　　　3-19-5
　　项目评价 　　　　　　　　　　　　　　　　　　　　　3-19-10

项目拓展　新型干燥技术	3-19-11

项目二十　蒸发基础知识 　　　　　　　　　　3-20-1

学习目标	3-20-1
项目导言	3-20-1
任务一　学习蒸发的基本概念	3-20-1
任务二　了解蒸发的方式和工业应用	3-20-4
项目评价	3-20-7
项目拓展　《天工开物》节选	3-20-8

项目二十一　多效蒸发操作仿真训练　　　　　　3-21-1

学习目标	3-21-1
项目导言	3-21-1
任务一　多效蒸发的开车操作	3-21-2
任务二　多效蒸发的停车操作	3-21-4
任务三　多效蒸发的事故处理	3-21-5
项目评价	3-21-7
项目拓展　蒸发器的类型	3-21-8

参考文献

二维码资源目录

序号	资源名称		资源类型	页码
1	丙烯酸甲酯工艺流程介绍		视频	1-1-19
2	标准化巡检		视频	1-1-21
3	闸阀	闸阀的整体浏览	视频	1-2-7
		闸阀的外观展示	视频	
		闸阀的结构展示	视频	
		闸阀的原理展示	视频	
4	截止阀	截止阀的整体浏览	视频	1-2-7
		截止阀的外观展示	视频	
		截止阀的结构展示	视频	
		截止阀的原理展示	视频	
5	蝶阀	蝶阀的整体浏览	视频	1-2-8
		蝶阀的外观展示	视频	
		蝶阀的结构展示	视频	
		蝶阀的原理展示	视频	
6	弹簧管压力计		动画	1-3-7
7	浮力式液位计		视频	1-3-8
8	转子流量计		视频	1-3-9
9	腰轮流量计	腰轮流量计的整体浏览	视频	1-3-10
		腰轮流量计的外观展示	视频	
		腰轮流量计的结构展示	视频	
		腰轮流量计的原理展示	视频	
10	质量流量计	质量流量计的整体浏览	视频	1-3-10
		质量流量计的外观展示	视频	
		质量流量计的结构展示	视频	
		质量流量计的原理展示	视频	
11	初识 DCS 系统		视频	1-3-16

续表

序号	资源名称		资源类型	页码
12	离心泵	离心泵的整体浏览	视频	2-5-2
		离心泵的外观展示	视频	
		离心泵的结构展示	视频	
		离心泵的原理展示	视频	
13	往复泵		视频	2-6-2
14	计量泵的结构		视频	2-6-4
15	安全帽		视频	2-8-5
16	离心泵法兰检查		视频	2-8-5
17	离心泵汽蚀现象的原理及危害		视频	2-8-18
18	液环真空泵		视频	2-10-2
19	喷射泵		视频	2-10-3
20	离心式压缩机		视频	2-10-9
21	二氧化碳压缩机工艺 3D 软件操作方法		视频	2-11-5
22	换热器单元开车操作		视频	3-15-4
23	锅炉单元仿真操作		视频	3-16-5
24	锅炉常见事故	锅管爆破	视频	3-16-10
		满水	视频	
		汽水共腾	视频	
		缺水	视频	
25	管式加热炉的操作		视频	3-17-4
26	降膜式蒸发器		视频	3-20-5

模块一

化工生产基础知识

项目一　化学工业和化工生产

 学习目标

知识目标
1. 了解化学工业的概念、分类，化学工业的发展史以及化学工业的地位和作用。
2. 了解化工生产企业常见的组织架构、岗位职责以及化工企业对人才的基本要求。
3. 认识化工生产的日常工作环境、工作内容。
4. 了解化工生产过程中常见的化工单元操作。

能力目标
1. 能够清晰地描述化学工业的概念和分类。
2. 能够运用专业工具书、期刊和网络资源获取相关文献资料，对知识进行归纳和整理。
3. 能够清晰地描述内、外操岗位员工的日常工作内容。

素质目标
1. 通过学习化学工业在国民经济中的地位，增强对从事化工类行业职业的自信心和自豪感。
2. 通过了解化工企业典型组织架构和岗位责任，增强岗位责任意识。
3. 通过了解化工生产过程中常见的单元操作，提高安全意识。

项目导言

我国石油和化工行业主要经济指标在全国工业行业中具有举足轻重的地位，化工产品也与人民生活息息相关，已经形成了门类比较齐全、品种大体配套并基本可以满足国内需要的化学工业体系。我国化学工业起步较晚，由于化学工业门类繁多、工艺复杂、产品多样，生产中排放的污染物种类多、数量大、毒性高，因此化工产品在加工、贮存、使用和废弃物处理等各个环节必须严格管控。

本项目会带你了解化学工业和化工生产，对今后可能从事的工作岗位有清晰的认知。

主要任务内容：

① 了解化学工业的概念、特点及其在国民经济中的地位；
② 了解化工生产企业的组织架构、岗位职责和对人才的基本要求；
③ 认识化工生产的工作环境与班组制度；
④ 认识常用的化工单元操作。

任务一
了解化学工业的概念、特点及其在国民经济中的地位

任务描述

查阅相关资料，学习化学工业的地位、发展概况、发展方向等知识，完成工作任务单。

应知应会

化学工业（chemical industry）又称化学加工工业，泛指生产过程中化学方法占主要地位的过程工业。化学工业从19世纪初开始形成，是发展较快的一个工业部门。

化学工业是产品品种多样的工业，为了适应化工生产的多种需要，化工设备的种类很多，设备的操作条件也比较复杂。过去把化学工业分为无机化学工业和有机化学工业两大类，前者主要有酸、碱、盐、硅酸盐、稀有元素、电化学等工业；后者主要有合成纤维、塑料、合成橡胶、化肥、农药等工业。随着化学工业的发展，跨类的部门层出不穷，逐步形成了以酸、碱、化肥、农药、塑料、合成橡胶、合成纤维、染料、涂料、医药、感光材料、合成洗涤剂、炸药等为门类的生物化工、高分子化工、精细化工等。

一、我国化学工业的发展史

追溯到古代，虽然没有工业，但是人们的生活中已开始出现化学加工方法，如制陶、酿酒、染色、冶金、造纸以及火药等。在公元前20世纪的中国夏禹已用酒进行祭祀；公元前5世纪进入铁器时代，表明人类已初步掌握了冶金技术。

我国近代化学工业起步较晚，1876年天津建成第一座铅室法硫酸厂，标志着我国近代化学工业的开始；1905年陕西延长兴办我国第一座石油开采和炼制企业；范旭东于1917年筹办永利制碱公司，由侯德榜为技师长，1926年生产出高质量的红三角牌纯碱；直到1949年我国的化学工业还很弱小。

中华人民共和国成立后，随着第一个五年计划的开始，我国新建了一些大型的化工企业，并扩建大连、南京、天津、锦西等九个老化工企业，组建一批化工研究、设计、

施工队伍，开始塑料及合成纤维的生产，开创高分子化工产品的生产。1961年，在兰州建成用炼厂气为原料裂解生产乙烯装置，开始了我国石油化学工业的生产，之后迅速发展，到80年代又组建了一批大型石油化工联合企业，基本形成了一个完整的、具有相当规模的工业体系，逐渐接近国外先进水平。随着改革开放政策的实施，不但石油化学工业地位飞速上升，精细化学品生产也从无到有。随着科学技术的发展，出现了一大批综合利用资源和规模大型化的化工企业。绿色化工正在逐渐取代传统化工，使化学工业走上可持续发展之路。

二、化学工业在国民经济中的地位

在国民经济中，各产业、行业和企业之间既有分工又有合作。它们在国民经济发展过程中起着不同的作用，而在发挥作用的同时又相互联系。

农业是国民经济的基础，而农业问题又主要是粮食、棉花等涉及亿万人民的吃穿问题，它制约着工业的发展，特别是其中的化肥、农药、塑料工业在国民经济中具有重要地位。化学工业为农业提供化肥、农药、塑料薄膜、饲料添加剂、生物促进剂等产品，反过来又利用农副产品作原料，如淀粉、糖蜜、油脂、纤维素以及天然香料、色素、生物药材等，制造工农业所需要的化工产品，形成良性循环。

制药工业是现代化工业，它与其他工业有许多共性，尤其是与化学工业之间有着密切的关系。药物的生产工艺采用国产原料，应用新技术、新工艺，研究开发适合国情的合成路线，使药品的生产技术和质量不断提高，产量不断增大，生产成本不断降低，某些药品的生产技术和质量达到了世界先进水平。

冶金工业使用的原材料除了大量的矿石外，就是炼铁用的焦炭。冶金用的不少辅助材料都是化工产品。目前高分子化学建材已形成相当规模的产业，主要有建筑塑料、建筑涂料、建筑粘贴剂、建筑防水材料以及混凝土外加剂等。此外，化学工业也为运输业、通信传播业、建筑业等提供支持。

国防工业的生产和发展也离不开化学工业提供的机器设备和原材料。各种炸药都是化工制品；军舰、潜艇、鱼雷以及军用飞机等装备离不开化学工业的支持；导弹、原子弹、氢弹、超音速飞机、核动力舰艇等都需要高质量的高级化工材料。

任务实施

工作任务单　了解化学工业的概念、特点及其在国民经济中的地位

姓名：	专业：	班级：	学号：	成绩：
步骤	内容			
任务描述	查阅相关资料，学习化学工业的地位、发展概况、发展方向等知识。			
应知应会要点	（需学生提炼）			

续表

	1. 完成下表内容。			
任务实施	序号	问题	内容	资料来源
	1	现代化学工业的发展经历了哪几个阶段？		
	2	化学工业的重要性体现在哪些方面？		
	3	化学工业有哪些特点？		
	2. 3～4人一组，可充分利用各种资料和网络资源以及咨询工厂技术人员等方式来完成工作任务，小组讨论分享，教师进行点评。			

任务总结与评价

通过学习本次任务，你对哪些内容印象深刻？为什么？

任务二
了解化工生产企业的组织架构、岗位职责和对人才的基本要求

任务描述

请以新入职员工的身份进入本任务的学习，在本任务中你需要先了解化工生产企业常见的组织架构和岗位职责，之后根据自己的理解，选择自己的岗位晋升路线，并说明各个阶段的工作内容。

应知应会

现代化工企业的组织架构既基本一致又各具特点，本任务仅以中国石化某公司的组织架构为例，介绍现代化工企业的基本架构。

现代化工企业集团，一般在集团公司设置董事会。董事会是由董事组成的，对内掌管公司事务、对外代表公司的经营决策和业务执行机构。董事会委托公司经理层进行公司的具体运营管理。在经理层之下，会设置生产部、设备部、技术部、安全环保部（安全环保部门）以及为具体生产服务的热电部、水务部、财务部、审计部等其他职能部门，在生产部下会根据具体业务的不同设置炼油部、化工部，在化工部下会设置各个生产车间，由各车间的车间主任进行管理。在车间之下就是各个生产班组，由各个班组的班长进行管理。具体架构如图1-1所示。

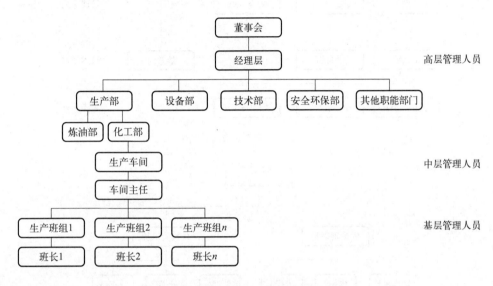

图 1-1 化工企业基本架构

一、化工企业车间组织架构

车间是企业内部组织生产的基本单位，也是企业生产行政管理的一级组织。车间的任务是进行生产管理工作，通过对生产过程中人、机、料、法、环等要素优化配置，做到生产组织科学有序，人员结构合理，生产方案优化，节能降耗，提高产品产率，保证产品质量，提高经济效率。

车间一般由若干工段或生产班组构成。它按企业内部产品生产各个阶段或产品各组成部分的专业性质和各辅助生产活动的专业性质而设置，拥有完成生产任务所必需的厂房或场地、机器设备、工具和一定的生产人员、技术人员和管理人员。车间组织架构如图1-2所示。

二、班组组织架构及各岗位职责

企业中班组的地位和作用是极其重要的。班组是企业的细胞，是企业的基本组成单位。企业的各项运营生产工作最终都要通过班组去落实，各项任务都要依靠班组去完成，所以班组是企业各项工作的落脚点。本书以中国石化某公司某联合车间某班组为例，介绍班组的组成。化工企业因其工作内容的特殊性和典型性，分为内操岗位和外操岗位。内操岗位主要是在中控室中对现场的工艺进行监控和调节；而外操岗位主要是在装置现场进行操作和调节。内操岗位和外操岗位都会各由一位副班长对各岗位的工作进行汇总和协调，最终将工作的执行结果和遇到的问题汇总给班长。具体的班组组织架构如图1-3所示。

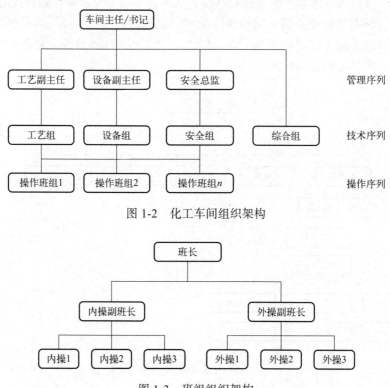

图1-2 化工车间组织架构

图1-3 班组组织架构

1. 班长及其岗位职责

班长全面负责装置现场的安全生产及仪表、机泵、塔罐设备的正常生产运行，严格遵守工艺纪律，执行工艺卡片，严把质量关，负责协调指挥装置各岗位之间操作，负责班组建设、劳动纪律管理，保证岗位人员出勤，出现问题及时处理；负责班组安全管理工作，制止各类违章操作、违反劳动纪律的行为，保证装置安全和职工人身安全，负责带领全班人员按照操作规程、安全管理规定与要求；进行开停工、正常生产及事故处理等工作，负责安全装备、消防设施、防护器材和急救器具的检查维护工作；在车间技术员的指导下负责装置生产操作平稳运行，协助专业技术组，指导班组成员开展工作，推动各项工作的开展，树立安全第一的思想，遵守各项规章制度，严格执行操作规程，有权拒绝违章指挥。

2. 内操员及其岗位职责

内操员主要在运行班组从事一线倒班工作，有时进入生产装置，会直接接触到装置区域内可能存在的职业危害因素。其岗位职责是：负责主控室内DCS的系统操作、监屏，熟悉每个控制点，对每个控制点的变化能及时发现并作相应的处理，发现报警及时通知班长和外操并及时作出相应反应。内操室如图1-4所示。严格执行工艺卡片和操作规程，负责产品质量及各控制参数调整；针对生产中出现的操作波动，负责及时找出原因并准确进行调节，使之尽快符合工艺指标要求，并及时向班长请示汇报。负责按时按要求记录班组经济核算、MES 数据、产品质量分析数据等。对装置运行中各个参数控制的平稳率及合格率做好总结并做好记录,负责操作记录、交接班日记的填写,内操室设施、用品的使用、保管与交接,参加交接班会;以工艺卡片范围为准检查操作参数,发现异常及时提出并协助处理;做好联锁维护与管理,定期检查试验、记录与汇报;根据上级要求,针对不同时期、阶段生产特性,结合节能降耗、创新优化、创收增效几方面工作,及时调整操作。

图 1-4　内操室

3. 外操员及其岗位职责

外操员主要在运行班组从事一线生产工作,经常进入生产装置,会直接接触装置区域内可能存在的职业危害因素。其岗位职责是:保证有关安全生产的法律法规、标准和规章制度的贯彻执行,按时按规定路线巡检,发现问题及时向班长汇报。协助班长组织抢救,保护现场,做好详细记录,参加事故调查、分析,落实防范措施,负责当班期间各项安全生产制度执行情况,制止各类违章操作、违反劳动纪律的行为,保证装置安全和职工人身安全,负责生产设备、安全装备、消防设施、防护器材和急救器具的检查维护工作,使其经常保持完好和正常运行,负责 TPM(全员生产维护)小组的日常工作。完成 TPM 管理中 TPM 小组的日常工作内容,掌握 TPM 活动相关知识,完成 TPM 活动基本工作内容,通过开展特色活动提高班组负责区域的设备维护水平,落实 HSE 管理,加强巡检,负责装置区域内设备、设施、环境的检查维护,过往人员、车辆的检查,配合现场用火、进入受限空间作业等制度的执行,按规定进行监护,发现违章及时制止。定期参加安全教育、班组安全活动与各种预案演练活动,按时参加交接班会,清楚装置的生产及设备运行情况,完成对管辖区域生产器具、生活用品、办公设施、文件档案的管理维护,各种记录的填写与保管。

三、职业院校学生在化工企业的职业发展规划路线举例

职业院校化工相关专业毕业生若进入化工企业,一般会先从事一线的生产工作。现以国内某大型石化企业的新员工职业晋升路径进行举例说明,如图 1-5 所示。

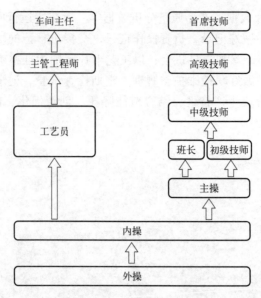

图 1-5 化工企业员工职业晋升路径

一般化工专业的职业院校毕业生进入化工企业，会先从外操员做起，在现场进行外操工作，经过一到两年的时间，会选拔优秀的外操员进入中控室做内操；经历一段时间后，对工艺熟悉、内操操作好的员工一部分会晋升为主操，相当于之前介绍过的内操副班长，走专业技术序列；之后可以晋升为班长、初级技师，再晋升为中级技师，最终成为集团首席技师。另一部分内操，如果拥有专科及以上学历，还可以走管理序列，可以晋升为工艺员、主管工程师，最终晋升为车间主任，后期进入公司管理层。

任务实施

工作任务单　了解化工生产企业的组织架构、岗位职责和对人才的基本要求

姓名：	专业：	班级：	学号：	成绩：
步骤	内容			
任务描述	请以新入职员工的身份进入本任务的学习，在本任务中你需要先了解化工生产企业常见的组织架构、岗位职责，之后根据自己的理解，选择自己的职业晋升路线，并说出各个阶段的工作内容。			
应知应会要点	（需学生提炼）			
任务实施	根据自己的兴趣及本次任务应知应会的基础知识，写出自己未来的岗位规划以及选择此发展规划的原因，并简要写出每个阶段的主要工作内容。			

任务总结与评价
谈谈学习本次任务的收获与感受。

任务三
认识化工生产的工作环境与班组制度

任务描述

你已经掌握了化工生产企业的组成及岗位职责,在本任务中你将以内操员/外操员的身份进行学习,了解其日常工作内容。

应知应会

一、生产环境认知

化工生产企业在建设时会进行可行性研究,在有条件时,编制项目建设建议书。化工厂布局是工厂内部组件之间相对位置的定位问题,其基本任务是结合厂区的内外条件确定生产过程中各种机器设备的空间位置,获得最合理的物料和人员的流动路线。化工厂布局普遍采用留有一定间距的区块化的方法。化工生产企业厂区一般可划分为工艺装置区、罐区、公用设施区、运输装卸区、辅助生产区和管理区等。

1. 工艺装置区

工艺装置区是生产工艺的设备区,这个区域可以是有遮盖、有围护的建筑,也可能是构筑物,还可能就是有围护的露天场地。工艺装置区应按装置的工艺联系分期建设,划分成一个或几个面积较大和外形较规整的街区。街区短边的长度不宜小于110m。工艺装置区宜布置在人员集中场所的全年最小频率风向的上风侧,并位于轻油成品罐区及油品装卸设施的全年最小频率风向的下风侧。工艺装置区的布置,应力求减少工艺装置之间管线的迂回往返,并应尽量集中工艺装置架空管线的出入口,如图1-6所示。

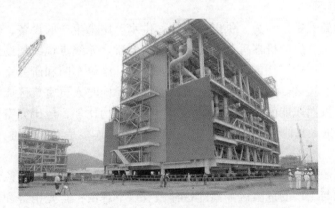

图 1-6 工艺装置区

2. 罐区

罐区是指储罐集中存放的区域和场地,储罐用以存放酸碱、醇等化学物质。在人员、操作单元和储罐之间保持尽可能远的距离,务必将其置于工厂的下风区域。罐区应该安置在工厂中的专用区域,配备危险区的标识,使通过该区域的无关车辆降至最低限度。罐区和办公室、辅助生产区之间要保持足够的安全距离;罐区和工艺装置区、公路之间要留出有效的间距，罐区应设在地势比工艺装置区略低的区域，决不能设在高坡上。罐区如图1-7所示。

图1-7 罐区

3．公用设施区

公用工程是工程中不可或缺的一部分。公用设施主要是指与工厂的各个车间、工段以及各部门有着密切关系，且为这些部门所共有的一类动力辅助设施的总称。公用工程一般包括给水排水、供电、供汽、采暖与空调、制冷五项工程，还可包括办公及生活设施、交通道路及景观绿化等。公用设施区应该远离工艺装置区、罐区和其他危险区，以便遇到紧急情况时仍能保证水、电、汽等的正常供应。

4．运输装卸区

对于罐车和罐车的装卸设施常做以下类似的考虑。在装卸台上可能会发生有毒物或易燃物的溅洒，运输装卸区应该设置在工厂的下风区域最好是在边缘地区。原料库、成品库和装卸区等机动车辆进出频繁的区域，不得设在必须通过工艺装置区和罐区的地带，与居民区、公路和铁路要保持一定的安全距离。

5．辅助生产区

辅助生产设施就是指动力、供电、机修、供水等用来生产的设备，但不是主要的生产要素。例如人工、生产机器等这些是主要生产要素。笼统点说，辅助生产设施是为维护主要生产设备生产所消耗的各种其他材料和设备。维修车间和研究室等辅助生产区要远离工艺装置区和罐区。维修车间是重要的着火源，同时人员密集区应该置于工厂的上风区域。研究室按照职能的观点一般是与其他管理机构比邻，但研究室偶尔会有少量毒性或易燃物释放进入其他管理机构，所以两者之间直接连接是不恰当的。

6．管理区

每个工厂都需要一些管理机构。出于安全考虑，主要办事机构应该设置在工厂的边缘区域并尽可能与工厂的危险区隔离。这样做有以下理由：首先销售和供应人员以及必须到工厂办理业务的其他人员，没有必要进入厂区。因为这些人员不熟悉工厂危险的性质和区域，而他们的普通习惯如在危险区吸烟就有可能危及工厂的安全。其次，办公室人员的密度在全厂可能是最大的，把这些人员和危险分开会改善工厂的安全状况。

二、化工生产企业车间的组成

化工厂可以由多个不同车间组成，共同构成厂区的整体布局。而每个具体车间根据其负责的生产任务不同又可以分为生产设施区域、生产辅助设施区域、行政福利设施区域及其他特殊用室。其中生产设施包括原料工段、生产工段、成品工段、回收工段、中控室、外操室、储罐区等；生产辅助设施包括机修间、变电配电室等；行政福利设施包括办公室、休息室、更衣室、浴室、厕所等；其他特殊用室主要包括劳动保护室、保健室等。

生产设施区域的原料工段、生产工段、成品工段、回收工段、贮罐区主要包括各工段的不同设备，而中控室则是内操岗位员工的工作场所，外操室是外操工作员工在现场工作期间的临时休息、学习的场所。生产辅助设施区域的机修间则是维修人员维修机械的场所，变电配电室则是根据现场用电需求，进行电压升降和电能分配的设备房。行政福利设施区域的办公室是非现场作业人员的日常办公场所及外来访客的接待处。其他特殊用室中的劳动保护室主要是负责员工劳动保护及劳动保险的实施与管理工作，保健室是由工厂设立的主要用于健康保健咨询的机构。

三、班组工作内容与制度

各岗位员工在班组日常工作过程中，需要遵守一些制度，这些制度总结起来为十项班组制度。以中国石化某公司某联合车间制度为例，具体的班组制度有：岗位专责制、健康安全环保生产制、设备维护保养制、质量负责制、交接班制、班组成本核算制、巡回检查制等。以该车间催化裂化装置的各项制度为例，具体内容如下。

（1）岗位专责制　岗位人员必须严格遵守公司的各项规章制度、安全生产管理标准、本岗位的操作规程，进入生产岗位和现场，必须按照要求穿戴劳保用品等，操作记录要求齐全、清晰、准确、规范。

（2）健康安全环保生产制　新入职员工必须经过三级安全教育，未经安全教育人员不准进入岗位操作。操作人员上岗，必须穿工作服，严禁赤足、穿凉鞋、穿带铁钉鞋、穿高跟鞋上岗，严禁酒后上岗。严禁携带火柴、打火机和其他引火物进入装置，严禁吸烟。严禁机动车辆进入生产装置区，如确实因工作需要，应办理票证，要经车间安全总监或当班班长批准，装好防火帽方可进入。装置内用火或临时用电，必须严格履行审批手续，严格按照分公司用火用电管理制度执行。严禁用汽油擦设备，不经车间批准，严禁外单位人员打油，本单位职工亦不能私自取油。高空作业要办高空作业票，在塔、容器和下水井内作业要戴防毒面具。高温管线严禁放抹布、拖布及易燃物品。设备不准超压、超温、超负荷运转。每周要进行一次安全活动，车间、班组要做好安全活动记录，没有特殊情况，任何人不得缺勤。

（3）设备维护保养制　操作员对所使用的设备必须做到"三懂四会"（即：懂设备结构、懂设备原理、懂设备性能；会操作、会维护、会保养、会排除故障）。操作员必须严格遵守设备操作规程，认真检查，精心操作，正确使用设备，做到不超压、不超负荷，安全运转。操作员必须认真执行《设备检查六字操作法》，即：看、摸、听、闻、查、报。按时、按点、按巡检路线和检查要求，对设备进行全面详细的检查并认真填写设备运行记录及设备缺陷情况。对设备按"十字操作法"操作：清洁、润滑、调整、坚固、防腐，做到沟见底、轴见光、设备见本色。所有设备的零部件、润滑油机具以及消防器材必须保持齐全、完整、好用，设备的润滑要严格按照设备润滑管理制度进行。严格执行设备的定期强制切换制度。要做到备用泵定期盘车，做好设备的防冻防凝工作。

（4）质量负责制　本车间所有产品的质量实行两级管理检查制，即由班组班长、质量检查员共同负责检查本班组的产品质量；车间由主管生产主任、工艺技术员共同负责检查车间所有的产品质量。班组设质量检查员一名，严格执行工艺指标，不准擅自改变工艺指标，若必须改变时，必须经有关部门会签后方可改变。发现产品质量不合格时，应尽快调整，并及时向车间汇报。车间积极开展产品质量评比活动，班组生产达标考核实行质量否决制。

（5）交接班制　在我国，火电、核电、医药、钢铁、石化、化工等企业工作需要倒班。倒班是由于企业本身社会责任、行业性质、生产规律（如电厂）所要求，或为完成企业生产进度、生产目标而遵循的人停机不停的原则。一般的倒班方式如下，四班三倒排班如表 1-1 所示。

① 两班倒。
② 四班三倒。
③ 五班三倒。

表 1-1　四班三倒排班表

	1	2	3	4	5	6	7	8	9	10	11	12	13	14	15	16
A班	早班	早班	凌晨	凌晨	休息	中班	中班	休息	早班	早班	凌晨	凌晨	休息	中班	中班	休息
B班	休息	中班	中班	休息	早班	早班	凌晨	凌晨	休息	中班	中班	休息	早班	早班	凌晨	凌晨
C班	凌晨	凌晨	休息	中班	中班	休息	早班	早班	凌晨	凌晨	休息	中班	中班	休息	早班	早班
D班	中班	休息	早班	早班	凌晨	凌晨	休息	中班	中班	休息	早班	早班	凌晨	凌晨	休息	中班

（6）班组成本核算制　班组成本核算，是指以班组为单位，对生产或服务中的消耗与成果或者投入与产出进行记录、计量、分析、比较，以最小的消耗取得最大的经济效益，是一项群众性的工作，能够具体、快速、准确地反映班组的生产或服务消耗和生产成果的过程，实现直接生产或服务过程中的成本动态控制，如图 1-8 所示。

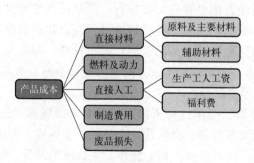

图 1-8　产品成本组成

① 直接材料费定额比例分配法公式
某种产品材料定额消耗量 = 该产品的实际产量 × 单位产品材料消耗定额
材料消耗量分配率 = 材料实际总消耗量 / 材料定额消耗量
某种产品应分配的材料数量 = 该种产品的材料定额消耗量 × 材料消耗量分配率

某种产品应分配的材料费用＝该种产品应分配的材料数量×材料单价

② 燃料及动力费用的核算。首先在各车间、各部门之间按用途进行分配，如果基本生产车间生产两种以上的产品，则需要将车间生产耗用的动力费在各种产品之间进行分配，计入各产品成本计算单的"燃料及动力"项目。

③ 直接人工。分配标准：计时工资情况下，生产工人工资应采用分配方法计入产品成本，其标准有实际耗用工时和定额工时。计件工资情况下，可直接计入也可分配计入。

④ 制造费用。制造费用是指企业内部各生产单位为生产产品或提供劳务而发生的，应该计入产品成本。

⑤ 废品损失核算。废品指不符合规定的技术标准，不能按原定用途使用，或者需要加工修理才能使用的在产品、半成品或产成品。

废品损失＝废品的生产成本－废料的回收残料价值－单位（个人）赔款

（7）巡回检查制 根据岗位生产和工艺流程特点，合理确定检查路线和内容，并有巡回检查路线图。岗位有明确检查站，使用统一规范的检查牌，并注明站名、站号、检查内容和检查时间。岗位工人在巡检中应按照"听、摸、看、闻、查"的检查方法，定时定点定路线定内容进行认真检查，机泵岗位工人应随身携带扳手、听诊器和抹布。对巡检中发现的问题要及时汇报，采取有效措施进行妥善处理，及有准确处理程序的文字记录。针对不同季节停工或事故处理特殊情况，对巡回检查要有特殊要求，以确保安全生产。巡检时间、路线和内容要求见"联合三车间巡检挂牌说明"。

四、各岗位（班组）员工日常工作流程

各岗位（班组）员工日常工作流程如表1-2和表1-3所示。

表 1-2 内操岗位日常工作流程（白班）

序号	工作内容	备注
1	7:50之前，签到表签到，按照规定着装，并存放手机	标准着装
2	7:50，按照"十交五不接"的标准和要求，对本岗位及班组的分工，进行班前预巡检。 检查控制室的工具、文件、设备设施是否齐全。 检查消防器材。 检查关键参数及控制阀阀位、趋势图、报警系统、产品合格率、收率、能耗及各项指标等。 接班预巡检发现问题，及时向班组长汇报，班组长根据具体情况布置具体工作	预巡检
3	8:15，准时参加班前会，并汇报发现的问题。 对反馈的问题进行监督，实行闭环管理。问题确认消除正常后，方可让交班方离岗，如确实无法消除的问题，及时反馈给车间管理组，交班班组方可离岗	汇报跟踪
4	按照规定时间对运行记录进行打印（每两个小时打印一次）；按照规定时间手写内外操对比记录（每一个小时一次）	操作记录
5	8点～10点，检查公用工程用量，进行能源统计（10:30之前完成）	能源统计
6	9点取样品，11点查样品（实验室信息管理系统）	样品化验
7	11点～12点进行区域节点量计算	成本核算
8	14点进行各产品收率统计、能耗量统计（生产执行系统）	上传数据

续表

序号	工作内容	备注
9	14点取样品，16点查样品（实验室信息管理系统）	样品化验
10	18:30，台账统计	成本核算
11	18:30，航煤、重石收率统计（劳动竞赛）	成本核算
12	19:00，班后检查，填写交接班日记	交接班记录
13	19:00，上传当班消防记录	消防记录
14	20:00，接班方提出的问题，交班者应积极处理，如短时间内处理不完，可由交接双方班长请示值班人员协商决定	交班

表1-3　外操岗位日常工作流程（白班）

序号	工作内容	备注
1	7:50之前，签到表签到，按照规定着装，并存放手机	标准着装
2	7:50，按照"十交五不接"的标准和要求，对本岗位及班组划分的分工，进行班前预巡检。 检查外操室的工具、文件、设备设施是否齐全。 检查消防器材。 检查现场装置的卫生状况、有无跑冒滴漏现象、现场设备运行状况等。 接班预巡检发现问题，及时向班组长汇报，班组长根据具体情况布置具体工作	预巡检
3	8:15，准时参加班前会，并汇报发现的问题。 对反馈的问题进行监督，实行闭环管理。问题确认消除正常后，方可让交班方离岗，如确实无法消除的问题，及时反馈给车间管理组，交班班组方可离岗	汇报跟踪
4	8点～20点，每2个小时巡检一次，每小时手写内外操对比记录	现场巡检
5	8点～20点，现场操作，采样送检	现场操作 采样
6	8点～20点，现场操作，设备维护	设备维护
7	8点～20点，现场操作，现场卫生维护	现场卫生
8	19:00，班后检查，填写交接班日记	交接班记录
9	19:00，上传当班消防记录	消防记录
10	20:00，接班方提出的问题，及时处理，交班者应积极处理，如短时间内处理不完，可由交接双方班长请示值班人员协商决定	交班

任务实施

工作任务单　认识化工生产的工作环境与班组制度（1）

姓名：	专业：	班级：	学号：	成绩：
步骤	内容			
任务描述	你已经掌握了化工生产企业的组成及岗位职责，在本任务中你需要以内操员/外操员身份进行学习，完成一天的工作内容。			

续表

应知应会要点	（需学生提炼）
任务实施	1. 作为外操员，你工作的主要场所为_____和_____，需完成的主要工作内容为：_____。

```
┌─────────────┐      ┌─────────────┐      ┌─────────────┐
│ 7:50之前    │      │  8:00～      │      │ 填写交接班及 │
│ 按标准着装  │──────│  20:00      │──────│ 消防记录    │
└─────────────┘      └─────────────┘      └─────────────┘
       │                    │                    │
┌─────────────┐      ┌─────────────┐      ┌─────────────┐
│   7:50     │      │ 8:00～20:00  │      │  班后会    │
│   ____     │──────│ 现场操作    │──────│  交班      │
│            │      │ 采样送检    │      │            │
└─────────────┘      └─────────────┘      └─────────────┘
       │                    │
┌─────────────┐      ┌─────────────┐
│   8:15     │      │            │
│   ____     │──────│ 现场巡检    │
└─────────────┘      └─────────────┘
```

2. 作为内操员，你工作的主要场所为_____，需完成的主要工作内容为：_____。

```
┌─────────────┐      ┌─────────────┐      ┌─────────────┐
│ 7:50之前    │      │   11:00     │      │ 填写交接班及 │
│ 按标准着装  │──────│   14:00     │──────│ 消防记录    │
└─────────────┘      └─────────────┘      └─────────────┘
       │                    │                    │
┌─────────────┐      ┌─────────────┐      ┌─────────────┐
│   7:50     │      │   ____      │      │  班后会    │
│   ____     │──────│ 样品化验    │──────│  交班      │
└─────────────┘      └─────────────┘      └─────────────┘
       │                    │
┌─────────────┐      ┌─────────────┐
│   8:15     │      │   ____      │
│   ____     │──────│ 操作记录打印 │
└─────────────┘      └─────────────┘
```
|

工作任务单　认识化工生产的工作环境与班组制度（2）

姓名：	专业：	班级：	学号：	成绩：
步骤	内容			
任务描述	请以操作人员的身份进入本任务的学习，在任务中你需要了解巡检工作的意义及内容，并完成巡检工作。			
应知应会要点	（需学生提炼）			

1-1-15

续表

任务实施	1. 如果你要对离心泵的实训装置进行巡检,请制定该装置的巡检路线(写出设备/阀门名称)。 2. 根据实际情况完成巡检记录。			
	巡检日期:		巡检工具:螺丝刀、扳手、抹布	
	位置	内容	方法	检查标准
	离心泵	泵体		
		传动部件		
		轴承		
	压缩机	声音		
		压力		
	吸收塔	液位		
		压力		
	巡检人员记事: 签名	隐患内容: 报告人: 发现时间:	处理意见: 签名:	处理情况: 签名:

工作任务单　认识化工生产的工作环境与班组制度(3)

姓名:	专业:	班级:	学号:	成绩:
步骤	内容			
任务描述	请以操作人员的身份进入本任务的学习,在任务中你需要了解巡检工作的意义及内容,并完成巡检工作。			
应知应会要点	(需学生提炼)			
任务实施	1. 补充完善交接班制度。 交接内容——十交 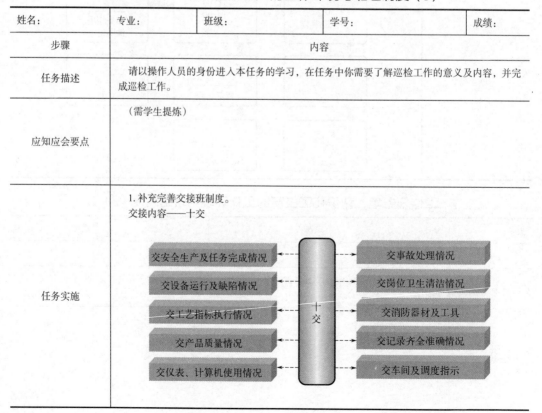			

续表

任务实施	交接内容——五不接 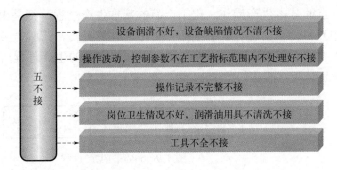 2.（模拟）交接班 各小组之间按照交接班的原则，完成换热器实训的交接班。 日期：_____　　班次：_____ 接班情况： _____ 班中记事： _____ _____ 交班情况： _____ 车间批语： _____ 交班人员签名：_____　　接班人员签名：_____ * 所有签字必须用宋体

任务总结与评价
谈谈本次任务的收获与感悟。

任务四
认识常用的化工单元操作

任务描述
你已经掌握了化工生产企业的基本内容，可以"走上"工作岗位了。在生产过程中，你会接触到各种各样的单元操作，在本任务中你需要了解化工单元操作的基本规律。

应知应会

化工单元操作是指由各种化学生产过程中以物理为主的处理方法概括为具有共同物理变化特点的基本生产操作。化工产品的基本生产过程，都是由若干物理加工过程（即单元操作）和化学反应过程（即化学反应）组合而成。长期的实践与研究发现，尽管化工产品千差万别，生产工艺多种多样，但这些产品的生产过程所包含的物理过程并不是很多，而且是相似的，如图 1-9 所示。

图 1-9　产品的生产过程

一、化工单元操作的分类

流体流动过程，包括流体输送、沉降、过滤等。
传热过程，包括加热、冷却、冷凝、制冷等。
传质过程，即物质的传递，包括吸收、蒸馏、萃取、吸附、干燥等。
热力过程，即温度和压力变化的过程，包括液化、冷冻等。
机械过程，包括固体输送、粉碎、筛分等。

1. 流体流动过程

流体输送：流体以一定流量沿着管道（或明渠）由一处送到另一处。

沉降：由于分散相和分散介质的密度不同，分散相粒子在力场（重力场或离心力场）作用下发生的定向运动。沉降的结果是分散体系发生相分离。

过滤：过滤是在推动力或者其他外力作用下，悬浮液（或含固体颗粒发热气体）中的液体（或气体）透过介质，固体颗粒及其他物质被过滤介质截留，从而使固体及其他物质与液体（或气体）分离的操作。

2. 传质过程

蒸馏：蒸馏是一种热力学的分离工艺，它利用混合液体或液 - 固体系中各组分沸点不同，使低沸点组分蒸发，再冷凝以分离整个组分。

吸收：物质从一种介质相进入另一种介质相的现象。

萃取：萃取是利用系统中组分在溶剂中有不同的溶解度来分离混合物的单元操作，包括液 - 液萃取和固 - 液萃取。

吸附：当流体与多孔固体接触时，流体中某一组分或多个组分在固体表面处产生积蓄，此现象称为吸附。

干燥：干燥是一种去除水分或其他溶剂的化工单元操作。干燥也是一种传热过程。

3. 传热过程

由于温度差而引起的热量传递过程，在化工生产中主要包括：加热、冷却、制冷等。

二、单元操作的研究内容与方向

单元操作主要研究内容包括单元操作的基本原理、单元操作典型设备的结构、单元操作设备选型设计计算等。如何根据各单元操作在技术上和经济上的特点，进行过程和设备的选择，以适应指定物系的特征，经济有效地满足工艺要求。如何进行过程的计算和设备的设计。在缺乏数据的情况下，如何组织实验以取得必要的设计数据。如何进行操作和调节以适应生产的不同要求。在操作发生故障时如何寻找出现故障的缘由。当生产提出新的要求而需要工程技术人员发展新的单元操作时，已有的单元操作发展的历史将对发展一个有效的过程，调动有利的工程因素发展一种新设备，提供有用的借鉴。

三、基本规律

（1）物料衡算　对连续系统，可以单位时间为基础，也可以惰性组分为准，输入的物料 = 输出的物料 + 物料损失。

（2）热量衡算　输入能量 = 输出能量 + 热损失，可以单位时间或单位质量为基准。

（3）平衡关系　平衡关系可判断过程能否进行，即进行的方向和限度。任何物理化学过程，都有一定的方法和极限，在一定的条件下，过程的变化到了极限，其过程进行的推动力为零，此时净传递速率为零，即达到平衡状态。

任务实施

工作任务单　认识常用的化工单元操作

姓名：		专业：		班级：		学号：		成绩：	
步骤	内容								
任务描述	你已经掌握了化工生产企业的基本内容，走向工作岗位，在生产过程中会接触到各种各样的单元操作，希望你在本任务中能够了解化工单元操作的基本规律。								
应知应会要点	（需学生提炼）								
任务实施	学习丙烯酸甲酯工艺流程介绍视频，说说该工艺中涉及的单元操作有哪些？ 丙烯酸甲酯 工艺流程介绍								

任务总结与评价

通过本次任务的学习，结合之前的职业规划，谈谈你将如何学习化工单元操作课程。

项目评价

项目综合评价表

姓名		学号		班级	
组别		组长及成员			

项目成绩：　　　　　总成绩：

任务	任务一	任务二	任务三	任务四
成绩				

自我评价

维度	自我评价内容	评分（1～10分）
知识	了解化学工业的概念、分类，化学工业的发展史以及化学工业的地位和作用	
	了解化工生产企业常见的组织架构、岗位职责，以及化工企业对人才的基本要求	
	认识化工生产的主要工作环境、工作内容	
	了解化工生产过程中常见的化工单元操作	
能力	能够清晰描述化学工业的概念及分类	
	能够运用专业工具书、期刊和网络资源获取相关文献资料，对知识进行归纳和整理	
	能够清晰描述内、外操岗位员工的工作内容	
素质	通过学习化学工业在国民经济中的地位，增强学生对从事化工类行业职业的自豪感与自信心	
	通过了解化工企业典型组织架构及岗位责任，增强岗位责任意识	
	通过了解化工生产过程中常见的单元操作，建立化学工程概念	

我的反思	我的收获	
	我遇到的问题	
	我最感兴趣的部分	
	其他	

项目拓展

现代巡检技术

装置中存在着各种各样的隐患,在危险区域巡检时,必须有自我保护的心理准备和能力。这就要求巡检人员巡检时,按劳保要求着装、戴好安全帽,佩戴需用的保护仪器(如对讲机、防护眼镜、四合一报警仪等)。掌握装置的安全状态,如果发现安全隐患及时汇报,能自己处理则自己处理并做好记录,自己处理不了的及时上报。确定必检路线,必须执行双人制,同时注意风向,不要在蒸汽云中行走,注意高空悬置的物件,巡检时注意在沟渠格筛板上行走,避免踩在油类物质或化学喷溅物上,不要随意进入限制区域,不要在管道上行走。危险区域必须两人一组,前后成列,按规定正确佩戴防护用品,这样遇到突发事故时我们就能从容应对,保障人身安全。

员工岗位巡检是化工企业强化现场安全管理的有效手段。通过员工认真细致检查,可以及时发现设备泄漏、参数异常波动等事故隐患,将隐患消灭在萌芽状态。因此,化工企业要将安全管理工作的重心放在现场,特别是组织员工采用智能巡检系统进行高效巡检,及时发现和处理各类事故隐患,降低安全风险。

标准化巡检

过去日常巡检工作主要是简单的仪器测量,以填表方式进行,易造成巡检时提前抄表、延后抄表、多抄表、抄假表等应付现象,使巡检质量得不到保证。

现在化工厂设备巡检管理系统是借助近距离通信协议(NFC)、无线通信(或GPRS网络)等技术,针对化工企业厂区内设备的巡检开发的一套管理系统。化工厂设备巡检管理系统是基于移动手持终端和管理平台,利用GPRS无线传输技术,实现的一个实时化、可视化的管理平台,不仅能确保巡检人员到位,还能方便巡检人员的巡检和提交设备运行参数,隐患故障现场采集、实时上报处理,减少人为错误的概率。自动巡检任务的生成和高效的数据分析统计功能,自动比对设备运行参数是否正常,超标设备自动报警提示,派发维修工单,能有效提高巡检班组的管理效率和管理人员处理缺陷的效率,将设备隐患故障消失在萌芽状态,保障巡检质量和设备的安全生产运行。

随着物联网的快速发展,传统的巡检模式会变更为智能巡检机器人,可以代替人工实现远程例行巡检。在事故和特殊情况下,智能巡检机器人可以完成专项巡检和定制巡检任务,实现远程在线监控,在减少人工的同时大大提高运维水平。内容和频率,改变传统运维方式,实现智能运维。可在无轨导航和轨迹导航之间自由切换,定制携带摄像头,定制多个检测传感器,智能巡检机器人通过测温热像仪和视觉识别技术,可自主完成巡检任务,并在本地存储大容量视频内容,无缝同步云存储,智能检测分析。智能巡检机器人如图1-10所示。

图 1-10 智能巡检机器人

请查阅相关资料，学习现代巡检技术的相关知识。

项目二　化工设备

学习目标

知识目标
1. 了解化工中管件的种类及管子的连接方法。
2. 了解化工生产中管路颜色的含义。
3. 了解化工中常见阀门的类型、结构及应用场合。
4. 了解化工中容器、换热器、泵的基础知识。

能力目标
1. 能够根据所学知识正确说出管路的组成，并能够辨识相关元件。
2. 能够说出不同颜色管路中的物料类型。
3. 能够根据所学知识正确辨识阀门的类型。
4. 能够根据所学知识正确辨识静设备和动设备。

素质目标
通过认识化工设备，树立自主学习，追求科学知识的态度。

项目导言

从原料到产品要经过物理、化学或者生物的加工处理步骤，在处理过程中就需要有设备来完成物料的粉碎、混合、运输、储存、分离、反应等操作，例如流体输送需要泵、压缩机、管道、储罐等设备。在设备之前物料的传输会应用到各类阀门和管路。

本项目学习化工生产常见设备、阀门和管路的相关知识。主要任务内容：
① 认识化工管路；
② 了解化工常见阀门；
③ 了解化工常见设备。

任务一　认识化工管路

任务描述

请以新入职员工的身份进入本任务的学习，在任务中你需要通过学习了解化工生产中应用的管子有哪些，并查阅相关资料，学习在实际化工生产中管道的安装使用和管理方法。

应知应会

化工管路包括管子、管件和附件等。管子指管路中的直线段,其中圆形管子使用普遍,管件的种类较多,弯头一般用于管道的拐弯,三通、四通用于管道的分支处,大小头用于管道的变径处;附件是附属管道的部分,如阀门用于流体流量的控制与调节,管道支撑主要包括吊杆、支撑杆、鞍座、垫板、托座等附件,保证管路的位置稳定。化工管路如图 2-1 所示。

图 2-1 化工管路

一、管子

管子按照材质分为:钢管、铸铁管、有色金属管、非金属管等。

1. 钢管

钢管按照其制造方法分为无缝钢管和焊接(有缝)钢管两种。无缝钢管用优质碳素钢或者合金钢制成,有冷轧、热轧之分。焊接钢管是由卷成管形的钢板以对缝或者螺旋缝隙焊接而成。

有缝钢管是用低碳钢焊接的钢管,故又称焊接管。它可分为水、煤气管和钢板卷管。水、煤气管是用含碳量 0.1% 以下的软钢(10 号钢)制成的。因这种管子用来输送水和煤气,它比无缝钢管容易制造、价廉,但由于接缝的不可靠性(特别是经弯曲加工后),广泛用于 0.8MPa(表压)以下的水、暖气、煤气、压缩空气和真空管路。

无缝钢管的特点是质地均匀、强度高,因而管壁可以较薄。根据材质的不同,可以分为普通(碳)钢管、优质(碳)钢管、低合金钢管、不锈钢管等。根据加工方法的不同,可以分为冷拔管、热轧管,还有满足特殊需要的厚壁无缝钢管。无缝钢管广泛用于输送高温、高压以及有腐蚀性的流体。

2. 铸铁管

铸铁管的管件已标准化。铸铁是含碳量大于 2.1% 的铁碳合金,是将铸造生铁在炉中重新熔化,并加入铁合金、废钢、回炉铁调整分割而成。铸铁对浓硫酸和碱液有很好的抗腐蚀性,而且价格比较便宜,通常用作埋于地下的给水总管、煤气管和污水管等。但由于铸铁管笨重,强度低,故一般不用在较高压强下输送有害的、爆炸性的气体和蒸气一类的高温流体。

3. 有色金属管

化工厂在某些特殊情况下,需要用有色金属管——铜管与黄铜管,铅管和铝管。

(1) 铜管与黄铜管　铜管（或称紫铜管）质轻，导热性好，低温强度高，适用于低温管路和低温换热器的列管，细的铜管常用于传送有压力的液体。当工作温度高于523K时，不宜在高压下使用，黄铜管多用于海水管路。

(2) 铅管　铅管的抗蚀性良好，能抗硫酸及10%以下的盐酸，但不能作浓盐酸、硝酸和乙酸等的输送管路。铅管易于碾压、锻制或焊接，但机械强度差，导热率低，且性软，因此，目前为各种合金钢与塑料所代替。铅管的习惯表示法为内径×壁厚。

(3) 铝管　铝管的耐蚀性能由铝的纯度决定。铝管广泛用于输送浓硝酸、甲酸、乙酸等物料，但不耐碱。小直径的铝管可代替铜管，传送有压力的流体，当工作温度高于433K时，不宜在高压力下使用。

4．非金属管

玻璃管的耐腐蚀性好，透明易洗，阻力小，价格低，但性脆，不耐压，工业上主要是在一些检测或实验性的工作中使用，一般用于输送腐蚀性流体（氢氟酸除外），多用于地下管路中。橡胶管具有良好的耐腐蚀性且富有弹性，常用于实验室或其他临时性的管路中。塑料管品种比较多，有良好的抗腐蚀性能，以及质量小、价格低、容易加工等突出的优点；缺点是强度较低，耐热性差。但是随着性能的不断改进，在很多方面将可以取代金属。目前最常用的塑料管有聚氯乙烯管、聚乙烯管等。硬聚氯乙烯塑料管的管件可用短段的管子弯曲焊制而成。

二、管件

管件是管道系统中起连接、控制、变向、分流、密封、支承等作用的零部件的统称。管件的种类有很多，按照用途、连接方式等分类。

(1) 按用途分类

① 用于管子互相连接的管件：法兰、活接、管箍、夹箍、卡套、喉箍等。

② 改变管子方向的管件：弯头、弯管。

③ 改变管子管径的管件：变径（异径管）、异径弯头、支管台、补强管。

④ 增加管路分支的管件：三通、四通。

⑤ 用于管路密封的管件：垫片、生料带、线麻、管堵、盲板、封头、焊接堵头。

⑥ 用于管路固定的管件：卡环、拖钩、吊环、支架、托架、管卡等。

(2) 按连接方式分类　螺纹管件、法兰管件、焊接管件、沟槽管件（卡箍管件）、卡套管件、卡压管件、热熔管件、承插管件等。

三、化工管路的颜色标识

为了便于工业管道内的物质识别，加强生产管理，方便操作及检修，并促进安全生产、美化厂容，石油化工企业的管道应标识管道识别色和识别符号。管道根据管道内物质的种类在管路表面涂刷相应的识别色和识别符号。管路表面系指不隔热的设备、管道、钢结构的外表面及隔热设备、管道、钢结构的外保护层的外表面。管道识别色是指用以识别工业管道内物质种类的颜色。识别符号是指在管道外表面局部范围涂刷的用以识别管道内物质和状态的记号，包括最基本的物质的名称、流向箭头，也可按需增加物质的温度、压力等参数。对新建的石油化工厂管道的标识色和识别符号应按国家标准（GB 7231—2003）要求涂刷。

1. 管路的基本识别色

化工管路是输送化工原料及产品,连接不同化工设备的管线。根据工艺介质的不同,会选用不同材质的碳钢、不锈钢经焊接而成。根据化工管路防腐要求及不同化工厂的习惯,化工管路外往往会刷上不同颜色的油漆,以便从外观辨识管内物料。根据 GB 7231—2003《工业管道的基本识别色、识别符号和安全标识》的强制性规定,八种基本识别色和颜色标准编号如表 2-1 所示。

表 2-1 八种基本识别色和颜色标准编号

物质种类	基本识别色	颜色标准编号
水	艳绿	G03
水蒸气	大红	R03
空气	浅灰	B03
气体	中黄	Y07
酸或碱	紫	P02
可燃液体	棕	YR05
其他液体	黑	
氧	淡蓝	PB06

2. 管路的识别符号

管路的识别符号应包括基本的物质名称和流向信息,物质名称可以采用学名全称,也可以写成化学分子式的形式。物质流向信息用箭头表示,若管道内物质流向是双向的(例如平衡管),则以双向箭头表示。

部分生产装置也将管道代号放入管道的识别符号内,管道代号是管道在工艺流程图纸上的"身份证",代号显示结合工艺流程图纸,可以得到管道位置、尺寸、压力等级、保温(或保冷)、伴热类型、所走介质类型等信息。将管道代号放入现场管道的识别符号内,可以将现场与流程图纸更好地对应,便于工艺的理解和管道的识别。

对于有特殊要求的管道,管道识别符号也可以增加管道温度、压力、流速或所进出的设备位号等信息。

另外对于工艺管线的旁路、不合格品路、至火炬管路也需单独标识。

四、管道基本识别色和识别符号的标识方法

国标 GB 7231—2003 推荐了以下五种工业管道的基本识别色和识别符号的标识方法,可供选择:

① 管道全长上的标识;
② 在管道上以宽为 150mm 的色环标识;
③ 在管道上以长方形的识别色标牌标识;

④ 在管道上以带箭头的长方形识别色标牌标识；

⑤ 在管道上以系挂的识别色标牌标识。

全长标识常见于厂内的公用工程管道上。在蒸汽、凝液系统、锅炉给水、脱盐水、循环水、冷冻水、工艺水等水汽系统的管道外，应用带有对应识别色的铁皮保温，保温外涂抹或张贴识别符号。对于压缩空气、仪表空气、氮气等公用工程管线则在管道外涂以对应识别色的管道面漆，面漆外涂抹或张贴识别符号。装置内的公用工程（软管）站是已形成标准化分布的一套按顺序排列出现的管道组，管道按照低压蒸汽管道、工艺水管道、常压氮气管道和压缩空气管道的默认顺序排列，无需另作识别符号。

目前主流工艺管道的标识方法常采用色环标识，具有标识方法简单，适用性强，布局美观，标识因检修等原因拆除后易恢复安装的优点。

除以上标识方法外，目前部分生产装置特别是引进装置也采用挂色牌的办法。色牌有悬挂式和固定式两种，悬挂式的多为圆形（也有用方形），固定式的则为长方形或椭圆形。由于色牌使用中容易丢失，故不推荐使用。

在做管路识别色和识别符号的标识时，还应考虑以下情况：

采用非全长标识时，两个标识的最小距离应为10m。标识的疏密布置可以按照管道所处管廊的基础支柱间距进行分配，例如6m基础支柱间距的管廊上管道可采用12m或18m的管道标识间距，但除装置间长输管道外，一般企业内标识的间距不超过30m。多根管道排列在一起时，应集中排列布置，以求整齐美观。

采用标牌标识管道的方法时，标牌尺寸可根据管径选择，但最小尺寸应以能清楚观察出识别色和识别符号内容来确定。

除采用全长标识外，根据管道的现场布置，在管道的起点、终点、交叉点、三通、弯头、阀门、穿墙孔或跨层分布的地方也应做好标识。

对于生产装置内管道所走介质，有国标GB 13690所列危险化学品的，除了基本识别色外，管道上还应张贴危险标识。危险标识以150mm宽黄色，黄色两侧加25mm宽黑色的色环或色带形式张贴。

对于生产装置内消防专用管道，应在管道上标识"消防专用"的字样。

色环标识如图2-2所示。

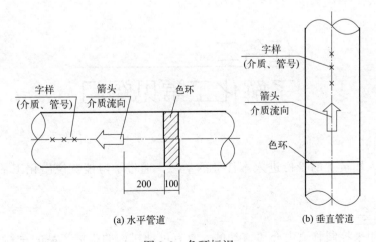

图2-2　色环标识

任务实施

工作任务单　认识化工管路

姓名：	专业：	班级：	学号：	成绩：

步骤	内容
任务描述	请以新入职员工的身份进入本任务的学习，在任务中你需要通过学习了解化工生产中应用的管子有哪些，并查阅相关资料，学习在实际化工生产中管道的安装使用和管理方法。
应知应会要点	（需学生提炼）
任务实施	1. 填写管子的类型及用途。 　序号　名称　　　　　　　　用途 　1 　2 　3 　4 　5 2. 以小组为单位查找相关资料，学习目前工业常用管道可能存在的问题，并梳理其在安装使用和管理过程中的规定。

任务总结与评价

根据本次任务学习用"我学会了"造句。

任务二
了解化工常见阀门

任务描述

请以新入职员工的身份进入本任务的学习，通过学习能够说出化工常见阀门的优缺点。

应知应会

阀门是用来控制管道内介质流动的，具有可动机构的机械产品的总称，具有导流、截止、调节、止回、分流等功能，以保证管路及设备的正常运行。阀门的控制功能是依靠驱动机构或流体驱使启闭件升降、滑移、旋摆或回转运动以改变流道面积的大小来实现的，被控制的流体可以是液体、气体、气液混合体或固液混合体。化工中常见阀门包括用于接通或截断管路中介质的闸阀、截止阀、球阀、蝶阀等，用于调节和控制管路中介质的流量和压力的节流阀、调节阀、减压阀、安全阀等，用于分离介质的疏水阀，用于指示和调节液面高度的液面调节器等。

一、按照结构特征，关闭件相对于阀座移动的方向分类

按照结构特征，关闭件相对于阀座移动的方向可以分成：闸阀、截止阀、球阀、蝶阀、止回阀、安全阀、疏水阀、旋塞阀等。

（1）闸阀　闸阀，如图 2-3 所示。在阀体内有一个闸板，闸板的运动方向与流体方向相垂直，随着手轮旋转带动阀杆，使闸板前进或者后退，起到启闭作用。闸阀一般全开或全关，适用于蒸汽、油类或者含有颗粒固体且黏度较大的介质，也可以用作放空阀和低真空系统阀门。闸阀没有方向性，安装时进出口位置可以任意选择。

（2）截止阀　截止阀的启闭件是塞形的阀瓣，阀瓣沿阀座的中心线做直线运动。介质由阀瓣进入阀门，随着手轮旋转带动阀杆端上升或下降，造成孔的启闭，如图 2-4 所示。当介质由阀瓣下方进入阀门后，随着手轮的旋转带动阀杆端上升，阀杆端上升越高，介质通过阀体的流量越大，当孔全开时截止阀处于全开位置，即截止阀启闭大小由阀瓣的行程来决定。截止阀适用于蒸汽等介质，多用在输送水蒸气的管路上，因此又称"汽门"。截止阀在安装的时候需要注意方向性，通常介质在阀体低位进、高位出。

闸阀

截止阀

图 2-3　闸阀　　　　　　　　　图 2-4　截止阀

（3）球阀　球阀的阀体内有个球，球上有直通孔。如图 2-5 所示，手柄带动球，使球绕着轴线做旋转运动，从而控制球阀的启闭。球阀启闭迅速，不能进行流量调节，在管路中主要用来切断、分配和改变介质的流动方向，它只需要用旋转 90°的操作和很小的转动力矩就能关闭严密，且安装时没有方向性，因此最适合作开关和切断阀使用。球阀的手柄与阀体平行为开，垂直为关，因此容易判断开关状态。

（4）蝶阀　工业专用蝶阀耐高温，使用压力范围也比较大，阀门公称直径大，阀体一般采用碳钢制造。蝶阀的阀板是圆盘形，由阀杆控制其旋转，旋转角度在 0～90°之间，围绕阀轴旋转来达到开启与关闭的目的，如图 2-6 所示。启闭方便迅速、顺利，流

体阻力小，可以经常操作。阀门可用于控制空气、水、蒸汽、各种腐蚀性介质、泥浆、油品、液态金属和放射性介质等各种类型流体的流动，在管道上主要起切断和节流作用。

蝶阀

图 2-5　球阀　　　　　　　图 2-6　蝶阀

（5）止回阀　止回阀是指启闭件为圆形阀瓣并靠自身重量及介质压力产生动作来阻断介质倒流的一种阀门，如图 2-7 所示，因此主要作用是防止系统中的介质回流。通常这种阀门是自动工作的，依靠压差来工作，属自动阀类，又称逆止阀、单向阀、回流阀或隔离阀。阀瓣运动方式分为升降式和旋启式。升降式止回阀与截止阀结构类似，仅缺少带动阀瓣的阀杆。介质从进口端（下侧）流入，从出口端（上侧）流出。当进口压力大于阀瓣重量及其流动阻力之和时，阀门被开启。反之，介质倒流时阀门则关闭。旋启式止回阀有一个斜置并能绕轴旋转的阀瓣，工作原理与升降式止回阀相似。通常，阀壳上有一个箭头来指示流向，安装方向需要基于预期的介质流动方向来安装，若安装方向错误，则流体介质无法通过止回阀，并且压力的积聚可能会导致阀门损坏。

（6）安全阀　安全阀是启闭件，受外力作用下处于常闭状态，如图 2-8 所示。当设备或管道内的介质压力升高超过规定值时，通过向系统外排放介质来防止管道或设备内介质压力超过规定数值。安全阀属于自动阀类，主要用于锅炉、压力容器和管道上，控制压力不超过规定值，对人身安全和设备运行起重要保护作用。安全阀结构主要有两大类：弹簧式和杠杆式。弹簧式是指阀瓣与阀座的密封靠弹簧的作用力。杠杆式是靠杠杆和重锤的作用力。随着大容量的需要，又有一种脉冲式安全阀，也称为先导式安全阀，由主安全阀和辅助阀组成。当管道内介质压力超过规定压力值时，辅助阀先开启，介质沿着导管进入主安全阀，并将主安全阀打开，使升高的介质压力降低。

（7）疏水阀　疏水阀也叫自动排水器或凝结水排水器，如图 2-9 所示，是用于蒸汽管网及设备中，能自动排出凝结水、空气及其他不凝结气体并阻水蒸气泄漏的阀门。它是利用凝结水与蒸汽的密度差，通过凝结水液位变化，使浮子升降带动阀瓣开启或关闭，从而达到阻气排水的目的。

（8）旋塞阀　旋塞阀（图 2-10）是用带通孔的塞体作为启闭件的阀门。塞体随阀杆转动，以实现启闭动作。由于旋塞阀密封面之间运动带有擦拭作用，而在全开时可完全防止与流动介质的接触，故它通常也能用于带悬浮颗粒的介质。

图 2-7 止回阀

图 2-8 安全阀

图 2-9 疏水阀

图 2-10 旋塞阀

二、按照驱动方式分类

国际电工委员会 IEC 对调节阀（国外称控制阀为 control valve）的定义为："工业过程控制系统中由动力操作的装置形成的终端元件，它包括一个阀体部件，内部有一个改变过程流体流率的组件，阀体部件又与一个或多个执行机构相连接。执行机构用来响应控制元件送来的信号。"调节阀的主要组成部分为：执行机构组合件、阀体组合体，执行机构组合件根据驱动方式可以分为手动、自动、电动、液动、气动等形式。

（1）手动阀门 手动阀门是管路流体输送系统中控制部件，如图 2-11 所示。它可以改变通路断面和介质流动方向，具有导流、截止、调节、节流、止回、分流或溢流卸压等功能。化工中最基本的阀门驱动方式是手动形式，即：用手动的方式操作阀门。手动的形式包括手轮、手柄或扳手直接驱动，另一种为手轮借助齿轮传动进行驱动。

（2）自动阀门 自动阀门如图 2-12 所示。它操作方便，安全可靠，远近距离控制都可以。自动阀是指不需要外力驱动，而是依靠介质自身的能量对阀门进行控制的一种设备，如：安全阀、减压阀、疏水阀、止回阀、自动调节阀等。

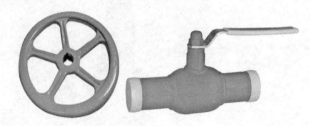

图 2-11　手动阀门

图 2-12　自动阀门

（3）气动和液动阀门　气动和液动阀门如图 2-13 所示。气动是以一定压力的空气为动力源，液动是以水或者油为动力源。两种驱动形式都是利用气缸或液压缸做活塞运动来驱动阀门的启闭。气动和液动两种驱动形式都适用于球阀、蝶阀和旋塞阀，液动形式的驱动力更大一些，适用于驱动大口径阀门。

（4）电动阀门　电动阀门如图 2-14 所示，动作力矩比普通阀门大。电动阀门开关动作速度可以调整，结构简单，易维护，可用于控制空气、水、蒸汽、各种腐蚀性介质、泥浆、油品、液态金属和放射性介质等各种类型流体的流动。而传统的气动阀门动作过程中因气体本身的缓冲特性，不易因卡住而损坏，但必须有气源，且其控制系统也比电

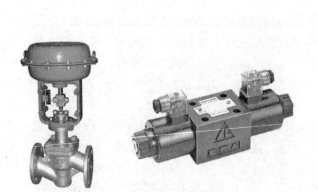

图 2-13　气动和液动阀门

图 2-14　电动阀门

动阀门复杂。电动阀门在管道中一般应当水平安装。由于电动阀门可以远程操作，因此一般安装在操作人员难以靠近的地方，如高空操作或者较为危险的地方，从而保障操作人员的安全。

任务实施

工作任务单　了解化工常见阀门

姓名：	专业：	班级：	学号：	成绩：

步骤	内容
任务描述	请以新入职员工的身份进入本任务的学习，通过学习能够说出化工常见阀门的优缺点。
应知应会要点	（需学生提炼）
任务实施	1.下图所示阀门为_____阀门，且具有方向性，方向为_____。  2.写出常见阀门的名称及适用场合。 | 序号	名称	适用场合
---	---	---
1		
2		
3		
4		
5		
6		
7			

任务总结与评价

根据本次任务学习用"我学会了"造句。

任务三
了解化工常见设备

任务描述
请以新入职员工的身份进入本任务的学习，在任务中学习化工生产中的设备类型及定义，能够说出设备分类标准。

应知应会
化工设备是指化工生产中静止的或者配有少量传动机构的装置，主要用于完成传热、传质、传量和化学反应过程等。

一、化工生产对化工设备的基本要求

（1）安全性能要求　包含材料足够的强度、良好的韧性、足够的刚度、抗失稳能力、良好的抗腐蚀性、可靠的密封性等。

（2）工艺性能要求　化工设备要满足生产的需要，达到工艺指标要求，在设计时应从工艺、结构等方面来考虑提高化工设备的生产效率，降低消耗。

（3）使用性能要求　化工设备的结构要紧凑，设计要合理、材料利用率要高，制造方法要利于实现机械化、自动化、运输与安装方便，操作程序和方法简单。

（4）经济性能要求　在满足安全性、工艺性、使用性的前提下，尽量减少化工设备的基建投资、日常维护费用、操作费用，使设备在使用期内安全运行，获得较好的经济效益。

二、化工设备分类

化工设备常见的分类有很多种，常见的有按照压力等级分、按照作用分、按照材料分等。

1. 按照压力等级分

化学工业中的绝大多数生产过程是在化工设备内进行的。在这些设备中，有的用来储存物料，有的进行物理过程，有的进行化学过程。尽管这些设备尺寸大小不一，形状结构各不相同，内部结构更是多种多样，但是它们都有一个外壳，这个外壳就称之为容器。容器一般是由筒体、封头及其他零部件（如法兰、支座、接管、人孔、手孔、视镜、液位计）组成的。工业生产中具有特定的工艺功能并承受一定压力的设备，称为压力容器。

按照承压方式分类，压力容器可分为内压容器与外压容器，内压容器按照设计压力（p）的大小可分为四个压力等级：

低压容器（代号 L）：$0.1\text{MPa} \leqslant p < 1.6\text{MPa}$

中压容器（代号 M）：$1.6\text{MPa} \leqslant p < 10\text{MPa}$

高压容器（代号 H）：$10\text{MPa} \leqslant p < 100\text{MPa}$

超高压容器（代号 U）：$100\text{MPa} \leqslant p$

外压容器中，当容器的内压小于一个绝对大气压时（约 0.1MPa）称为真空容器。

压力容器的用途十分广泛。它是在石油化学工业、能源工业、科研和军工等国民经济的各个部门中都起着重要作用的设备。压力容器由于密封、承压及介质等，容易发生爆炸、燃烧起火及污染环境的事故而危及人员、设备和财产的安全。目前，世界各国均将其列为重要的监检产品，由国家指定的专门机构，按照国家规定的法规和标准实施监督检查和技术检验。

2. 按照作用分

根据化工容器在生产工艺过程中的作用，可分为反应容器、换热容器、分离容器、储存容器。

（1）反应容器（代号R） 主要是用于完成介质的物理、化学反应的容器，如反应器、反应釜、合成塔、蒸压釜、煤气发生炉等。

（2）换热容器（代号E） 主要是用于完成介质热量交换的容器。如管壳式余热锅炉、热交换器、冷却器、冷凝器、蒸发器、加热器等。

（3）分离容器（代号S） 主要是用于完成介质流体压力平衡缓冲和气体净化分离的容器。如分离器、过滤器、蒸发器、集油器、缓冲器、干燥塔等。

（4）储存容器（代号C，其中球罐代号为B） 主要是用于储存、盛装气体、液体、液化气体等介质的容器。如液氨储罐、液化石油气储罐等。

3. 按照材料分

化工容器常用的材料可分为两大类，一类为金属材料，另一类为非金属材料。金属材料具有较高的强度，较好的塑性，同时具有导电性和导热性等。铁及铁的合金常称为黑色金属，包括碳钢、合金钢和铸铁。除铁基以外的金属称为有色金属，有铜、铝和铅等。

非金属材料具有耐腐蚀性好、品种多、资源丰富、造价便宜的优点，但机械强度低，导热系数小，耐热性差，对温度波动比较敏感，易渗透。因而在使用和制造上都有一定的局限性，常用作容器的衬里和涂层。

三、常见的化工设备

1. 泵

泵是输送流体或使流体增压的机械，如图 2-15 所示。它将原动机的机械能或其他外部能量传送给液体，使液体能量增加。泵主要用来输送水、油、酸碱液、乳化液、悬乳液和液态金属等液体，也可输送液、气混合物及含悬浮固体物的液体。泵通常可按工作原理分为容积式泵、动力式泵和其他类型泵三类。除按工作原理分类外，还可按其他方法分类和命名。如，按驱动方法可分为电动泵和水轮泵等；按结构可分为单级泵和多级泵；按用途可分为锅炉给水泵和计量泵等；按输送液体的性质可分为水泵、油泵和泥浆泵等；按照有无轴结构，可分为直线泵和传统泵。水泵只能输送以流体为介质的物流，不能输送固体。

2. 换热器

在生活中，我们会遇到许多传递热量的物体，如我们做饭用的铁锅、暖气管道及暖气片等。

在工业生产中，实现物料之间热量传递过程的设备，统称为换热器。它是化工、炼油、动力、原子能和其他许多工业部门广泛应用的一种通用的工艺设备。

图 2-15　泵

在对流传热中,传递的热量除与传热推动力有关外,还与传热面积和传热系数成正比。另外,考虑到金属的热胀冷缩特性,温差应力和局部过热等问题会影响换热器的力学性能,如何制定控制方案,是操作人员和技术人员应着力解决的问题。

换热器按照传热方式可以分为直接接触式、蓄热式、间壁式三种形式,如图 2-16 所示。其中以间壁式换热器应用最普遍,而此类换热器中,以管壳式换热器应用最广。

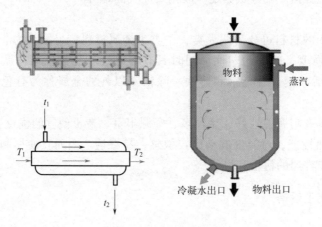

图 2-16　换热器分类

直接接触式:在这类传热中,冷、热流体在传热设备中通过直接混合的方式进行热量交换,又称为"混合式传热",具有设备结构简单的优点,常用于热气体的水冷或热水的空气冷却,缺点是工艺上必须允许两种流体能够互相混合。

蓄热式:冷、热两种流体交替通过同一蓄热室时,即可通过填料将从热流体来的热量传递给冷流体,达到换热的目的,具有设备结构较简单、可耐高温的优点,常用于气体余热或冷量的利用。缺点是由于填料需要蓄热,所以设备体积较大,两种流体交替时难免会有一定程度的混合。

间壁式:化工工艺上一般不允许冷热流体直接接触,所以混合式和蓄热式传热在工业上使用并不多,工艺上使用最多的是间壁式传热。特点是在冷、热流体的中间用导热性好的壁隔开,以便两种流体在不混合的情况下进行热量传递。间壁式换热器分为套管式、列管式和夹套式。其中,列管式换热器为最常见的间壁式换热器。

3. 储罐

用于储存液体或气体的密封容器即为储罐，以金属结构居多。对许多企业来讲，没有储罐就无法正常生产，特别是国家战略物资储备均离不开各种容量和类型的储罐。使用范围广泛、制作安装技术成熟的常见储罐有卧罐、拱顶罐、内浮顶罐、外浮顶罐、球罐等。球罐如图 2-17 所示。

图 2-17 球罐

4. 塔设备

塔是化工生产过程中可使气液或液液两相之间紧密接触，达到相际传质及传热目的的设备。塔设备在石油化工、化工、轻工等各工业生产中是仅次于换热设备的常见设备。在工业生产过程中，常常需要将原料、中间产物或粗产品中的各个组成部分（称为组分）分离出来作为产品或作为进一步生产的精制原料，如石油的分离、粗乙醇的提纯等。这些生产过程称为物质分离过程或物质传递过程，有时还伴有传热和化学反应过程。传质过程是化学工程中一个重要的基本过程，通常采用蒸馏、吸收、萃取以及吸附、离子交换、干燥等方法，相对应的设备又可称为蒸馏塔、吸收塔、萃取塔等。塔设备及内部构件如图 2-18 所示。

图 2-18 塔设备及内部构件

塔设备按照操作压力分为：常压塔、加压塔和减压塔；按照化工单元操作分可分为：精馏塔、吸收（解吸）塔、萃取塔、反应塔等；按照气液接触的基本构件分为：填料塔和板式塔。

任务实施

工作任务单　了解化工常见设备

姓名：	专业：	班级：	学号：	成绩：
步骤	内容			
任务描述	请以新入职员工的身份进入本任务的学习，在任务中你需要通过学习化工生产中的设备类型及定义，能够说出设备分类标准。			
应知应会要点	（需学生提炼）			
任务实施	1. 简述化工设备与化工容器的定义。 2. 简述常见的化工设备的分类。查阅相关资料，通过学习列举出一些化工生产中的其他设备（除了本任务中学习到的设备之外的）。			

任务总结与评价

根据本次任务学习用"我学会了"造句。

项目评价

项目综合评价表

姓名		学号		班级	
组别		组长及成员			
项目成绩：			总成绩：		
任务	任务一		任务二		任务三
成绩					

自我评价		
维度	自我评价内容	评分（1～10分）
知识	了解化工设备的类型及定义	
	了解化工中容器、换热器、泵的基础知识	
能力	能够根据所学知识正确辨识静设备和动设备	
	能够说出容器、换热器、泵的作用	
素质	通过认识化工常见设备，培养工程实践意识和自主学习、追求科学知识的态度	

我的反思	我的收获	
	我遇到的问题	
	我最感兴趣的部分	
	其他	

项目拓展

西气东输

西气东输,我国距离最长、口径最大的输气管道,西起塔里木盆地的轮南,东至上海。全线采用自动化控制,供气范围覆盖中原、华东、长江三角洲地区。自新疆轮台县塔里木轮南油气田,向东经过库尔勒、吐鲁番、鄯善、哈密、柳园、酒泉、张掖、武威、兰州、定西、宝鸡、西安、洛阳、信阳、合肥、南京、常州、上海等地区。东西横贯新疆、甘肃、宁夏、陕西、山西、河南、安徽、江苏、上海9个省区,全长4200千米。天然气进入千家万户不仅让老百姓免去了烧煤、烧柴和换煤气罐的麻烦,而且对改善环境质量意义重大。仅以一、二线工程每年输送的天然气量计算,就可以少烧燃煤1200万吨,减少二氧化碳排放2亿吨、减少二氧化硫排放226万吨。

"西气东输"工程将大大加快新疆地区以及中西部沿线地区的经济发展,相应增加财政收入和就业机会,带来巨大的经济效益和社会效益。这一重大工程的实施,还将促进中国能源结构和产业结构调整,带动钢铁、建材、石油化工、电力等相关行业的发展。

中外投资双方对生态环境保护问题都十分重视,在施工前进行了严格的环境和社会评价,建立健全了国际通用的健康、安全、环保管理体系,在设计和施工上处处强调了对环保的要求。为保护罗布泊地区的80多只野骆驼,专门追加了近1.5亿元投资,增加管线长度15千米;对管道埋入地下挖土回填的施工标准是要保证回填土上草类能够生长。按照这样的标准,管道全部铺设完毕之后对西部生态环境的影响是很小的。

西气东输在国内管道发展史上是首屈一指的,请课后查阅相关文献,学习西气东输管路相关知识,学习输送管路设计的主要步骤。

项目三　化工常见仪表及自动化

学习目标

知识目标
1. 了解化工仪表的基本概念及分类。
2. 了解自动化的基础知识。
3. 了解常用检测仪表的种类。
4. 理解压力、温度、液位、流量的检测及检测仪表的选用。
5. 了解 PID/PFD 的特点。
6. 了解 DCS 系统的基础知识。

能力目标
1. 能够分清控制系统中使用的控制方案。
2. 能够区分四大参数的检测仪表并能够根据仪表安装位置判断仪表检测参数。
3. 能够根据现场图进行 PID/PFD 的补充绘制。
4. 能够对 DSC 操作系统进行基本的控制。

素质目标
1. 学习化工仪表及自动化的发展历程及基础知识，感悟中国自动化的历程。
2. 在工作中，对于化工仪表的使用能够做到细致严谨。

项目导言

中国的化工仪表及自动化经过几十年的发展已经颇具规模，逐步应用在越来越多的场合。目前中国已掌握大多数仪表及自动化领域核心技术，并且对于一些新产品具有自主研发能力。随着信息技术的迅猛发展，化工仪表及自动化也出现了新的发展契机，我国的一些仪表企业也开始踏足于移动互联网和大数据等信息技术领域，进行传统自动化与新型信息技术的深度融合探索。

在原有化工设备上，配置一些自动化装置，取代操作人员的部分直接劳动，使生产在不同程度上进行自动化，这种用自动化装置来管理化工生产过程的方式，叫作化工自动化。化工仪表及自动化作为一门技术性综合学科，在多个领域有着重要的地位，在中国化工自动化事业的发展中起着重要的推动作用。

本项目主要学习以下内容：

① 仪表及自动化基础认知；
② 认识检测仪表；
③ 认识 PID 和 PFD；
④ 初识 DCS 系统。

任务一
仪表及自动化基础认知

任务描述

请以新入职员工的身份进入本任务的学习，在任务中你需要学习仪表及自动化的基础知识，清楚仪表及自动化的实现在工业发展中的重要性。

应知应会

一、化工自动化及控制系统

化工自动化主要包括自动检测系统、自动信号和联锁保护系统、自动操作与自动开停车系统以及自动控制系统。

（1）自动检测系统　自动检测系统是指采用各类检测仪表对主要工艺参数进行测量、指示与记录。

（2）自动信号和联锁保护系统　自动信号和联锁保护系统作为生产过程中的一种安全装置，随着炼油装置和化工装置的规模大型化，设备复杂化，必须设置一套较完全的安全信号联锁系统。设置联锁系统的核心是把"生产"与"安全"正确统一起来，从"安全第一"观点出发，保证不发生设备和人身事故，从而确保装置的平稳生产。

联锁内容包含：由于工艺系统的参数越界而触发的联锁；转动设备本身或机组之间的联锁；程序联锁（按照一定的程序或时间对工艺设备进行操作）；机组的启动、停车联锁和其他联锁。

（3）自动操作与自动开停车系统　该系统可以根据预先规定的步骤自动地对生产设备进行某种周期性操作。自动开停车系统可以按照预先规定好的步骤，将生产过程自动投入运行或自动停车。

（4）自动控制系统　自动控制系统可以使某些关键的控制参数在受外界干扰的影响而偏离正常状态时，能够自动地控制回到规定的数值范围。

二、化工控制系统

化工生产中由于构成自动控制系统的被控装置和自动化装置两部分的数量、连接方式和安装目的的不同，可以将自动控制系统分为许多的类型。例如，常提到的简单控制系统和复杂控制系统。

1. 简单控制系统

简单控制系统又称为单回路反馈控制系统，是指由一个测量变送器、一个控制器、一个执行器和一个被控对象组成的单回路闭环控制系统，如图 3-1 所示。

图 3-1　简单控制系统

2．复杂控制系统

单回路简单控制系统可以解决大部分化工厂的控制问题，但也有一定的局限性。这些局限性主要表现在只能完成定值控制，功能单一，干扰多且剧烈，控制质量差；每个过程变量内部都有相关的过程，控制系统相互干扰。因此，在简单控制系统的基础上，开发了许多复杂的控制系统。如常见的有串级、比值、分程、前馈等控制系统。

（1）串级控制系统　串级控制系统采用两套检测变送器和两个调节器，前一个调节器的输出作为后一个调节器的设定，后一个调节器的输出送往调节阀。前一个调节器称为主调节器，它所检测和控制的变量称主变量（主被控参数），即工艺控制指标；后一个调节器称为副调节器，它所检测和控制的变量称副变量（副被控参数），是为了稳定主变量而引入的辅助变量。串级控制系统如图 3-2 所示。

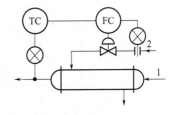

图 3-2　串级控制系统

（2）比值控制系统　在化工生产过程中，经常需要控制两种或者两种以上的物料保持一定的比例关系。实现两个或两个以上参数符合一定比例关系的控制系统，称为比值控制系统。在需要保持比值关系的两种物料中，必须有一种物料处于主导地位，这种物料称为主物料，在生产过程中主要是流量比值控制，所以主动量也称为主流量，而另一种物料按照主物料进行配比，在控制过程中随着主物料量变化，因此称为从物料。比值控制系统主要有开环比值控制、单闭环比值控制、双闭环比值控制、变比值控制系统等，如图 3-3 所示。

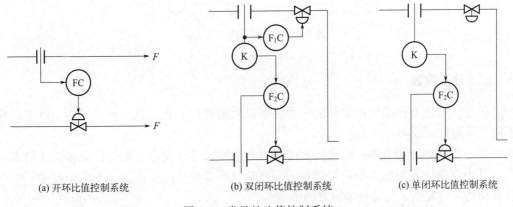

(a) 开环比值控制系统　　　(b) 双闭环比值控制系统　　　(c) 单闭环比值控制系统

图 3-3　常见的比值控制系统

（3）分程控制系统　一台控制器可以同时控制两台甚至两台以上的控制阀。控制器的输出信号被分割成若干个信号范围段，由每一个信号去控制一台控制阀，称为分程控制,如图3-4所示。就控制阀的开关形式可以划分成两类,一类是两个控制阀同向动作,即随着控制器输出信号的增大或减小,两控制阀都开大或关小;另一类是两个控制阀异向动作,即随着控制器输出信号的增加或减小,一个控制阀开大,另一个控制阀则关小,如图3-5所示。

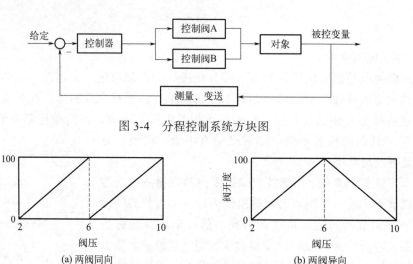

图 3-4　分程控制系统方块图

图 3-5　两阀同向、异向动作

（4）前馈控制系统　前馈控制系统是利用输入或扰动信号的直接控制作用构成的开环控制系统。前馈控制器是通过测量扰动来消除扰动对被控变量的影响,当干扰发生时,前馈控制器动作及时,通过前馈调节器改变的量刚好补偿干扰对象的影响,只适合于可测不可控的扰动,如图3-6所示。

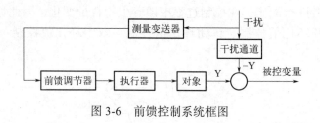

图 3-6　前馈控制系统框图

三、化工仪表

化工仪表是为化工生产服务的一种仪器仪表的统称。化工仪表种类繁多,以下根据不同的原则进行分类:

（1）按使用能源分类　化工仪表按使用能源分为气动仪表、电动仪表和液动仪表三类。其中电动仪表为化工中的常用仪表;电动仪表适用于远距离传送与集中控制;电动仪表结构较为复杂,易受环境因素的影响。

（2）按仪表组成分类　组成可将化工仪表分为基地式仪表和单元组合仪表两大类。

（3）按在信息传递过程中的作用分类　化工仪表按照信息的获得、传递、反应与处理可分为检测仪表、显示仪表、集中控制装置、控制仪表和执行器五大类。

实现化工仪表自动化可以把操作人员从复杂、危险的工作环境中解放出来，使繁重的体力劳动得到减缓，并减少部分脑力劳动，可以极大地提高劳动生产率从而加快生产速度。使生产成本降低，生产速度提高，产品质量和产量得到提高；避免事故发生或扩大，使生产安全得到保证；有利于消灭脑力劳动和体力劳动之间的区别，改变后的劳动方式有利于提高工人的文化水平。

仪表及自动化在化工生产中起着操作人员"眼睛""脑袋"和"手"的作用。尤其是自动化水平较高的工厂，只需要少量的操作人员，就可以借助仪表来操纵整个生产过程，并使生产装置运行平稳。

任务实施

工作任务单　仪表及自动化基础认知

姓名：	专业：	班级：	学号：	成绩：
步骤	内容			
任务描述	请以新入职员工的身份进入本任务的学习，在任务中你需要学习仪表及自动化的基础知识，清楚仪表及自动化的实现在工业发展中的重要性。			
应知应会要点	（需学生提炼）			
任务实施	经过本任务的学习，你已经基本掌握了仪表及自动化的基础知识。请根据所学知识回答下列问题。 1. 简述化工自动化及控制系统包含的内容。 2. 查阅相关资料，了解我国仪表自动化的发展历程。			

任务总结与评价

根据本次学习写下你对于仪表及自动化的理解。

任务二
认识检测仪表

任务描述

请以新入职员工的身份进入本任务的学习，在任务中你需要通过学习四种参数的检测仪表，了解并掌握检测仪表的类型。

应知应会

$$p = F/S$$

其中，p 代表压力；F 代表垂直作用力；S 代表受力面积。

按照国际单位制规定，压力单位为帕斯卡，简称帕，符号为 Pa。压力单位还有兆帕，符号为 MPa。

换算关系：$1MPa = 1 \times 10^6 Pa$，常见的压力单位换算见表 3-1。

压力的测量中的主要名词有绝对压力、表压、真空度。

表压大多为工程上的压力指示值，表压为绝对压力和大气压力之差，计算公式为：

$$p_{表压} = p_{绝对压力} - p_{大气压力}$$

当大气压力高于被测压力时一般用负压力或真空度来表示，为大气压力与绝对压力之差，计算公式：

$$p_{真空度} = p_{大气压力} - p_{绝对压力}$$

表 3-1 常用压力单位换算表

压力单位	帕 /Pa	兆帕 /MPa	毫米汞柱 /mmHg	毫米水柱 /mmH$_2$O	工程大气压 /(kgf/cm^2)	物理大气压 /atm
帕	1	1×10^{-6}	7.501×10^{-3}	1.0197×10^{-4}	1.0197×10^{-5}	9.869×10^{-6}
兆帕	1×10^6	1	7.501×10^3	1.0197×10^2	10.197	9.869
毫米汞柱	1.3332×10^2	1.3332×10^{-4}	1	0.0136	1.3595×10^{-3}	1.3158×10^{-3}
毫米水柱	9.806×10^3	9.806×10^{-3}	73.55	1	0.1000	0.09678
工程大气压	9.807×10^4	0.10133	735.6	10.00	1	0.9678
物理大气压	1.0133×10^5	0.10133	760	10.33	1.0332	1

一、压力及压力检测仪表

1. 压力检测仪表

压力检测仪表是指测量气体或液体压力的工业自动化仪表，也叫作压力表或压力计。压力测量仪表按工作原理分为液柱式、弹性式、电气式和活塞式等类型。

（1）液柱式压力计　测量由被测压力转换成的液柱高度。根据结构形式不同分为：U 形管压力计、单管压力计与斜管压力计等。主要用于较低压力、压力差、负压或真空度的测量，如图 3-7 所示。

（2）弹性式压力计　测量由被测压力转换成的弹性元件变形的位移。常见的弹性式压力计有弹簧管压力计、波纹管压力计和膜式压力计等，是工业上应用最广泛的一种测量仪表，如图 3-8 所示。

（3）电气式压力计　测量被测压力由机械或电器元件转换成的电量。测量范围较广，一般由压力传感器、测量电路和信号记录仪以及控制器等组成，如图 3-9 所示。

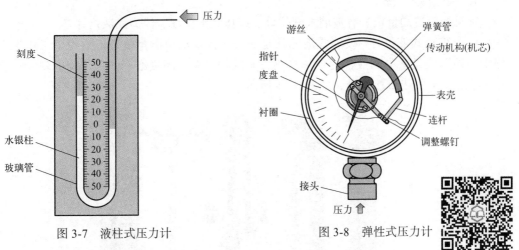

图 3-7　液柱式压力计　　　　　图 3-8　弹性式压力计

弹簧管压力计

（4）活塞式压力计　活塞式压力计也称压力天平，主要用于计量室和实验室等场所作为压力基准器使用，如图 3-10 所示。

图 3-9　电气式压力计　　　　　图 3-10　活塞式压力计

2. 压力计的选用原则

（1）压力计类型的选用　压力计的选用必须符合生产工艺的要求。例如是否需要远传或报警；被测介质的腐蚀性、温度、黏度是否对压力计的材质有特殊要求；现场环境如高温、高频振动、强磁场是否会影响压力计的运行等。

（2）压力计测量范围的选用　为了延长压力计的使用寿命，压力计的上限值应大于被测介质的最大压力值；为了保证测量结果的准确性，被测介质的最小压力值应不低于压力计满量程的 1/3。

（3）压力计精度的选用　一般情况下，压力计的精度越高，测量结果越准确，价格也越昂贵。因此在满足工艺要求的前提下，应尽可能选择精度较低、价格便宜、耐用的压力计。

二、液位及液位检测仪表

液位指容器内液体介质的高低，用液位计进行测量。

1. 液位检测仪表

常见的液位测量仪表有玻璃式液位计、差压式液位计、浮力式液位计等。

（1）玻璃式液位计　玻璃式液位计是一种直读式液位测量仪表，适用于工业生产过程中一般贮液设备中的液位的现场检测，其结构简单，测量准确，是传统的现场液位测量工具，一般用于直接检测，如图 3-11 所示。

图 3-11　玻璃式液位计

（2）差压式液位计　采用静力学原理进行测量，即液面的高度与容器底部的压力成正比。差压式液位计为常用的液位检测仪表，利用液柱内产生的静压随容器内液位变化而变化的原理进行工作，如图 3-12 所示。

（3）浮力式液位计　液面上的浮标会随液面的变化而产生升降，浮力式液位计可用于储存石油、化工原料、食品饮料等的各种液罐的液位计量和控制。浮力式液位计也适用于大坝水位的测量，水库水位的监测与污水处理等，如图 3-13 所示。

 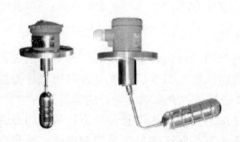 

浮力式液位计

图 3-12　差压式液位计　　　　图 3-13　浮力式液位计

2. 液位计的选用原则

① 简单的液面测量可以选用差压式液位计、玻璃式液位计和浮力式液位计。工艺要求较高时可选用电容式、电极式、辐射式或超声波式液位计。

② 液位计的选用需要考虑被测介质的特性。主要的考虑因素有介质的压力、温度、密度、黏度、腐蚀性和导电性等性质，同时也要对介质是否存在沉淀、结晶、汽化等现象进行关注，从而选择最符合介质特性的液位计。

③ 液位计的量程根据被测介质的变化范围来确定。一般情况下，被测介质的正常液位应处于液位计量程的 1/2。

④ 具有可燃气、可燃性粉尘等的危险场所所用的液位计应含有防爆结构或采取防爆措施。

三、流量及流量测量仪表

流量是指单位时间内流经封闭管道或明渠有效截面的流体量。对流体流量进行测量的仪表称为流量计。

1. 流量测量仪表的类型

（1）速度式流量计　测量管道内流体流速来计算流量的仪表，常见的有差压式流量计、转子流量计、电磁流量计等。

① 差压式流量计。差压式（也称节流式）流量计是基于流体流动的节流原理，利用流体流经节流装置时产生的压力差而实现流量测量的。它是目前生产中测量流量最成熟、最常用的仪表之一，通常是由能将被测流量转换成压差信号的节流装置和能将此压差转换成对应的流量值显示出来的差压计以及显示仪表所组成。在单元组合仪表中，由节流装置产生的压差信号，经常通过差压变送器转换成相应的标准信号，以供显示、记录或控制用，如图 3-14 所示。

转子流量计

② 转子流量计。转子流量计是通过改变流体的流通面积来保持转子上下的压差恒定，也被称为浮子流量计。

③ 电磁流量计。当被测流体中含有导电性物质时，可以采用电磁感应的方式来测量流量。电磁流量计能够测量酸、碱性介质的流量以及含有固体颗粒（如泥浆）介质的流量，如图 3-15 所示。

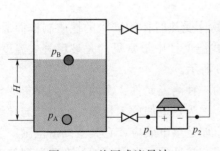

图 3-14　差压式流量计

图 3-15　电磁流量计

（2）容积式流量计　容积式流量计以测量单位时间内所排出流体的固定容积为测量依据，对流量仪表的测量进行计算。常见的容积式流量计是腰轮流量计。

腰轮流量计是由一对啮合的腰轮转子和壳体组成。在流量计进出口流体压差的作用下，这对转子相互交替驱动，绕轴以不均匀的角速度旋转。在运动过程中，两个转子与壳体形成一个固定体积的测量室,其间充满液体,随着转子的转动,灌满介质的装置和外壳之间的固定体积不断排放,通过传动结构将排出的体积显示在表盘上。

(3)质量流量计　质量流量计可以测量出流过流体的质量的多少,它分为直接式和间接式两种。直接式流量计最常用的是科氏力流量计。它的工作原理是基于流体在振动管中流动时,会产生与质量流量成正比的科氏力,根据公式直接得出所测介质的质量。间接式流量计的工作原理是通过体积流量计和密度计的组合来测量质量流量。

腰轮流量计

质量流量计

2. 流量计的选用

① 流量的测量分为瞬时流量测量和累积流量测量。一般来讲,容积式流量计可以直接得到总量值,适合于计量流体的累积流量;而差压式流量计是以测量流体的流速推导出流量的,更适用于计算瞬时流量。

② 流量计的选用必须从仪表性能的方面进行考虑。例如当流体的黏度较高时,可以选用对黏度变化不敏感的腰轮流量计;当流体的流速较低时,可以选用精度更高的转子流量计;当流体周围有较多磁源(大功率电机、变压器)时,不可以选用容易受磁场干扰的电磁流量计等。

四、温度及温度测量仪表

温度是表示物体冷热程度的物理量。温度的测量是不能够直接进行的,而是需要借助不同物体之间的冷热交换才能实现。在测量温度时,以600℃为分界线,对600℃以下的物体进行测温的仪表称为温度计;对600℃以上的物体进行测温的仪表被称为高温计。

1. 常见的温度测量仪表

(1)膨胀式温度计　膨胀式温度计是根据物体受热时体积膨胀的性质制作而成的,一般分为液体膨胀式和固体膨胀式。液体膨胀式温度计中最常见的是玻璃管式温度计。双金属温度计属于固定膨胀式温度计,如图3-16所示。

(2)热电偶温度计　热电偶是工业上常用的一种测温元件,由两种不同材料的导体A和B焊接而成,焊接的一端插入被测介质中,称为热电偶的工作端,另一端与导线相连,称为参考端或冷端。热电偶温度计的测量原理是热电效应,它具有测量范围广、使用方便、测量准确等优点,在工业中被普遍应用。常见的热电偶温度计有普通型热电偶温度计、铠装式热电偶温度计、钨铼热电偶温度计等,如图3-17所示。

(3)热电阻温度计　热电阻一般分为两种,一种为金属热电阻,一种为半导体热电阻。热电阻温度计常用于中低温区的温度测量,其测量原理是金属导体的电阻值会随温度的变化而变化。常见的热电阻温度计有普通型热电阻温度计、铠装式热电阻温度计、热敏热电阻温度计等,如图3-18所示。

图 3-16 双金属温度计

图 3-17 热电偶温度计

2．温度测量仪表的选用

（1）精确度等级　工业所用的温度计，一般选用 1.5 级或 1 级的精度；用于精密测量的温度计，一般选用 0.5 级或 0.25 级的精度。

（2）选用原则　压力式温度计适用于零下 80℃以下，振动及精确度要求不高，不宜近距离观察的场合。

玻璃式温度计适用于振动较小，要求精确度较高，观察方便的场合。

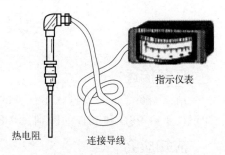

图 3-18 热电阻温度计

铠装式热电偶温度计适用于一般场合；耐磨式热电偶温度计适用于固体颗粒比较坚硬的介质。

钨铼热电偶温度计适用于温度要求高于 870℃、氢含量要求大于 5% 的还原性气体、惰性气体以及真空场合。

铠装式热电阻温度计适用于无振动的场合；热敏热电阻温度计适用于对测量速度要求比较高的场合。

任务实施

工作任务单　认识检测仪表

姓名：		专业：		班级：		学号：		成绩：	
步骤		内容							
任务描述		请以新入职员工的身份进入本任务的学习，在任务中你需要通过学习化工生产中常用的测量仪表，掌握仪表的类型。							

续表

应知应会要点	（需学生提炼）
任务实施	说说常见的温度、压力、液位、流量的检测仪表有哪些，各有什么特点。

任务总结与评价
画思维导图总结本次任务的知识点。

任务三
认识 PID 和 PFD

任务描述
请以新员工的身份进入本任务的学习，在任务中你需要通过学习 PFD 和 PID 的基础知识，了解 PFD 和 PID 的区别，并且能够看懂 PFD 和 PID。

应知应会

一、PFD 和 PFD 的介绍

PFD 又称为工艺物料流程图。PFD 主要用于物料衡算，图上只有主要物料管线（附有物料平衡表），由工艺人员完成，它包含了整个装置的主要信息：操作条件（温度、压力、流量等）、物料衡算（各个物流点的性质、流量、操作条件等）、热量衡算（热负荷等）、设备计算（设备的外形尺寸、传热面积、泵流量等）、主要控制点及控制方案等，相同作用且相同规格的设备只需要画出一台即可。

PID 又称带控制点的工艺流程图。它用统一规定的图形符号和文字代号，将整个系统的设备、管线、阀门、控制仪表等内容详细地表示出来。PID 是基于 PFD 进行绘制的，是工程设计中的重要程序也是装置设计安装的基本依据。

二、流程图中设备表示方法

无论是 PID 还是 PFD，概括起来大体包括图形、标注、图例、标题栏等四部分内容。在读工艺流程图时，首先了解标题栏和图例说明，从中掌握所读图样的名称，各种图形符号、代号的意义及管路标注等，再了解主要物料流向，按照箭头方向逐一找其所通过的设备、控制点和每台设备后的生成物和最后物料的排放出口，最后了解其他流程线，如蒸汽线、冷凝水线及上下管线等。

图线、图例和符号可按照国家行业标准 HG/T 20519—2009 来绘制。流程图上的设备都标注设备位号和名称，设备位号一般标注在两个地方。第一是在图的上方或下方，要求排列整齐，并尽可能正对设备，在位号线的下方标注设备名称；第二是在设备内或设备旁仅注位号，不注名称。当几个设备或机器为垂直排列时，它们的位号和名称可以由上而下按顺序标注，也可水平标注。

工艺设备位号的编法是这样的：每个工艺设备均应编一个位号，在流程图、设备布置图和管道布置图上标注位号时，应在位号下方画一条粗实线，位号的组成如下所示：

P　　06　　01　　A
(1)　 (2)　 (3)　 (4)

(1) 表示设备类别号，常用设备分类代号见图 3-19；
(2) 表示设备所在主项的编号；
(3) 表示主项内同类设备顺序号；
(4) 表示相同设备的数量尾号。

常用设备分类代号					
序号	设备名称	代号	序号	设备名称	代号
1	塔	T	7	火炬、烟囱	S
2	泵	P	8	换热器	E
3	压缩机、鼓风机	C	9	起重运输设备	L
4	反应器	R	10	其他机械	M
5	容器(贮槽、贮罐)	V	11	计量设备	W
6	工业炉	F	12	其他设备	X

图 3-19　常用设备类别代号

三、流程图中管道表示方法

工艺管道用管道组合号标注，管道组合号由四部分组成，即管道号（或管段号，由三个单元组成）、管径、管道等级和绝热或隔声。用短横线将组与组之间隔开，隔开两组间留适当的空隙，组合号一般标注在管道的上方，如图 3-20 所示。

×× - ×× ×× - ×× - ××× - ××
 1　 2　 3　 4　 5　 6

1　物料代号　　　　　4　管道公称直径
2　主项编号　　　　　5　管道等级
3　管道顺序号　　　　6　绝热、隔声代号

图 3-20　管道表示方法

四、阀门与管件的表示方法

流程图中全部阀门和各种管路附件，如补偿器，软管、永久（临时）过滤器、盲板、疏水视镜、阻火器、异径接头、下水漏斗及非标准管件等都在图例中表示出来，在读图时参考图例部分就可以很顺利地读懂图纸，在这里将不再赘述。常见阀门和管件图例见图 3-21 和图 3-22。

五、仪表控制的表示方法

在工艺流程图中标注出与工艺相关的全部检测仪表、控制点、分析取样点和取样阀

等。仪表控制点的符号一般用细实线绘制，各种执行机构和调节阀的符号也可以在相关图例中找出。

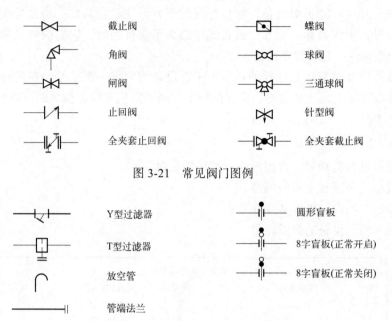

图 3-21　常见阀门图例

图 3-22　常见管件图例

被测变量和仪表功能的字母代号

字母	第一字母		后继字母	字母	第一字母		后继字母
	被测变量	修饰词	功能		被测变量	修饰词	功能
A	分析		报警	N	供选用		供选用
B	喷嘴火焰		供选用	O	供选用		节流孔
C	电导率		控制	P	压力或真空		试验点
E	电压		检出元件	Q	数量或件数	积分	积分、积算
F	流量			R	放射性		记录或打印
G	尺度		玻璃	S	速度或速率		开关或联锁
H	手动			T	温度		传达
I	电流	扫描	指示	U	多变量		多功能
J	功率			V	黏度		阀、挡板
K	时间		自动、手动操作器	W	质量或力		套管
L	序			X	未分类		未分类
M	物位		指示灯	Y	供选用		计算器
	水分或湿度			Z	位置		驱动器 执行器

任务实施

工作任务单　认识 PID 和 PFD

姓名:	专业:	班级:	学号:	成绩:
步骤	内容			
任务描述	请以新入职员工的身份进入本任务的学习，在任务中你需要掌握 PFD 和 PID 的基础知识，了解并看懂 PFD 和 PID。			
应知应会要点	（需学生提炼）			
任务实施	1.填写以下表格中的设备名称并画出设备符号。 	设备代号	设备名称	设备符号
---	---	---
C		
E		
F		
P		
R			 2.查阅相关标准，画出以下表格中的符号。 	填料塔	
---	---
U 形管式换热器	
离心泵	
安全阀	
止回阀					

任务总结与评价

简述 PFD 和 PID 的区别。

任务四
初识 DCS 系统

任务描述

请以新入职员工的身份进入本任务的学习，在任务中你需要通过对 DCS 的学习，了解并掌握 DCS 的特点和基本构成。

<u>应知应会</u>

一、DCS 的定义

DCS 是 Distributed Control System 的英文缩写，简称分布式控制系统或集散型控制系统。DCS 系统是 20 世纪 70 年代中期发展起来的，是集微型计算机检测技术、图形处理技术、数据处理技术为一体的新型现代化设备，是实现对过程分散控制、集中操作和管理的自动化装置。

初识 DCS 系统

二、DCS 系统的基本构成

（1）数据采集站　数据采集站对接生产现场，对现场的过程变量进行监测，并将实时数据进行统计加工，为运行员操作站提供数据和信息。

（2）现场控制站　现场控制站也对接生产现场，对现场的控制变量进行采集和处理，发出控制信号驱动现场的执行器，实现生产过程中的闭环控制。

（3）运行员操作站　运行员操作站是操作人员进行监控和控制操作的主要设备。操作人员通过操作站了解生产过程的运行情况，并进行参数监控和工艺调整。

（4）工程师工作站　工程师工作站主要为 DCS 进行离线的配置以及在线的系统监督、控制与维护。它可以实时监测 DCS 各个节点的运行状态，使 DCS 随时处于最佳状态。

（5）上位计算机　上位计算机为全系统提供高层次的优化控制、信息管理和成本管理等。

（6）通信网络　通信网络是 DCS 系统的桥梁，它连接了数据采集站、现场控制站、运行员操作站、工程师工作站和上位计算机等部分。各个部分通过通信网络进行信息传递和信息共享，使整个系统能够统一协调地工作。

三、DCS 的特点

（1）丰富的控制功能　DCS 系统拥有多种计算机控制算法以及逻辑运算功能，包括反馈控制、PID 控制、自适应调节等，满足系统对各个控制功能的要求。

（2）方便的监视操作　操作员利用键盘和鼠标即可查看监控对象的变化值、变化趋势以及历史报警情况，画面形象直观，一目了然。

（3）方便的安装维护　DCS 的硬件采用专用的多芯电缆和标准化连接件，便于安装和更换。DCS 的软件具有自诊断的功能，为产生的故障提供准确的解决方案，维修简单迅速。

（4）可靠的系统管理　DCS 系统具有集中和分散的特点。它将管理集中，将控制分散，降低危险发生的频率，降低故障的影响。系统支持不间断运行，平均无故障时间可达 417 天。

四、DCS 系统界面和基本操作

1. DCS 系统界面

DCS 系统可以在现场图（图 3-23）与 DCS 图（图 3-24）之间进行切换，方便操作员进行操作。

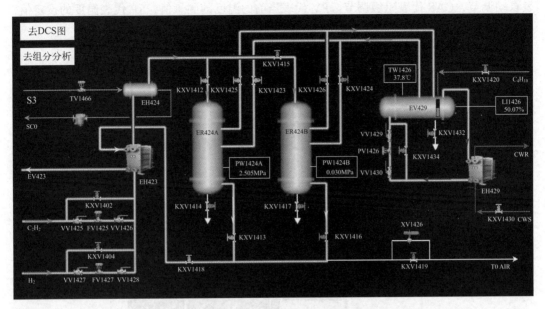

图 3-23　某固定床反应器的现场图

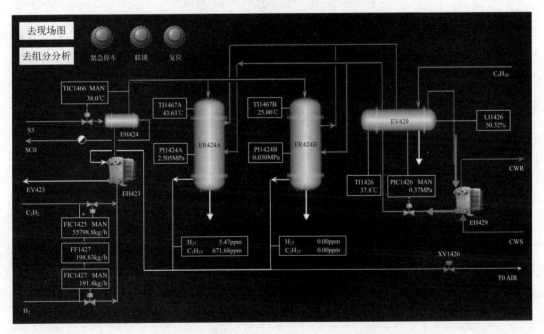

图 3-24　某固定床反应器的 DCS 系统页面

在 DCS 系统中，也可以对物料组分、变化趋势以及报警信息进行查看，让操作人员能够全面地监控装置的运行情况。

2. DCS 系统的基本操作

通过 DCS 系统，操作人员可以对物料的流量、压力、温度进行控制。我们以固定床中 S3 组分的温度显示控制 TIC1466 为例。通过点击 MAN，可以切换三种控制模式，方便操作人员对温度控制进行调节,如图 3-25 所示。其中 MAN 代表手动调节,AUTO 代表自动调节,CAS 代表串级调节。PV 代表当前的温度的测量值,SP 代表温度的设定值,OP 代表输出值。通过对 OP 的调节,可以增大或减小温度的输出值。

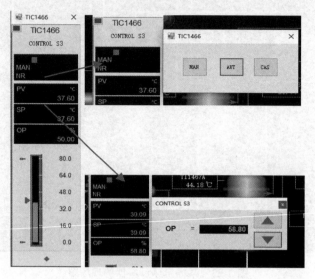

图 3-25　TIC1466 三种调节模式的选择

当装置出现问题时,操作人员可以通过 DCS 系统对设备或工艺进行联锁控制,保证装置的平稳运行;当装置的问题不可控时,操作人员也可以点击紧急停车按钮,将装置迅速停车,避免出现更大的危险,如图 3-26 所示。

图 3-26　某固定床工艺 DCS 联锁与紧急停车按钮

任务实施

工作任务单　初识 DCS 系统

姓名:	专业:	班级:	学号:	成绩:
步骤	内容			
任务描述	请以新入职员工的身份进入本任务的学习,在任务中你需要通过学习化工生产 DCS 操作系统的基础知识,基本了解 DCS 系统的操作及使用。			
应知应会要点	(需学生提炼)			

续表

任务实施	1. 请写下 DCS 系统的基本构成。 2. 请启动任一仿真软件，试着找一下相关功能按钮，说说其作用与操作方式。

任务总结与评价

根据本任务的学习用"我知道了"造句。

项目评价

项目综合评价表

姓名		学号		班级	
组别		组长及成员			

项目成绩： 总成绩：

任务	任务一	任务二	任务三	任务四
成绩				

自我评价

维度	自我评价内容	评分（1~10分）
知识	了解化工仪表的基本概念及分类	
	了解自动化的基础知识	
	了解常用检测仪表的种类	
	理解压力、温度、液位、流量的定义及检测仪表的选用	
	了解 PID/PFD 的特点	
	了解 DCS 系统的基础知识	
能力	能够分清控制系统中使用的控制方案	
	能够区分四大参数的检测仪表并能够根据仪表安装位置判断仪表检测参数	
	能够根据现场图进行 PID/PFD 的补充绘制	
	能够对 DSC 操作系统进行基本的控制	
素质	学习化工仪表及自动化的发展历程及基础知识，感悟中国自动化的历程	
	在工作中，对于化工仪表的使用能够做到细致严谨	

我的反思	我的收获	
	我遇到的问题	
	我最感兴趣的部分	
	其他	

项目拓展

MES 系统介绍

MES（Manufacturing Execution System）即制造企业生产过程执行系统，是一套面向制造企业车间执行层的生产信息化管理系统。MES 可以为企业提供制造数据管理、计划排产管理、生产调度管理、库存管理、质量管理、人力资源管理、工作中心/设备管理、工具工装管理、采购管理、成本管理、项目看板管理、生产过程控制、底层数据集成分析、上层数据集成分解等管理模块，为企业打造一个扎实、可靠、全面、可行的制造协同管理平台。

传统的 MES（Traditional MES，T-MES）大致可分为两大类：

① 专用的 MES（Point MES）。它主要是针对某个特定的领域问题而开发的系统，如车间维护、生产监控、有限能力调度或是 SCADA（数据采集与监控）等。

② 集成的 MES（Integrated MES）。该类系统起初是针对一个特定的、规范化的环境而设计的，如今已拓展到许多领域，如航空、装配、半导体、食品和卫生等行业，在功能上它已实现了上层事务处理和下层实时控制系统的集成。

虽然专用的 MES 能够为某一特定环境提供最好的性能，却常常难以与其他应用集成。集成的 MES 比专用的 MES 迈进了一大步，具有一些优点，如单一的逻辑数据库、系统内部具有良好的集成性、统一的数据模型等，但其整个系统重构性能弱，很难随业务过程的变化而进行功能配置和动态改变。

扩展活动：请以小组为单位查阅资料，调查目前使用 MES 的公司有哪些。

模块二 流体输送技术

项目四 流体

🎯 学习目标

知识目标

1. 掌握流体性质的基础知识；掌握静力学方程、连续性方程、伯努利方程的基本计算方法及应用。
2. 了解流体流动的基本方式、输送方法，管路的阻力来源及计算方法。

能力目标

1. 能运用流体基本性质与工程技术观点，正确使用压差计。
2. 能根据工艺过程需要正确查阅和使用一些资料或手册，进行必要的计算，如压强的计算、管道阻力的计算。

素质目标

1. 通过对流体流动的深入了解与计算，逐步建立工程观念，培养追求知识、严谨治学的科学态度。
2. 通过流体项目引领与任务实施，培养自主学习和理论联系实际、信息收集能力。

📄 项目导言

自然界中存在着大量复杂的流动现象，具有流动性的物质称为流体，包括气体和液体。一般液体的体积受压力的影响很小，可认为是不可压缩流体。对于气体，当压力变化时，其体积变化较大，工程上认为是可压缩流体。

为了满足生产工艺的要求，常常需要将物料从一个设备输送至另一个设备。因此，化工生产涉及的物料大部分是流体，涉及的过程绝大部分是在流动条件下进行的。研究流体的性质与基本规律是研究各个单元操作的基础。

本项目学习流体的基本性质，了解静力学方程及应用、连续性方程及应用、伯努利方程及应用、流体的流动类型及输送方式、流体阻力来源及管道阻力的计算。

本项目主要任务内容有：

① 认识流体的基本性质；
② 学习静力学方程及其应用；
③ 学习连续性方程及其应用；
④ 学习伯努利方程及其应用；
⑤ 学习流体流动类型及输送方式；
⑥ 学习流体阻力来源及计算管道阻力。

任务一
认识流体的基本性质

任务描述

请以新入职员工的身份进入本任务的学习，学习化工生产中输送物料的特性，正确科学地存储、输送和使用流体，必须掌握流体常见的物理性质，了解流体性质的定义、影响因素及获得方法。

应知应会

流体是液体和气体的统称，具有流动性，随着容器的形状而变化，液体为不可压缩流体，气体为可压缩流体。

一、密度与相对密度

物理学上把某种物质单位体积的质量，叫作这种物质的密度，密度可以用来比较相同体积不同物质的质量大小。

1. 密度的表示方法

密度用符号 ρ 表示，它的计算公式是：

$$\rho = \frac{m}{V} \tag{4-1}$$

式中　m——物质的质量，kg；

　　　V——物质的体积，m³；

　　　ρ——密度，kg/m³。

2. 温度和压力对流体密度的影响

（1）液体的密度　任何流体的密度都与温度和压力有关。但压力对液体密度的影响很小（除了压力极高时），因此工程上常常忽略压力对液体的影响。对大多数液体来说，温度升高，密度就会降低。

（2）气体的密度　气体具有可压缩性。气体密度可近似按理想气体状态方程式计算。

$$\rho = \frac{pM}{RT} \tag{4-2}$$

式中　p——气体的压力，kPa；

M——气体的摩尔质量,kg/kmol;

R——通用气体常数,在国际单位制中(SI 制)中,R=8.314kJ/(kmol·K);

T——气体的温度,K。

式(4-2)是通过理想气体状态方程式推导出的。

从式(4-2)可以看出,当气体的压力增大时密度就会增大,当温度升高时密度就会降低。注意:不是在任何温度和压力下,气体的密度都能够用式(4-2)进行计算。

3. 查取流体密度的方法

液体和气体纯净物的密度通常可以从《化学工程手册》或《物理化学手册》中查取。液体混合物的密度通常由实验测定,例如比重瓶法、韦氏天平法及波美度比重计法等。

4. 气体混合物与液体混合物密度的计算方法

气体和液体混合物的密度也可以通过计算来得到。

对于气体混合物,只要将式(4-2)中的 M 用气体混合物的平均摩尔质量 M_m 代替,M_m 由下式计算:

$$M_m = M_1\varphi_1 + M_2\varphi_2 + \cdots + M_n\varphi_n = \sum_{i=1}^{n} M_i\varphi_i \tag{4-3}$$

式中　M_1、$M_2\cdots M_n$——构成气体混合物的各纯组分的摩尔质量,kg/kmol;

φ_1、$\varphi_2\cdots\varphi_n$——混合物中各组分的体积分数。理想气体的体积分数等于其压力分数,也等于其摩尔分数。

液体混合物的密度可以由式(4-4)计算:

$$\frac{1}{\rho} = \frac{w_1}{\rho_1} + \frac{w_2}{\rho_2} + \cdots + \frac{w_n}{\rho_n} = \sum_{i=1}^{n} \frac{w_i}{\rho_i} \tag{4-4}$$

式中　ρ_1、$\rho_2\cdots\rho_n$——混合物中各组分的密度,kg/m^3;

w_1、$w_2\cdots w_n$——混合物中各组分的质量分数。

5. 相对密度

在一定条件下,某种流体的密度与标准大气压下 4℃的纯水的密度之比为相对密度。

$$d=\rho/1000 \tag{4-5}$$

二、黏度

流体流动产生摩擦的性质为流体黏性,衡量流体黏性大小的物理量称为动力黏度或绝对黏度,用 η 表示。在 SI 制中,黏度单位是 Pa·s,在工程上或文献中常常使用泊或厘泊。它们之间的关系是 1Pa·s=10P=1000cP。(运动黏度 $\nu=\eta/\rho$)

温度及压力对黏度的影响为:液体的黏度随着温度的升高而减小,气体的黏度则随着温度的升高而增加。压力对液体及气体的黏度影响很小,可以忽略。流体的黏度通常是由实验测定,比如涂四杯法、毛细管法和落球法等。一般的纯净物和气体的黏度可以从手册中查取。

三、压力

流体垂直作用在单位面积上的压力(压应力),称为流体的压力强度,简称压强,工程上称为压力。定义公式：$p=F/A$　式中：P 为流体的压力，Pa；F 为垂直作用在面积 A 上的压力，N；A：流体的作用面积，m^2。在 SI 单位制中，压强的单位是 N/m^2，以 Pa 表示。

$$1atm=1.033kgf/cm^2=101.3kPa=760mmHg=10.33mH_2O$$
$$1at=1kgf/cm^2=98.07kPa=735.6mmHg=10mH_2O$$

传统的测压仪表有两种：一种叫压力表，另一种叫真空表，它们读数都不是系统的真实压力（绝对压力）。压力表的读数为表压。绝对压力、表压与真空度的关系见图 4-1。

表压 = 绝对压力 - 大气压（反应容器设备内真实压力高于大气压）

真空度 = 大气压 - 绝对压力（容器设备内的真实压力低于大气压）

注：用表压和真空度表示时需注明。

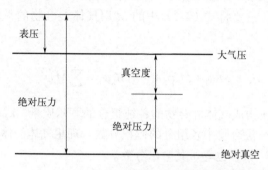

图 4-1　绝对压力、表压与真空度的关系

四、流速和流量

1. 流量

体积流量：单位时间内流经管道任意截面的流体体积，称为体积流量，以 V_s 表示，单位为 m^3/s 或 m^3/h。

质量流量：单位时间内流经管道任意截面的流体质量，称为质量流量，以 m_s 表示，单位为 kg/s 或 kg/h。

体积流量与质量流量的关系为：

$$m_s = V_s \rho \tag{4-6}$$

式中，ρ 为流体的密度，单位是 kg/m^3。

2. 流速

流速是指单位时间内流体质点在流动方向上所流经的距离。实验发现，流体质点在管道截面上各点的流速并不一致，而是形成某种分布。在工程计算中，为简便起见，常常希望用平均流速表征流体在该截面的流速。平均流速定义为流体的体积流量与管道截面积之比，即

$$u = \frac{V_s}{A} \tag{4-7}$$

式（4-7）中，u 单位为 m/s。习惯上，平均流速简称为流速。

质量流速：单位时间内流经管道单位截面积的流体质量，称为质量流速，以 G 表示，单位为 $kg/(m^2 \cdot s)$。

质量流速与流速的关系为

$$G = \frac{m_s}{A} = \frac{V_s \rho}{A} = u\rho \tag{4-8}$$

流量与流速的关系为

$$m_s = V_s \rho = uA\rho = GA \tag{4-9}$$

任务实施

工作任务单　认识流体的基本性质

姓名：	专业：	班级：	学号：	成绩：
步骤	内容			
任务描述	请以新入职员工的身份进入本任务的学习，学习化工生产中输送物料的特性，正确科学地存储、输送和使用流体，必须掌握流体常见的物理性质，了解流体性质的定义、影响因素及获得方法。			
应知应会要点	（需学生提炼）			
任务实施	假设你所在的班组要以苯为原料生产苯甲酸，你是班组的技术员，需要向班级成员介绍物料的特性及安全注意事项。 1. 查阅相关资料，查出 60℃ 苯的黏度。 2. 在生产过程中要求某塔的塔顶压力维持在 4.5kPa，若操作条件下，当地大气压为 100kPa，问塔顶应该安装压力表还是真空表？其读数是多少？ 3. 安装在某生产设备进口的真空表的读数是 2.5kPa，出口处的压力表的读数为 72.5kPa，试求该设备进出口的压力差。 4. 已知输送的管子外径为 88.5mm，壁厚为 4mm，输送量为 30m³/h，求其实际流速。			

任务总结与评价

谈谈本次任务的收获与感受。

任务二
学习静力学方程及其应用

任务描述

请以新入职员工的身份进入本任务的学习,在任务中你需要学习流体静力学方程,了解压力及压差测量,了解液位的测量和液封高度的测量等。

应知应会

一、流体静力学方程

如图4-2所示,在某一容器液面上方的压力为 p_0,容器内液体密度为 ρ,则距离液面深度为 h 的 A 点的压力为

$$p = p_0 + \rho g h \tag{4-10}$$

式中　　p——深度为 h 处的压力,Pa;

p_0——液层表面的压力,Pa;

ρ——液体的密度,kg/m³;

h——液层深度,m。

式(4-10)称为流体静力学方程,用来计算液体内部任意水平面上的压力。

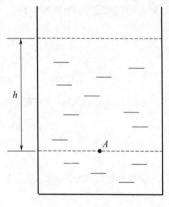

图4-2　静止流体内压力与高度的关系

由流体静力学方程可知:

(1)当液面上方压力 p_0 一定时,静止流体内任意一点的压力 p 与流体的密度和该点距离液面的深度 h 有关。液体密度越大,深度越深,该点的压力越大。

(2)在静止的、连通着的同一种液体内,同一水平面各点的压力相等,压力相等的水平面称为等压面。

(3)当液体内部任意一点的压力或液面上方的压力发生变化时,液体内部各点的压力也发生同样大小的变化。

(4)将式(4-10)变化为 $\dfrac{p-p_0}{\rho g} = h$,表明压力或者压差可用液柱高度来表示。液柱式压力测量仪表就是利用这一基本原理而设计和制造的。用液柱高度来表示压力时要注明液体的种类,如 750mmHg、10mH$_2$O 等。

需特别说明的是,流体静力学方程适用于重力场静止的、连续的、同种不可压缩的流体,如液体。对于气体来说,密度受压力影响较大,但当气体的密度随压力变化不大,密度近似地取其平均值视为常数时,公式仍可适用。

二、流体静力学方程的应用

当生活在平原的人来到有一定海拔高度的山上时,可能会出现头晕、胸闷等高原反应,这是为什么呢?这就是大气压变化的原因。我们生活的环境,总是处在一定的大气

压力下，而大气压力的大小是与海拔高度有关系的。这种现象说明气体是有压力的。

再来看这样一个现象：在管路上安装一根垂直的玻璃管，这时可以看到管路中的流体进入了玻璃管内，并且上升到一定的高度，这个上升的液柱高度就表明了液体也是有压力的，如图4-3所示。

利用流体静力学方程，可以测定流体内任意一点的压力或者两部位之间的压差、测量储罐内液位的高低、进行液封高度的计算、确定静止分离器重液出口管的高度。

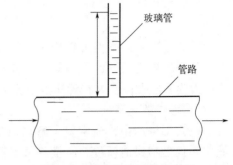

图4-3　流动流体压强的表现

1. 压力及压力差的测量

在化工生产过程中，大多数操作条件都是在一定压力下进行的，压力的高低不仅会影响产品的品质，而且还影响生产的安全，这就需要对生产设备或者管路进行压力的测量，这里重点介绍通过液柱高度进行压力测量的压差计。

U形管压差计是一种非常简单的常用的压力测量仪器，是液柱式测压计中最普通的一种，它的外形如图4-4所示。主要部件是一个两端开口的垂直U形玻璃管，管内装有指示液。指示液要与被测流体不互溶，不起化学作用，而且其密度要大于被测流体的密度。通常采用的指示液有着色水、油、四氯化碳、水银等。

图4-4　U形管压差计

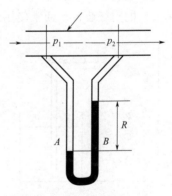

图4-5　测量压力

如图4-5所示，U形管压差计在使用时，两端口与被测液体的测压点相连接，通过式（4-11）计算压差，即

$$p_1 - p_2 = (\rho_i - \rho)Rg \tag{4-11}$$

式中　p_1、p_2——流体在不同截面的压力，Pa；

　　　R——指示液的高度差，m；

　　　ρ_i、ρ——指示液和被测流体的密度，kg/m³。

由式（4-11）可以得知，U形管压差计所测得压差，只与读数R、指示液和被测液体的密度有关，而与U形管的粗细、长短、形状无关。

当压差一定时，$(\rho_i - \rho)$越小，R值越大，读数时产生的误差就越小，这有利于提高测量精确度，因此应尽可能选择与被测液体密度相差较小的指示液。

当被测流体为气体时，由于气体密度很小，式（4-11）可简化为

$$p_1 - p_2 = \rho_i R g$$

U形管压差计不但可以用来测量流体的压力差，也可测量流体在任一处的压力。U形管的一端连通大气，另一端与设备或者管路某一界面相连，若 R 在通大气的一侧，所测压力为表压力；若 R 在测压点一侧，则为真空度。

2. 液位的测量

在化工生产中，通常要了解高位槽、储槽、塔器及埋于地面下容器内液位的高度。液位不仅是物料消耗量、产量、收率等经济技术指标计量的参数，也是保证连续生产和设备安全的重要参数。测量液位的装置有很多，下面重点介绍几种利用流体静力学基本原理测量液位的方法。

玻璃液位计，是在容器底部和液面上方某一高度壁各开一个小孔，两孔间连接一段玻璃管，旁边配有读数标尺，玻璃管下端通过旋塞与容器开孔处的短管相连接。

这类液位计构造简单，造价低廉，但玻璃管易于破碎，且不适宜集中控制及远距离测量。

3. 液封高度的测量

液封是一种利用流体静力学原理制成的自动稳压装置。在化工生产中为保证安全、维持正常生产，可用液柱产生的压力将气体封闭在设备内，以防止气体的泄漏、倒流或有毒气体逸出而污染环境，有时则是为了防止压力过高而起到泄压作用，为了保护设备，往往采用液封的附属装置。通常使用的液体为水，因此也称为水封，如图4-6所示。

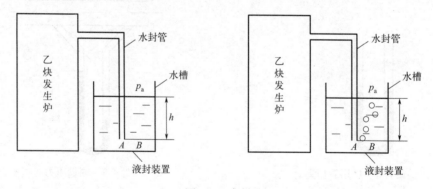

图4-6 水封

实际安装时，管子插入水面以下的深度应比计算值略小一些。如果水封的目的是保证气体不泄漏，则管子插入水面以下的深度应比计算值略大一些，以严格保证气体不泄漏。

4. 分液器重液出口管安装高度的确定

分液器也是一种利用流体静力学原理制成的自动分液装置，如图4-7所示。工业生产中经常需要将两种密度不同的流体分离开来，例如某混合液中含有某种有机液体和水，采用分液器就可以实现有机液体与水的分离。

混合液由分液器顶部进入，在分液器内自动分层，水在下层，有机液体在上层，分液器有两个出口，只要有机液体的液位高于左侧出口，有机液体就会流出；水是从右侧的排出管流出的，但我们注意到，只有当排出管中的水位达到 z 高度时，水才能自动排

出。所以排出管的管口位置有多高，是需要计算确定的。

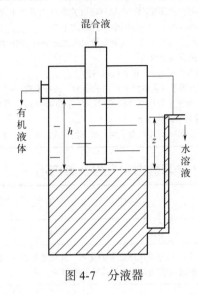

图 4-7 分液器

排出管管口与容器内混合液分层界面之间的距离 z 可以用下面公式进行计算：

$$z = \frac{\rho_{油}}{\rho_{水}} h \quad (4-12)$$

式中　z——排出管管口与混合液分层界面之间的距离，m；
　　　$\rho_{油}$、$\rho_{水}$——有机液体和水的密度，kg/m³；
　　　h——油层高度，m。

任务实施

工作任务单 1　学习静力学方程及其应用——液封

姓名：	专业：	班级：	学号：	成绩：
步骤	内容			
任务描述	请以新入职员工的身份进入本任务的学习，在任务中你需要学习流体静力学方程，了解压力及压差测量，了解液位的测量和液封高度的测量等。			
应知应会要点	（需学生提炼）			
任务实施	化工生产中常常会要求一些生产设备保持压力稳定，例如：乙炔发生炉，如何控制乙炔发生炉内的压力 p 不超过 10.7kPa（表压）呢？ 1. 在图 4-6 中，先来看 A、B 两点，因为水封管中充满乙炔气，所以 A 点的压力应该就是_____的压力；B 点处于水深为 h 的地方，那么 B 点的压力应该是 h 高的液柱产生的压力，这个高度又称为液封高度。由于 A、B 两点在同一水平面上，根据流体静力学原理可以得出 A、B 两点的压力应该是_____。			

续表

步骤	内容
任务实施	2. 当炉内压力超过规定值时，乙炔气在 A 点的压力就大于 B 点的压力，乙炔气开始从水封管口排出，如图 4-6 的右图所示，这时会看到水槽中有_____的现象，当排出部分气体后，压力趋于稳定，鼓泡现象自然消失，这就是液封装置能够自动维持设备内压力稳定的原理。 3. 水封管插入的深度 h 确定 （1）已知设备内的压力 p，那么可以得出_____。 （2）B 点的压力等于 h 高的液柱产生的压力，液柱高度 h=_____。 （3）若已知乙炔发生炉内气体的绝对压力是 207000 Pa，当地大气压为 100000 Pa，水的密度为 1000kg/m³，请计算水封高度 h。 为了保险起见，实际安装时管子插入水下的深度应略小于计算出的高度 h。

工作任务单 2　学习静力学方程及其应用——U 形管压差计

姓名：	专业：	班级：	学号：	成绩：

步骤	内容
任务描述	请以新入职员工的身份进入本任务的学习，在任务中你需要学习流体静力学方程，了解压力及压差的测量，了解液位的测量和液封高度的测量等。
应知应会要点	（需学生提炼）
任务实施	掌握液体压强的变化规律 1. 当容器内的液体静止时，越深的地方液体的压力_____；深度相同时，越重的液体（密度越大的液体）产生的压力_____。所以，在静止的液体内，压力的大小与液体的_____和深度有关。 2. 当液面上方的压力 p_0 改变时，这个压力会向液体内部传递，使各点的压力发生同样大小的改变，这正是液压传递的基本原理。所以在静止的同一流体内部，p_0 改变时，p 会发生_____的变化。 3. 从图 4-8 中可以看出 U 形管的安装形式改变了，只有一个端口与管路连接。在这种情况下指示液也形成了高度差 R，请回答： 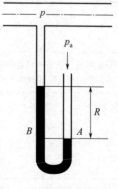 图 4-8　测量管内流体的压力 （1）管路内流体的压力 p___p_a。（填"大于"或"小于"） （2）你算出的压力 p 是真空度还是绝对压力？

任务总结与评价

谈谈本次任务的收获与感受。

任务三
学习连续性方程及其应用

任务描述

请以新入职操作工的身份进入本任务的学习,熟悉流体稳定流动和不稳定流动的知识,以及连续性方程及其应用。

应知应会

一、稳定流动与不稳定流动

在流动系统中,若各截面上的流速、压力、密度等有关物理量仅随位置变化,不随时间变化,这种流动称为稳定流动;若流体在各截面上的有关物理量既随位置而变,又随时间而变,则称为非稳定流动。

如图4-9所示,水箱上部不断地有水从进水管注入,从下部排水管不断排出,且单位时间内,进水量大于排水量,多余的水从水箱上方溢流管排出,以维持水箱内液位恒定。在这个流动系统中,各截面上的流速、压力等流动参数不随时间变化,只与位置有关,这种流动情况属于稳定流动。若将图4-9中进水管的阀门关闭,水箱内的水仍由排水管排出,此时水箱内没有水继续补充,致使液位逐渐下降,各截面上的流动参数不但随位置变化,而且还随着时间而变,这种流动情况属于非稳定流动。

二、稳定系统的物料衡算——连续性方程

对于如图4-10所示的稳定流动系统,在截面1-1′与2-2′间作物料衡算,由于稳定流动系统内任一位置处均无物料积累,所以物料衡算的基本关系仍为输入量等于输出量。根据质量守恒定律,流体从1-1′截面进入的质量流量 q_{m1} 必然等于从2-2′截面流出的质量流量 q_{m2},则物料衡算式为

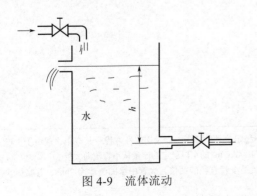

图4-9 流体流动

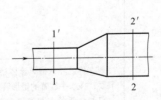

图4-10 稳定流动系统

$$q_{m1}=q_{m2} \tag{4-13}$$

因 $q_m=\rho uA$，故式（4-13）可写成

$$q_m=\rho_1 u_1 A_1=\rho_2 u_2 A_2 \tag{4-14}$$

若式（4-14）推广到管路上的任何一个截面，则

$$q_m=\rho_1 u_1 A_1=\rho_2 u_2 A_2=\cdots=\rho uA=\text{常数} \tag{4-15}$$

式（4-15）表示在稳定流动系统中，流体流经各截面的质量流量不变，而流速 u 随管路截面积 A 及流体的密度 ρ 变化而变化。

若流体为不可压缩流体，即 $\rho=$ 常数，则可将式（4-15）改写成

$$q_V=u_1 A_1=u_2 A_2=\cdots=uA=\text{常数} \tag{4-16}$$

式（4-16）说明不可压缩流体不仅流经各截面的质量流量相等，它们的体积流量也相等。

式（4-15）与式（4-16）均称为流体稳定流动的连续性方程。它们反映了在稳定流动系统中，流量一定时，管路各截面上流速的变化规律，此规律与管路的安排以及管路上是否装有管件、阀门或输送设备等无关。

对于圆形管道，$A=\dfrac{\pi}{4}d^2$，式（4-16）可改写为

$$\frac{u_1}{u_2}=\left(\frac{d_2}{d_1}\right)^2 \tag{4-17}$$

式（4-17）表明，体积流量一定时，流速与管径的平方成反比。

任务实施

工作任务单　学习连续性方程及其应用

姓名：	专业：	班级：	学号：	成绩：

步骤	内容
任务描述	请以新入职操作工的身份进入本任务的学习，熟悉流体稳定流动和不稳定流动的知识，以及连续性方程及其应用。
应知应会要点	（需学生提炼）
任务实施	现在你已经掌握了流体稳定流动和不稳定流动的知识，以及连续性方程及其应用，现由于生产需要，在水平放置的锥形管中，密度为 1000kg/m³ 的水以稳定的流量从小管流向大管。 已知大管的内截面积为 0.01m²，直径是小管直径的两倍，大管中水的流速为 2m/s，忽略压头损失。求

任务实施	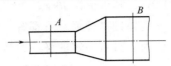 （1）小管中的流速（m/s）； （2）管内水的质量流量（kg/s）。 解析：本题考查流体的_____性质。 对于圆形管道，$A = \dfrac{\pi}{4}d^2$，则 $\dfrac{u_1}{u_2} = \left(\dfrac{d_2}{d_1}\right)^2$ 因此，小管的流速为_____m/s。 另根据连续性方程得出，$q_m = \rho_1 u_1 A_1 = \rho_2 u_2 A_2$ 因此，管内质量流量为：_____。

任务总结与评价
谈谈本次任务的收获与感受。

任务四
学习伯努利方程及其应用

任务描述
请以新入职员工的身份进入本任务的学习，掌握流体的能量衡算伯努利方程，学会利用伯努利方程解决实际问题。

应知应会

一、流动流体所具有的能量

在化工生产过程中，化工管路中的流体之所以能从一处流动到另一处，是因为它具有一定的能量。在流体输送过程中主要考虑各种形式机械能的转换，当流体的流动形式发生改变时，与之对应的能量形式也将发生变化。

（1）位能　流体因受重力的作用，在不同高度具有不同的位能。位能显然是一个相对值，与所选定的基准水平面有关，在基准水平面上方的位能为正值，在基准水平面以下的为负值。质量为 m（kg）的流体距离基准水平面高度为 z 时所具备的位能，即

$$位能 = mgz \qquad 单位：J$$

1kg 流体的位能为 gz，其单位为 J/kg。

（2）动能　动能是流体有一定的速度运动时，所具有一定的能量。质量为 m（kg），流速为 u（m/s）的流体所具有的动能，即

$$动能 = 1/2\,mu^2 \qquad 单位：J$$

1kg 流体的动能为 $1/2u^2$，其单位为 J/kg。

（3）静压能　静止的流体内部任何位置都有一定的静压力，而流动的流体内部任一位置也具有静压力。流体因为具有一定的静压力而具有的能量称为流体的静压能。在内部有流体流动的管壁上开孔并连接上一根竖直玻璃管，则可观察到流体会沿着玻璃管上升到一定高度并停止，上升的高度便是流体在该截面处静压力的表现。质量为 m（kg），密度为 ρ（kg/m³），压力为 p（Pa）的流体所具有的静压能，即

$$\text{静压能} = mp/\rho \qquad \text{单位：J}$$

1kg 流体的静压能为 p/ρ，其单位为 J/kg。

位能、动能及静压能均为流体输送过程中，流体所具有的机械能，在流体流动时，三者可以相互转换。

二、稳定流动系统的能量衡算

在稳定流动系统中，如图 4-11 所示，流体从截面 1-1′ 流入，从 2-2′ 截面流出，接着确定两个能量衡算的截面，即 1-1′ 截面和 2-2′ 截面。设 1-1′ 截面距基准水平面的距离为 z_1，2-2′ 截面距基准水平面的距离为 z_2，两截面处的流速、压强分别为 u_1、p_1 和 u_2、p_2，流体在两截面处的密度均为 ρ。根据能量守恒定律，连续稳定流动系统中，进入系统的总机械能等于离开系统的总机械能。以 1kg 流体为基准的能量衡算式，即

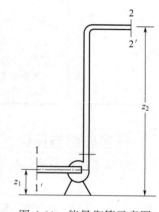

图 4-11　能量衡算示意图

$$gz_1 + \frac{u_1^2}{2} + \frac{p_1}{\rho} = gz_2 + \frac{u_2^2}{2} + \frac{p_2}{\rho} \qquad (4\text{-}18)$$

而在流体流动过程中，往往还有流体输送机械向流体做功，流体通过流体输送机械获得的外加能量，被看作是输入的能量，用 W 表示，称为外加功，其单位为 J/kg。由于流体在流动过程中，为克服流动阻力而消耗了一部分机械能，这部分损失的机械能可看作输出的能量，称为能量损失，用 ΣE_f 表示，其单位为 J/kg。

所以又可将式（4-18）补充为

$$gz_1 + \frac{u_1^2}{2} + \frac{p_1}{\rho} + W = gz_2 + \frac{u_2^2}{2} + \frac{p_2}{\rho} + \Sigma E_f \qquad (4\text{-}19)$$

在工程上，常常以 1N 流体为基准，计量流体的各种能量，并把相应的能量称为压头，单位为 m，即 1N 流体的位能、动能、静压能分别称为位压头、动压头、静压头。1N 流体获得的外加功称为外加压头，其单位为 m。1N 流体的能量损失称为损失压头，用 ΣH_f 表示，其单位为 m。以 1N 流体为基准的机械能衡算式为：

$$z_1 + \frac{u_1^2}{2g} + \frac{p_1}{\rho g} + H = z_2 + \frac{u_2^2}{2g} + \frac{p_2}{\rho g} + \Sigma H_f \qquad (4\text{-}20)$$

其他符号的意义及单位与式（4-19）相同。

式（4-18）和式（4-19）是实际流体的机械能衡算式，习惯上称为伯努利方程，它反映了流体在流动过程中，各种能量的转化与守恒规律，这一规律在流体输送中具有重要意义。

三、伯努利方程的分析与讨论

1. 理想流体伯努利方程

若流体流动时不产生流动阻力，则流体的能量损失 $\Sigma E_f=0$，这种流体称为理想流体。理想流体流动且无外加功时，即式（4-18）称为理想流体伯努利方程。此时在任一截面上单位质量流体所具有的位能、动能、静压能之和为一常数，称为总机械能。而常数意味着1kg流体理想流体在各截面上所具有的总机械能相等，而每一种形式的机械能不一定相等，但各种形式的机械能可以相互转换。

例如，某种理想流体在水平管道中稳定流动，若某处管路截面积减小，则流速增加，因为总机械能为常数，则静压能就会降低，即一部分静压能转变为动能；反之，若管路截面积增大，则流速减小，动能减小，静压能增加。

由此可以推出，在流动最快的地方，压力最小，这也是火车站台设立安全警戒线，人不能离运行的火车太近，高速航行的两艘船靠得太近会发生碰撞的原因。在工程上，利用这一规律，设计制造了流体动力式真空泵。

2. 不同衡算基准下流体具有的能量

式（4-19）中各项单位为J/kg，表示单位质量流体所具有的能量。应注意 gz、$\frac{1}{2}u^2$、$\frac{p}{\rho}$ 与 W、ΣE_f 的区别，前三项是指在某截面上流体本身所具有的能量，后两项是指流体在两截面之间所获得的和所消耗的能量。

式（4-20）中各项单位为m，表示单位质量流体所具有的能量。m虽然为一个长度单位，但它表示单位质量流体所具有的机械能可以把自身从基准水平面升举的高度。

W 是流体输送机械对单位质量流体所做的有效功，是选择流体输送机械的重要依据。单位时间输送设备所做的有效功称为有效功率，以 P_e 表示，即

$$P_e = W q_m \tag{4-21}$$

式中，q_m 为流体的质量流量，所以 P_e 的单位为J/s或W。

3. 可压缩流体

对于可压缩流体的流动，即气体的流动，若所选取系统两截面间的绝对压强变化小于原来绝对压强的20%，即 $\dfrac{p_1-p_2}{p_1}<20\%$ 时，仍可用式（4-19）和式（4-20）进行计算，但此时式中的流体密度 ρ 应以两截面间流体的平均密度 ρ_m 代替。这种处理方法所导致的误差，在工程计算上是允许的。

4. 静止流体的衡算式

如果流体处于静止状态，则 $u_1=u_2=0$，$W=0$，$\Sigma E_f=0$，则式（4-19）可写成

$$gz_1 + \frac{p_1}{\rho} = gz_2 + \frac{p_2}{\rho} \tag{4-22}$$

式（4-22）与流体静力学方程一致。这表明流体的静止状态只不过是流动状态的一种特殊形式，同时也说明在静止流体内部，任一截面上的位能和静压能之和均相等。

四、伯努利方程的应用

（1）明确衡算范围　根据题意画出流体系统示意图，并指明流体流动方向，确定衡算范围。

（2）截面的选取　两截面均与流动方向垂直，并且两截面间的流体必须是连续的。所求的未知量应在截面上或者两截面之间，且截面上的物理量除所需要求的未知量以外，其他都应该是已知或者可以通过其他关系计算出来。

（3）基准水平面的选取　选取基准水平面的目的是确定流体位能的大小，但实际在伯努利方程中反映出来的是位能之差，所以，基准水平面可以任意选取，但是必须与地面平行。为了简化计算，一般取衡算范围内的两个截面中的一个截面作为基准水平面。

（4）两截面的压力　两截面的压力除了要求单位一致外，还要求表示方法一致，即两截面压力都用绝对压强表示或者都用表压表示。

（5）单位统一　在应用伯努利方程前，需将所代入的物理量换成一致的单位，然后再进行计算。

任务实施

工作任务单　学习伯努利方程及其应用

姓名：		专业：		班级：		学号：		成绩：	
步骤	内容								
任务描述	请以新入职员工的身份进入本任务的学习，掌握流体的能量衡算伯努利方程，学会利用伯努利方程解决实际问题。								
应知应会要点	（需学生提炼）								
任务实施	你已经掌握流体的能量衡算伯努利方程，学会利用伯努利方程解决实际问题。 （1）理论联系实际 拿着两张纸，往两张纸中间吹气，会发现纸不但不会向外飘去，反而会被一种力挤压在一起。 原因：_____ （2）解决实际问题 现化工厂需要将30℃的C_2H_5OH（密度为800kg/m³）用φ57mm×3.5mm的无缝钢管吸入高位槽中。其中，储槽液位恒定，要求u=0.004m/s，且Σh_f=0。请你利用伯努利方程计算出真空泵需将高位槽的压力降到多少。 （3）乘坐高铁时，站台会设置黄线，并要求站在黄线以外，这是什么原因呢？								

任务总结与评价

谈谈本次任务的收获与感受。

任务五
学习流体流动类型及输送方式

任务描述

请以新入职员工的身份进入本任务，了解常见的流体输送方式，掌握流体流动过程中流体流动类型，学会如何判断流体流动类型。

应知应会

一、常见的流体输送方式

（1）位能输送　位能输送是借其位能沿管道向低处输送。如图4-12所示的甲醇汽化流程，这是甲醇氧化制甲醛的一段生产流程。甲醇通过甲醇泵被送入高位槽，然后经过输送管路进入蒸发器。这个高位槽就如同设在高层楼顶的水箱，由于在高位槽和蒸发器之间存在着一定的液位差，使得高位槽内的甲醇液体具有足够的能量流到低位的蒸发器中，完成了甲醇的输送任务。这也就是我们常说的，在自然状态下水总是从高处向低处流。我们把这种流体输送的方法称为高位槽送料。在一些要求流量特别稳定的场合，这一方法尤其适用。当然高位槽送液时，其高度必须能够保证输送任务所要求的流量。

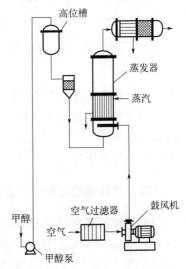

图4-12　甲醇汽化流程

（2）真空抽料　真空抽料是指通过真空系统造成的负压来实现流体从一个设备到另一个设备的操作。

真空抽料是化工生产中常用的一种流体输送方法，其结构简单，操作方便，没有动件，但流量调节不方便，需要真空系统，不适于输送易挥发的液体。主要用在间歇送料的场合，在精细化率越来越高的今天，真空抽料的用途也越来越广泛。

在连续真空抽料时（例如多效并流蒸发中），下游设备的真空度必须满足输送任务的流量要求，还要符合工艺条件对压力的要求。

（3）压缩空气送料　采用压缩空气送料也是化工生产中常用的方法。例如输送酸液，如图4-13所示，现将高位槽中的酸放入容器，然后通入压缩空气，在压力的作用下，将酸输送至目标设备。这种方法结构简单，无动件，可间歇输送腐蚀性大及易燃易爆的流体，但流量小且不易调节，只能间歇输送流体。

压缩空气送料时，空气的压力必须满足输送任务对升扬高度的要求。

（4）流体输送机械送料　流体输送机械送料是指借助流体输送机械对流体做功，实现流体输送的操作。由于输送机械的类型多，压头及流量的可选范围宽且易于调节，因此该方法是化工生产中最常见的流体输送方法，如图4-14所示，将流体从设备1输送至设备3，就是采用泵来完成的。

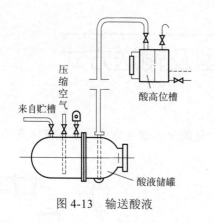

图 4-13 输送酸液

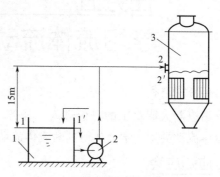

图 4-14 流体输送机械送料

1—低位槽；2—泵；3—储罐

用流体输送机械送料时，流体输送机械的型号必须满足流体性质及输送任务的需要。

通过对以上输送方式的分析可以看出，作为化工生产一线的高素质劳动者，必须掌握流体输送中以下几方面的知识：①流体的性质；②流体流动的特征；③流体流动的基本规律；④流体阻力；⑤化工管路；⑥输送机械。

二、两种流动类型——层流和湍流

为了直接观察流体流动时内部质点的运动情况及各种因素对流动状况的影响，可用图 4-15 的实验装置，这个实验称为雷诺实验。

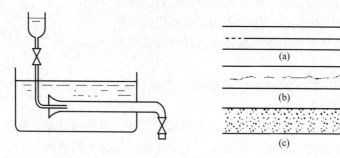

图 4-15 雷诺实验

图 4-15 中水槽内的液位通过溢流管始终保持恒定，高位槽内为有色液体，与高位槽相接的细管喷嘴保持水平，并与透明管的中心线重合。实验时，两管内的流速可以通过阀门调节。

实验时，分别打开透明管上的阀门和高位槽细管上的阀门，调节有色液体的流速和透明管内水的流速。通过实验可以观察到，当透明管内水的流速不大时，管中心的有色液体呈一直线，如图 4-15（a）所示。当透明管内水的流速逐渐加大到一定数值时，管中心的有色液体细线开始出现波浪形，如图 4-15（b）所示。若流速继续增大至某一值时，细线便完全消失，如图 4-15（c）所示，整个玻璃管内的水呈现出均匀的颜色。

（1）层流　如图 4-15（a）所示，流体质点彼此平行地沿管轴方向做直线运动，不具有径向的速度，分层流动，层与层之间互不干扰，这种流动类型称为层流或滞流。

（2）湍流　如图4-15（c）所示，流体不再是分层流动，流体质点除了沿管轴方向向前运动外，还有径向的速度，因此，流体质点的运动是不规则的杂乱运动，彼此之间相互碰撞并且相互混合。质点速度的大小和方向随时发生变化。这种流动类型称为湍流或紊流。

而图4-15（b）可看作不完全的湍流或者不稳定的层流，并不是一种独立的流动形态。

三、流动类型的判断依据——雷诺数

对于管内流体的流动来说，为了确定流体的流动类型，雷诺通过大量实验，并对实验结果进行了归纳总结，发现流体的流动类型主要与流体的密度 ρ、黏度 μ、流速 u 和管径 d 这4个因素有关。雷诺通过进一步分析研究，把这些影响因素组合成 $\dfrac{du\rho}{\mu}$ 的形式作为流体流动类型的判断依据，这种组合形式称为雷诺数，以 Re 表示，即

$$Re = \frac{du\rho}{\mu} \tag{4-23}$$

由式（4-23）看出，雷诺数是一个无量纲的量，称为特征数。对于特征数来说，要采用同一单位制下的单位来计算，但无论采用哪种单位制，特征数的数值都是一样的。

实验表明，流体在直管内流动时，当 $Re < 2000$ 时，流动类型为层流或滞流；当 $Re > 4000$ 时，流动类型为湍流或紊流；若 Re 在 2000～4000 的范围内，可能是层流，也可能湍流，流体处于一种过渡状态，所以将这一范围称为不稳定的过渡区。Re 值的大小，反映了流体的湍动程度。Re 越大，湍动程度越大，或者说流体质点运动的杂乱无章的程度越大。

在化工生产中，流体在圆形管内的流动大多为湍流，由于流体具有黏性，无论流体的湍动程度多大，在靠近管壁的地方，总有一层流体在做层流流动，而这层流体层称为层流内层或层流底层；层流边界层外的流体区域称为流动主体或湍流主体。

层流内层的存在，对传热与传质过程影响很大。

任务实施

工作任务单　学习流体流动类型及输送方式

姓名：	专业：	班级：	学号：	成绩：

步骤	内容
任务描述	请以新入职员工的身份进入本任务的学习，了解常见的流体输送方式，掌握流体流动类型，学会如何判断流体流动类型。
应知应会要点	（需学生提炼）

任务实施	1. 流体在直管中流动，当 Re=3200 时，属于哪种流动类型？ 2. 当流体 ρ=1350kg/m³，μ=1200mPa·s，在内径为 80mm 的管内流动时，若流速为 2.0m/s，雷诺数 Re 为多少？流体的流动类型态是哪种？

任务总结与评价

谈谈本次任务的收获与感受。

任务六
学习流体阻力来源及计算管道阻力

任务描述

请以新入职操作工的身份进入本任务的学习，学习化工生产中输送物料的特性，了解流体流动过程中的阻力，学会进行流体阻力的计算。

应知应会

一、流体阻力的计算

流体流经一定管径的直管时，由于流体的内摩擦力而产生的阻力，称为直管阻力。流体流经管路中的管件、阀门及截面的突然扩大和缩小等所引起的阻力，称为局部阻力。

1. 直管阻力的计算

直管阻力的计算公式为：

$$E_f = \lambda \frac{l}{d} \cdot \frac{u^2}{2} \tag{4-24}$$

式中　E_f——直管阻力，J/kg；

　　　λ——摩擦系数，其值随流体流动类型及管壁的粗糙度而变化，可通过查图、经验公式计算或实验测定等方法确定；

l——直管的长度，m；

d——直管的内径，m；

u——流体在管内的流速，m/s。

该公式对于滞流和湍流均适用。

2. 局部阻力的计算

流体流过管件、阀件、出入口等局部元件时，由于流通截面积突然变化而引起能量的损失。因为各种元件的结构不同，因此造成阻力的大小也不完全相同，目前只能通过经验方法计算局部阻力，主要的方法有局部阻力系数法和当量长度法两种。

（1）阻力系数法　将局部阻力所引起的能量损失表示为动能的一个倍数。其计算式为：

$$E'_f = \xi \frac{u^2}{2} \qquad (4-25)$$

ξ 称为局部阻力系数，可由表 4-1 查阅。

表 4-1　常用的管件和阀件的局部阻力系数与当量长度值（用于湍流）

名称	阻力系数 ξ	当量长度与管径之比 l_e/d	名称	阻力系数 ξ	当量长度与管径之比 l_e/d
45°弯头	0.35	17	闸阀		
90°弯头	0.75	35	全开	0.17	9
三通	1	50	半开	4.5	225
回弯头	1.5	75	截止阀		
管接头	0.04	2	全开	6.0	300
活接头	0.04	2	半开	9.5	475
止逆阀			角阀（全开）	2	100
球式	70	3500	水表（盘式）	7	350
摇板式	2	100			

（2）当量长度法　将流体流过管件、阀门等局部地区所产生的阻力折合成相当于流体流过长度为 l_e 的同直径管道时所产生的阻力，l_e 称为当量长度。其计算式为：

$$E'_f = \xi \frac{l_e}{d} \times \frac{u^2}{2} \qquad (4-26)$$

l_e 值由实验测定，同样可以通过查阅图表得到。

3. 管路总能量损失的计算

管路的总阻力为管路上的直管阻力和局部阻力之和。对于直径不变的管路，如果局部阻力都按当量长度来表示，则：

$$\Sigma E'_f = \lambda \frac{l + \Sigma l_e}{d} \times \frac{u^2}{2} \tag{4-27}$$

如果局部阻力都按阻力系数来表示，则：

$$\Sigma E'_f = \left(\lambda \frac{l}{d} + \Sigma \xi \right) \cdot \frac{u^2}{2} \tag{4-28}$$

二、减小阻力的措施

流体阻力越大，输送流体的动力消耗也越大，造成操作费用增加，另一方面，流体阻力的增加还能造成系统压力的下降，严重时将影响工艺过程的正常进行，因此，化工生产中应尽量减小流体阻力，主要措施有：

① 在满足工艺要求的前提下，应尽可能缩短管路。

② 在管路长度基本确定的前提下，应尽可能减少管件、阀件，尽量避免管路直径的突变。

③ 在可能的情况下，可以适当放大管径。因为当管径增加时，在同样的输送任务下，流速显著减小，流体阻力就会显著减小。

④ 在被输送介质中加入某些药物，如丙烯酰胺、聚氧乙烯氧化物等，以减少介质对管壁的腐蚀和杂物沉积，从而减少旋涡，使流体阻力减小。

任务实施

工作任务单　学习流体阻力来源及计算管道阻力

姓名：	专业：	班级：	学号：	成绩：
步骤	内容			
任务描述	请以新入职操作工的身份进入本任务的学习，学习化工生产中输送物料的特性，了解流体流动过程中的阻力，学会进行流体阻力的计算。			
应知应会要点	（需学生提炼）			
任务实施	常温水以 $36m^3/h$ 的流量在 $\phi 108mm \times 4mm$ 的钢管中流过，管路上装有90°标准弯头两个，闸阀（全开）一个，直管长度为30m。试计算水流过该管路的总阻力损失。			

任务总结与评价

谈谈本次任务的收获与感受。

项目评价

项目综合评价表

姓名		学号		班级	
组别		组长及成员			

项目成绩：　　　　　总成绩：

任务	任务一	任务二	任务三	任务四	任务五	任务六
成绩						

自我评价

维度	自我评价内容	评分（1～10分）
知识	掌握流体性质的基础知识；掌握静力学方程、连续性方程、伯努利方程的基本计算方法及应用	
	了解流体流动的基本方式、输送方法，管路的阻力来源及计算方法	
能力	能运用流体基本性质与工程技术观点，正确使用压差计	
	能根据工艺过程需要正确查阅和使用一些资料或手册，进行必要的计算，如压强的计算、管道阻力的计算	
素质	通过引导学生对流体流动的深入了解与计算，帮助学生逐步建立工程观念，培养学生追求知识、严谨治学的科学态度	
	通过流体项目引领与任务实施，引导学生自主学习，培养学生信息收集能力	
我的反思	我的收获	
	我遇到的问题	
	我最感兴趣的部分	
	其他	

项目拓展

大禹治水

大禹治水（鲧禹治水）是古代的汉族神话传说故事，著名的上古大洪水传说。他是黄帝的后代，三皇五帝时期，黄河泛滥，鲧、禹父子二人受命于尧、舜二帝，任崇伯和夏伯，负责治水。

大禹率领民众，与自然灾害中的洪水斗争，最终获得了胜利。面对滔滔洪水，大禹从鲧治水的失败中吸取教训，改变了"堵"的办法，对洪水进行疏导，体现出他具有带领人民战胜困难的聪明才智；大禹为了治理洪水，长年在外与民众一起奋战，置个人利益于不顾，"三过家门而不入"。大禹治水13年，耗尽心血与体力，终于完成了治水的大业。

大禹根据山川地理情况，将中国分为九个州，就是：冀州、青州、徐州、兖州、扬州、梁州、豫州、雍州、荆州。他的治水方法是把整个中国的山山水水当作一个整体来治理，他先治理九州的土地，该疏通的疏通，该平整的平整，使得大量的地方变成肥沃的土地。

大禹治水讲究的是智慧，如治理黄河上游的龙门山就是如此。龙门山在梁山的北面，大禹将黄河水从甘肃的积石山引出，水被疏导到梁山时，不料被龙门山挡住了，过不去。大禹察看了地形，觉得这地方非得凿开不可，但是偌大一个龙门山又如何是好，大禹选择了一个最省工省力的地方，只开了一个80步宽的口子，就将水引了过去。因为龙门太高了，许多逆水而上的鱼到了这里，就游不过去了。许多鱼拼命地往上跳，但是只有极少数的鱼能够跳过去，这就是我们后人所说的"鲤鱼跳龙门"，据说只要能跳龙门，马上鱼就变成了一条龙在空中飞舞。

大禹治水在中华文明发展史上起重要作用。在治水过程中，大禹依靠艰苦奋斗、因势利导、科学治水、以人为本的理念，克服重重困难，终于取得了治水的成功。由此形成以公而忘私、民族至上、民为邦本、科学创新等为内涵的大禹治水精神。大禹治水精神是中华民族精神的源头和象征。

思考：

1. 在大禹治水的故事中，说出最让你感动的一点是什么，并说明理由。

2. 在大禹治水故事中，大禹改变"堵"的办法，运用了本项目学习的哪些理论知识，让洪水水利通过，破坏性减小的？

项目五 离心泵的维护与操作

学习目标

知识目标
1. 掌握离心泵的结构、原理及用途。
2. 掌握离心泵的主要性能参数。
3. 了解离心泵常见的组合方式。
4. 了解离心泵常见的事故及处理措施。

能力目标
1. 能够绘制出离心泵的特性曲线。
2. 能根据事故现象进行事故分析,并能够提出处理措施。

素质目标
1. 通过对事故现象的分析,提高发现问题、解决问题能力,培养追求知识、严谨治学的科学态度。
2. 通过项目引领与任务实施,自主学习,培养信息收集能力。

项目导言

离心泵作为输送物料的一种转动设备,在连续性较强的化工生产中尤为重要。离心泵作为化工生产中常见的动设备之一,日常维护是离心泵安全、可靠运行的重要保证。

本项目学习离心泵的维护与操作,主要任务内容有:
① 学习离心泵的基本结构及工作原理;
② 学习离心泵的性能参数和特性曲线;
③ 学习离心泵的安装高度与汽蚀;
④ 认识离心泵的组合操作。

任务一
学习离心泵的基本结构及工作原理

任务描述

请以新入职操作工的身份进入本任务的学习,熟悉工作中常用的离心泵的结构及其工作原理,知晓气缚现象发生的原因及解决方法。

应知应会

一、概述

在化工生产中,为了满足工艺需要,经常需要将流体从一个设备输送到另一个设备,从一个车间输送到另一个车间,从常压变成高压或负压等。使用流体输送机械对流体做功达到上述目的是工业生产中的主要手段。工程上把对流体做功的机械装置统称为流体输送机械。由于这类机械广泛用于国民经济的各个行业,因此,也被称作是通用机械。通常输送液体的机械叫泵,输送和压缩气体的机械叫气体压送机械,根据用途不同,气体压送机械可分为风机、压缩机或真空泵等。

离心泵

液体输送机械种类很多,一般根据其流量和压力(压头)关系可分为离心泵和正位移泵两大类,其中,以离心泵在化工生产中应用最为广泛。这是因为离心泵具有以下优点:①结构简单,操作容易,便于调节和自控;②流量均匀,效率较高;③流量和压头的适用范围较广;④适用于输送腐蚀性或含有悬浮物的液体。当然,其他类型泵也有其本身的特点和适用场合,而且并非离心泵所能完全代替的。因此在设计和使用时应视具体情况作出正确的选择。

二、离心泵的工作原理

离心泵的装置简图如图5-1所示,它的基本部件是旋转的叶轮和固定的泵壳。具有若干弯曲叶片的叶轮安装在泵壳内并紧固于泵轴上,泵轴可由电动机带动旋转。泵壳中央的吸入口与吸入管路相连接,在吸入管路底部装有单向底阀。泵壳侧旁的排出口与排出管路相连接,排出管路上装有调节阀。

在离心泵工作前,先灌满被输送液体。当离心泵启动后,泵轴带动叶轮高速旋转,受叶轮上叶片的约束,泵内流体与叶轮一起旋转,在离心力的作用下,液体从叶轮中心向叶轮外缘运动,叶轮中心(吸入口)处因液体空出而呈负压状态,这样,在吸入管的两端就形成了一定的压差,即吸入液面压力与泵吸入口压力之差,只要这一压差足够大,液体就会被吸入泵体内,这就是离心泵的吸液原理。另外,被叶轮甩出的液体,在从中心向外缘运动的过程中,动能与静压能均增加了,流体进入泵壳后,由于泵壳内蜗形通道的面积是逐渐增大的,液体的动能将减少,静压能将增加,泵出口处压力达到最大,于是液体被压出离心泵,这就是离心泵的排液原理。

离心泵启动时,若泵内存有空气,由于空气密度很小,旋转后产生的离心力小,因而叶轮中心区所形成的低压不足以将贮槽内的液体吸入泵内，启动离心泵也不能输送液体。此种现象称为气缚，表示离心泵无自吸能力，所以在启动前必须向壳内灌满液体。离心泵装置中吸入管路的底阀的作用是防止启动前灌入的液体从泵内流出，滤网则可以阻拦液体中的固体颗粒被吸入而堵塞管道和泵壳。排出管路上装有调节阀，可供开工、停工和调节流量时使用。

三、离心泵的主要部件

离心泵的主要构件有叶轮、泵壳和轴封。

1. 叶轮

叶轮是离心泵的关键部件，叶轮通常由4～12片的后弯叶片组成。叶轮的作用是将原动机的机械能传给液体，使通过离心泵的液体静压能和动能均有所提高。

叶轮按其机械结构可分为闭式、半闭式和开式 3 种叶轮，如图 5-2 所示。叶片两侧带有前、后盖板的称为闭式叶轮，它适用于输送清洁液体，一般离心泵多采用这种叶轮。没有前、后盖板，仅由叶片和轮毂组成的称为开式叶轮。只

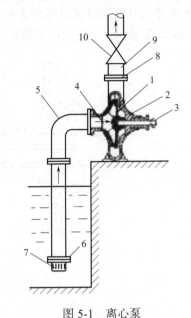

图 5-1　离心泵

1—叶轮；2—泵壳；3—泵轴；4—吸入口；
5—吸入管；6—单项底阀；7—滤网；
8—排出口；9—排出管；10—调节阀

有后盖板的称为半闭式叶轮。通常，闭式叶轮的效率要比开式高，但只适合于输送清液；开式叶轮效率低，适合于输送含有固体的液体；半开式叶轮介于两者之间。

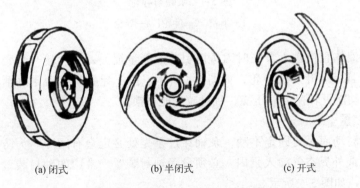

(a) 闭式　　　　　　(b) 半闭式　　　　　　(c) 开式

图 5-2　叶轮类型（按机械结构分）

叶轮按吸液方式不同可分为单吸式和双吸式两种，如图 5-3 所示。单吸式叶轮的结构简单，液体只能从叶轮一侧被吸入。双吸式叶轮可同时从叶轮两侧对称地吸入液体。显然，双吸式叶轮不仅具有较大的吸液能力，而且可基本上消除轴向推力。

2. 泵壳

由于泵壳的形状像蜗牛，因此又称为蜗壳。

如图 5-4 所示，泵壳的通道空间是逐渐扩大的。当液体从叶轮的中心进入后，沿着高速旋转的叶轮被甩入蜗壳通道，这时液体具有很高的流速，进入蜗壳通道后，空间逐

渐扩大,液体的速度逐渐减小,在流速的变化过程中,流体的动能转化成了静压能,当液体从排出口流出时就具有较大的静压能,或者说液体从离心泵的运转过程中获得了能量。所以泵壳不仅是汇集叶轮流出的液体的部件,还是一个能量转换装置。

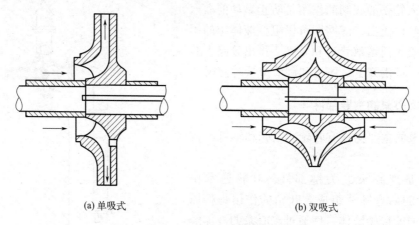

(a) 单吸式　　　　　　　　(b) 双吸式

图 5-3　叶轮类型（按吸液方式分）

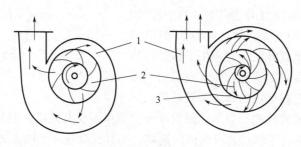

图 5-4　泵壳与导轮

1—泵壳；2—叶轮；3—导轮

为了减少液体直接进入泵壳时因碰撞引起的能量损失,在叶轮与泵壳之间有时还装有固定不动而且带有叶片的导轮,如图 5-4 所示。由于导轮具有若干逐渐转向和扩大的流道,使部分动能可转换为静压能,且可减少能量损失。

3. 轴封装置

由于泵轴转动而泵壳固定不动,泵轴穿过泵壳处必定会有间隙。为防止泵内高压液体沿间隙漏出或外界空气漏入泵内,必须设置轴封装置。常用的轴封装置有填料密封和机械密封两种,如图 5-5 所示。

(1) 填料密封　又称作填料函,俗称盘根箱,填料密封是利用填料的变形来达到密封的目的。

(2) 机械密封　对于输送酸、碱以及易燃、易爆、有毒的液体,密封要求比较高,既不允许漏入空气,又力求不让液体渗出,近年来已多采用机械密封装置。机械密封是利用两个端面紧贴达到密封。

机械密封与填料密封相比,有以下优点：密封性能好,使用寿命长,轴不易被磨损,功率消耗小,其缺点是零件加工精度高,机械加工复杂,对安装的技术条件要求比较严格,装卸和更换零件也比较麻烦,价格也比填料函高得多。

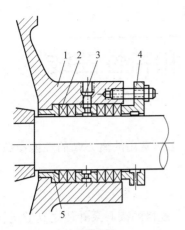
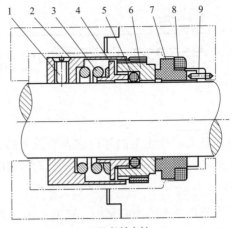

(a) 填料密封
1—填料函壳；2—软填料；3—液封圈；
4—填料压盖；5—内衬套

(b) 机械密封
1—螺钉；2—传动座；3—弹簧；4—推环；5—动环密封圈；
6—动环；7—静环；8—静环密封圈；9—防转销

图 5-5　轴封装置

任务实施

工作任务单　学习离心泵的基本结构及工作原理

姓名：	专业：	班级：	学号：	成绩：
步骤	内容			
任务描述	请以新入职操作工的身份进入本任务的学习，熟悉离心泵的基本结构及原理。			
应知应会要点	（需学生提炼）			
任务实施	在某一工段中，一台离心泵在启动后无法吸液，经判断发生了气缚现象，请你分析其发生气缚现象的原因，然后给出解决方法。 （1）液体通过离心泵获得能量，使液体在离开离心泵后静压能增大，这部分增加的能量是由（　　）转化来的。 （2）离心泵在工作时能够从低位将液体吸入，这是因为叶轮开始旋转后，在叶轮中心处产生了（　　）区，由此形成的压力差将液体吸入。 （3）因此气缚是：_____			

任务总结与评价

谈谈本次任务的收获。

任务二
学习离心泵的性能参数和特性曲线

任务描述

请以新入职操作工的身份进入本任务的学习,熟悉工作常用的离心泵的性能参数及这些参数之间的关系,学会离心泵特性曲线的测定。

应知应会

为了能在众多的离心泵中,选取具体任务需要的适宜规格的离心泵并使之高效运转,必须了解离心泵的性能参数及这些参数之间的关系。离心泵的主要性能参数有送液能力、扬程、功率和效率等,这些性能与它们之间的关系在泵出厂时会标注在铭牌或产品说明书上,供使用者参考。

一、主要性能参数

(1)流量 离心泵的流量是指离心泵在单位时间内排送到管路系统的液体体积,一般用q_V表示,常用单位为 L/s、m^3/s 或 m^3/h。离心泵的流量与泵的结构、尺寸(主要为叶轮直径和宽度)及转速等有关。应予指出,离心泵总是和特定的管路相联系,因此离心泵的实际流量还与管路特性有关。

(2)扬程 牛顿流体在通过离心泵时所获得的能量,用 H 表示,单位是 m,也叫压头。离心泵铭牌上的扬程是离心泵在额定流量下的扬程。离心泵的扬程与离心泵的结构、尺寸、转速和流量有关。通常流量越大,扬程越小。

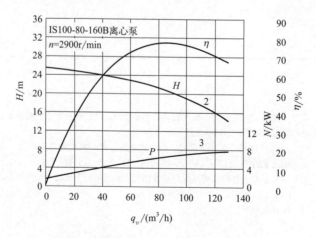

图 5-6 IS100-80-160B 型离心泵特性曲线

(3)功率 离心泵从电动机获得的能量称为离心泵的电机功率或轴功率,是选取电动机的依据,用 N 来表示,单位为 W 或 kW。离心泵铭牌上的轴功率是离心泵在额定状态下的轴功率。

有效功率:离心泵在单位时间内对流体所做的功称为离心泵的有效功率,用 N_e 表示,单位 W 或 kW，有效功率计算公式即 $N_e = Hq_v\rho g$。

（4）效率　效率是反映离心泵利用能量情况的参数。由于机械摩擦、流体阻力和泄漏等，离心泵的轴功率总是大于其有效功率，两者的差别用效率来表示。效率用 η 表示，其定义式为

$$\eta = \frac{N_e}{N} \tag{5-1}$$

（5）转速　指泵轴在单位时间内旋转的次数。常用 n 表示，单位为 r/min。

二、特性曲线

实验表明，离心泵的扬程、功率及效率等主要性能均与流量有关，如果把它们与流量之间的关系用图表示出来，就构成了离心泵的特性曲线，如图 5-6 所示，特性曲线一般都是在一定转速和常温常压下以清水作为介质测得的，由泵的生产厂家提供，标在铭牌或产品手册上，当被输送液体的性质与水相差很大时，必须校正。

不同型号的离心泵的特性曲线虽然各不相同，但总体规律是相似的，它们都有如下的特点：

（1）扬程 - 流量曲线　离心泵的扬程一般随着流量的增大而下降（在流量极小时可能有例外）。

（2）轴功率 - 流量曲线　离心泵的轴功率随流量的增大而上升，流量为零时轴功率最小。所以离心泵启动时，应关闭泵的出口阀门，减小启动电流，保护电机。

（3）效率 - 流量曲线　如图 5-6 所示，当流量为零时，效率也为零。随着流量增大，泵的效率随之上升并达到一最大值；此后流量再增大时效率便下降。说明离心泵在一定转速下有一最高效率点，通常称为设计点。泵在与最高效率对应的流量及扬程下工作最为经济，所以与最高效率点对应的流量、扬程、轴功率值称为最佳工况参数。离心泵的铭牌上标出的性能参数，就是指该泵在运行时效率最高点的性能参数。根据输送条件的要求，离心泵往往不可能正好在最佳工况下运转，因此一般只能规定一个工作范围，称为泵的高效率区，通常为最高效率的 92% 左右，如图 5-6 中波折号所示的范围。选用离心泵时，应尽可能使泵在此范围内工作。

三、影响离心泵性能的因素

离心泵样本中提供的性能是以水作为介质，在一定的条件下测定的。当被输送液体的种类改变，或者叶轮直径和转速改变时，离心泵的性能将随之改变。

（1）流体变化　流体改变表现出的变化是密度改变，密度对流量、扬程和效率没有影响，但对轴功率有影响，要根据密度重新计算有效功率和轴功率。

（2）黏度　当液体的黏度增加时，液体在泵内运动时的能量损失增加，从而导致泵的流量、扬程和效率均下降，但轴功率将会增加。因此黏度的改变会引起泵的特性曲线的变化。当液体的运动黏度大于 $2.0 \times 10^{-6} \text{m}^2/\text{s}$ 时，离心泵的性能必须校正，校正方法可以参阅有关手册。

（3）转速　当效率变化不大时，转速变化引起流量、压头和功率的变化，符合比例定律。

$$\frac{q_{V1}}{q_{V2}}=\frac{n_1}{n_2} \qquad \frac{H_1}{H_2}=\left(\frac{n_1}{n_2}\right)^2 \qquad \frac{N_1}{N_2}=\left(\frac{n_1}{n_2}\right)^3$$

（4）叶轮直径　泵的制造厂为了扩大离心泵的适用范围，除配有原型号的叶轮外，还常备有外直径略小的叶轮，此种做法称为离心泵叶轮的切割。对同一型号的泵，换用直径较小的叶轮时，泵的性能曲线将有所改变。当叶轮直径变化不大，而转速不变时，泵的流量、扬程、轴功率与叶轮直径之间的近似关系符合切割定律，即

$$\frac{q_{V1}}{q_{V2}}=\frac{D_1}{D_2} \qquad \frac{H_1}{H_2}=\left(\frac{D_1}{D_2}\right)^2 \qquad \frac{N_1}{N_2}=\left(\frac{D_1}{D_2}\right)^3$$

任务实施

工作任务单　学习离心泵的性能参数和特性曲线

姓名：	专业：	班级：	学号：	成绩：
步骤	内容			
任务描述	请以新入职操作工的身份进入本任务的学习，熟悉工作中常用的离心泵的性能参数及这些参数之间的关系，学会离心泵特性曲线的测定。			
应知应会要点	（需学生提炼）			
任务实施	作为技术员，你将要完成的一个向水洗塔送水的计算，下面列出有关数据，供选择离心泵时使用。 送水量（流量）为 15m³/h； 输水管内径为 0.052m； 输水管与喷头连接处比贮槽水面高 20m； 水从贮槽水面流到喷头的过程中能量损失为 49J/kg； 水的密度为 1000kg/m³； 外加功 W=447J/kg； 泵的有效功率 N_e 为 1.863kW； 流速 u_2 为 1.96m/s。 选择向导 （1）离心泵的种类很多，例如油泵、清水泵或低温泵等。首先根据被输送液体的性质及操作条件，确定泵的类型，本例是输送清水，所以我们选择_____。 （2）本例的输送流量是_____m³/h。 （3）已知外加功 W=447J/kg，计算扬程 H。 将外加功换算为扬程的计算：$H=\dfrac{W}{g}=$_____=_____m （正确答案是 46m，你的计算正确吗？） （4）下表列出了几种清水离心泵的型号与参数，请仔细阅读表中的数据，然后按照表格下方的提示，并根据你的数据选择一种合适的离心泵。			

续表

序号	型号	流量/(m³/h)	扬程/m	转速/(r/min)	电机功率/kW	吸入口径/mm	排出口径/mm	效率η/%
1	IS65-40-250	25	80	2900	15	65	50	60
2	IS65-40-315	25	125	2900	30	65	50	60
3	IS80-65-125	50	20	2900	5.5	80	65	70
4	IS80-65-160	50	32	2900	7.5	80	65	70
5	IS80-50-200	50	50	2900	15	80	50	70

任务实施

根据流量 15m³/h，扬程 46m，查阅上表可以看出，从能够满足输送任务的要求来看，有几种型号的泵都是可以选择的，你可以从节能或者效率比较高的角度考虑你的选择，请将你的选择填入下面的空格内。

选择的离心泵型号为_____。这台泵提供的额定流量是_____m³/h，扬程是_____m，吸入口径_____mm，排出口径_____mm，电机功率为_____kW。

（5）接下来要核算电机功率是否满足要求。当离心泵与电机直接传动时，电机功率就是泵的轴功率，轴功率可以根据泵的有效功率 N_e 以及效率计算得到。效率 η 是反映离心泵利用能量情况的参数。由于机械摩擦、流体阻力和泄漏等，离心泵的轴功率总是大于有效功率的，离心泵效率的高低既与泵的类型、尺寸及加工精度有关，又与流量及流体的性质有关，一般小型泵的效率为 50%～70%，大型泵的效率要高些，有的可达 90% 以上。

下面计算轴功率：

轴功率 $N = \dfrac{N_e}{\eta} =$ _____ $=$ _____ W

电机功率能满足你的要求吗？_____。

任务总结与评价

谈谈本次任务的收获与感受。

任务三
学习离心泵的安装高度与汽蚀

任务描述

请以新入职操作工的身份进入本任务的学习，知晓离心泵汽蚀现象发生的原因，学会如何避免离心泵汽蚀现象的发生，熟悉离心泵的允许安装高度的计算。

应知应会

一、汽蚀现象

汽蚀是离心泵特有的一种现象。由离心泵的工作原理可知，在离心泵的叶片入口附近形成低压区。在图 5-7 所示的离心泵输液系统中，泵的吸液作用是借贮槽液面 0-0′ 与泵吸入口截面 1-1′ 间的势能差来实现的。当贮槽液面上方压力一定时，若泵吸入口附近压力越低，则吸上高度（指贮液槽液面与离心泵吸入口之间的垂直距离）就越高。但是泵的吸入口的低压是有限制的，这是因为当叶片入口附近液体的静压力等于或低于输送温度下液体的饱和蒸气压时，部分液体将在该处汽化，产生气泡。含气泡的液体进入叶轮高压区后，气泡就急剧凝结或破裂。因气泡的消失产生局部真空，此时周围的液体以极高的速度流向原气泡占据的空间，产生了极大的局部冲击压力。在这种巨大冲击力的反复作用下，导致泵壳和叶轮被损坏，这种现象称为汽蚀。

汽蚀具有以下危害性：

① 离心泵的性能下降，泵的流量、压头和效率降低。若生成大量的气泡，则可能出现气缚现象，使离心泵停止工作。

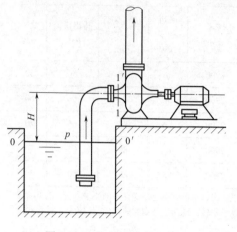

图 5-7　离心泵吸液示意图

② 产生噪声和振动，影响离心泵的正常运行和工作环境。

③ 泵壳和叶轮的材料遭受损坏，降低了泵的使用寿命。

综上所述，发生汽蚀的原因是叶片入口附近液体静压力低于某值。而造成该处压力过低的原因诸多，如泵的安装高度超过允许值、泵送液体温度过高、泵吸入管路的局部阻力过大等。为避免发生汽蚀，就应设法使叶片入口附近的压力高于输送温度下的液体饱和蒸气压。

二、汽蚀的原因及预防措施

（1）造成汽蚀的主要原因有：

① 进口管路阻力过大或者管路过细；

② 输送介质温度过高；

③ 流量过大，也就是说出口阀门开得太大；

④ 安装高度过高，影响泵的吸液量；

⑤ 选型问题，包括泵的选型、泵材质的选型等。

（2）预防措施

减少气蚀的有效措施是防止气泡的产生。

首先应使液体运动的表面具有流线型，避免在局部地方出现涡流，因为涡流区压力低，容易产生气泡。此外，应当减少液体中的含气量和液体流动中的扰动，也将限制气泡的形成。

选择适当的材料能够提高抗汽蚀能力。通常强度和韧性高的金属材料具有较好的抗汽蚀性能，提高材料的抗腐蚀性也将减少汽蚀破坏。

离心泵入口处压力不能过低，而应有一最低允许值，此时所对应的汽蚀余量称为必需汽蚀余量，一般由泵制造厂通过汽蚀实验测定，并作为离心泵的性能列于泵产品样本中。泵正常操作时，实际汽蚀余量必须大于必需气蚀余量，我国标准中规定应大于 0.5m 以上。

同时要清理进口管路的异物使进口畅通，或者增加管径的大小。

另外对于泵的生产厂商来说就是要提高离心泵本身抗汽蚀的能力,比如改进吸入口至叶轮附近的结构设计;采用前置诱导轮,以提高液流压力;增大叶片进口角,减小叶片进口处的弯曲,以增大进口面积。

三、离心泵的安装高度

离心泵的汽蚀现象与泵的安装高度有很大的关系,安装高度过高,发生汽蚀现象的可能性就大。因此避免汽蚀现象的方法就是限制泵的安装高度,以保证离心泵在运转时泵入口处的压力大于液体的饱和蒸气压,避免出现液体的汽化现象。我们把避免离心泵出现汽蚀现象的最大安装高度称为离心泵的允许安装高度,也叫允许吸上高度。

离心泵的允许安装高度计算公式为:

$$H_g = \frac{p_0 - p_1}{\rho g} - \frac{u_1^2}{2g} - \Sigma H_{f,0-1} \tag{5-2}$$

式中　H_g——允许安装高度,m;
　　　p_0——吸入液面压力,Pa;
　　　p_1——吸入口允许最低压力,Pa;
　　　ρ——液体的密度,kg/m³;
　　　u_1——吸入口处的流速,m/s;
　　$\Sigma H_{f,0-1}$——流体流经吸入管的阻力,m。

从式(5-2)中可以看出,允许安装高度与吸入液面上方的压力p_0、吸入口最低压力p_1、液体密度ρ、吸入管内的动能及阻力有关。因此增加吸入液面上方的压力、减小液体的密度、降低液体的温度(通过降低液体的饱和蒸气压来降低p_1)、增加吸入管直径(从而使流速降低)和减小吸入管内流体阻力均有利于允许安装高度的提高。在其他条件都稳定的情况下,如果流量增加,将造成动能及阻力的增加,允许安装高度会减小,汽蚀的可能性会增加。

离心泵的允许安装高度可以由允许汽蚀余量计算。离心泵的抗汽蚀性能参数可以用允许汽蚀余量来表示,其定义为泵吸入口处静压能与动能之和比被输送液体的饱和蒸气压头高出的最低数值,即

$$\Delta h = \frac{p_1}{\rho g} + \frac{u_1^2}{2g} - \frac{p_s}{\rho g} \tag{5-3}$$

将式(5-3)代入式(5-2)得

$$H_g = \frac{p_0}{\rho g} - \frac{p_s}{\rho g} - \Delta h - \Sigma H_{f,0-1} \tag{5-4}$$

式中　Δh——允许汽蚀余量,m;
　　　p_s——操作温度下液体的饱和蒸气压,Pa;其他符号意义同前。

在确定泵的安装高度时,应注意以下几点:

① 当输送液体的温度较高或其沸点较低时，因液体的饱和蒸气压较大，会使泵的允许安装高度降低。

② 尽量减小吸入管路的压头损失，可以选用较大的吸入管径，缩短管子的长度，减少不必要的管件和阀件。由此也可以理解，调节流量为什么使用泵的出口阀而不用泵的入口阀。

③ 当条件允许时，尽量将泵安装在液面以下，使液体自动灌入泵内，既可避免汽蚀现象发生，又可避免启动泵时的灌液操作。

任务实施

工作任务单　学习离心泵的安装高度与汽蚀

姓名：	专业：	班级：	学号：	成绩：
步骤	内容			
任务描述	请以新入职操作工的身份进入本任务的学习，知晓离心泵汽蚀现象发生的原因，学会如何避免离心泵汽蚀现象的发生，熟悉离心泵的允许安装高度。			
应知应会要点	（需学生提炼）			
任务实施	观察在施工阶段，施工方安装的两台离心泵，有什么区别？泵的安装位置有什么要求？在条件允许的情况下，如何确定安装位置的高低呢？ 图 5-8　安装的泵 离心泵的安装位置是不同的，图 5-8（a）中离心泵的位置要低一些，图 5-8（b）中离心泵的位置要高一些。离心泵的安装位置是有一定要求的，否则可能造成离心泵不能正常工作，甚至被损坏。 请仔细观察并回答问题：（a）中离心泵吸入管口比贮水槽液面＿＿＿＿；（b）中离心泵吸入管口比贮水槽液面＿＿＿＿。			

任务总结与评价

谈谈本次任务的收获与感受。

任务四 认识离心泵的组合操作

任务描述

请以操作人员的身份进入该任务的学习，学习离心泵常见的流量调节方法以及离心泵的组合操作。

应知应会

除在工程设计阶段离心泵选型的正确与否外，离心泵产品在实际的使用中，工况点的选择直接影响企业的能耗和生产成本。离心泵的工况点是建立在水泵和管道系统能量供求关系的平衡上的，只要两者的平衡关系被打破，离心泵的工况点就会发生改变。工况点的改变由两方面引起：管道系统特性曲线改变，如阀门节流；水泵本身的特性曲线改变，如变频调速、切削叶轮、泵的串联或并联，本任务主要介绍泵的串联和并联两种组合方式。

一、泵的并联

设有两台型号相同的离心泵并联工作，如图 5-9 所示，各个泵的吸入管路相同，则这两台泵的流量和压头相同。在同一压头下，并联泵的流量为单台泵的 2 倍。从单泵离心泵的特性曲线来看，即横坐标加倍，纵坐标保持不变。

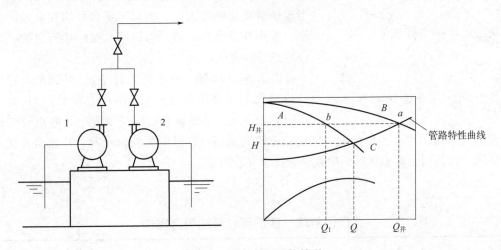

图 5-9 两台离心泵的并联

并联泵的流量 $Q_并$ 和压头 $H_并$ 由合成特性曲线的交点 a 决定，并联泵的压头与单泵的压头相同，但是流量的增加会引起管道阻力损失的增加，因此两台泵并联的总输送量 $Q_并$ 实际将小于原单泵的输送量 Q_1 的 2 倍。

二、泵的串联

两台相同型号的泵串联工作时，每台泵的压头和流量也是相同的，如图 5-10 所示。

所以，在流量相同时，两台泵的串联的压头为单台泵的 2 倍，从离心泵的特性曲线来看，即横坐标不变，纵坐标加倍，得出两台串联泵的特性曲线。

由于串联泵的总流量和总压头也是由工作点 a 决定，串联后泵的输送量 $Q_串$ 与单泵的输送量 Q_1 相同，因此两泵串联的总效率与单泵的总效率相同。

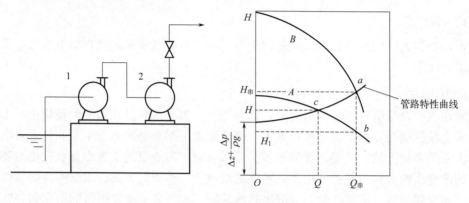

图 5-10　离心泵的串联

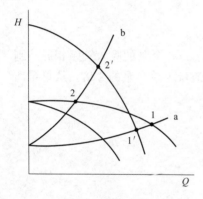

图 5-11　组合方式的选择

三、组合方式的选择

在实际生产中，应根据管路要求的压头和特性曲线形状决定，以取得最佳经济效果。当单泵提供的最大压头小于管路两端的总势能差时，必须采用串联；当输送量变化幅度大时，为保证每台泵均在高效区工作，常用并联操作方式，通过增减泵的运行台数，适应输送量的变化。

由图 5-11 可知，对于低阻管路 a，并联组合输送的流量大于串联组合输送量（图中 1 和 1′ 点）；对于高阻管路 b，则串联组合的输送量大于并联组合的输送量。对于压头也有类似情况。因此，就输送量而言，低阻管路输送时，并联组合优于串联组合，高阻管路输送时，串联组合优于并联组合。

任务实施

工作任务单　认识离心泵的组合操作

姓名：	专业：	班级：	学号：	成绩：
步骤	内容			
任务描述	请以操作人员的身份进入本任务的学习，学习离心泵常见的流量调节方法以及离心泵的组合操作。			
应知应会要点	（需学生提炼）			

续表

1. 当需要将 V101 的流体输送至 V102，请指出图 5-12 中开关哪些阀门可以实现单泵、泵的串联和泵的并联。

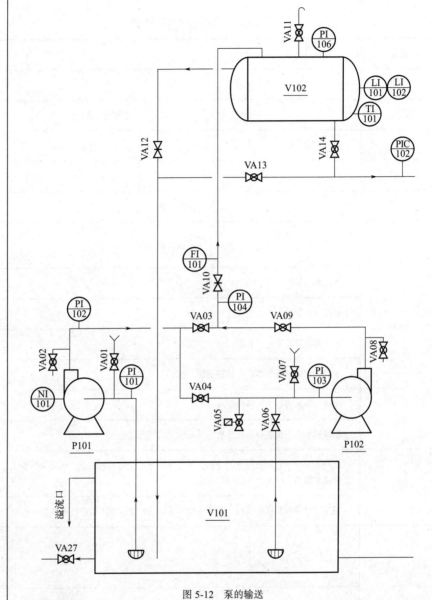

图 5-12 泵的输送

当单泵操作时：
当串联输送时：
当并联输送时：

2. 指出图 5-11 中哪两条线可代表两台性能相同的泵串联操作，哪两条线代表泵的并联操作。

任务总结与评价

谈谈本次任务的收获与感受。

项目评价

项目综合评价表

姓名		学号		班级	
组别		组长及成员			

项目成绩：　　　　　总成绩：

任务	任务一	任务二	任务三	任务四
成绩				

自我评价

维度	自我评价内容	评分（1～10分）
知识	掌握离心泵的结构、原理及用途	
	掌握离心泵的主要性能参数	
	了解离心泵常见的组合方式	
	了解离心泵常见的事故及处理措施	
能力	能够绘制出离心泵的特性曲线	
	能根据事故现象进行事故分析，并能够提出处理措施	
素质	通过引导学生对事故现象的分析，帮助学生逐步提高发现问题、解决问题能力，培养学生追求知识、严谨治学的科学态度	
	通过项目导言与任务实施，引导学生自主学习，培养学生信息收集能力	
我的反思	我的收获	
	我遇到的问题	
	我最感兴趣的部分	
	其他	

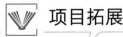

项目拓展

离心泵的使用

一、化工离心泵使用注意事项

（1）安装化工离心泵时管路重量不能加在水泵上，应有各自的支承体，以免使水泵变形影响运行性能和寿命。

（2）泵与电机是整体结构，安装时无需找正，所以安装时十分方便。

（3）安装时必需拧紧地脚螺栓，以免启动时振动影响离心泵性能。

（4）安装化工离心泵前应仔细检查泵流道内有无影响水泵运行的硬质物（如石块、铁粒等），以免化工离心泵运行时损坏叶轮和泵体。

（5）为了维修方便和使用安全，在化工离心泵的进出口管路各安装一个调节阀及在泵出口附近安装一只压力表，以保证在额定扬程和流量范围内运行，确保泵正常运行，维持化工泵的使用寿命。

（6）泵用于吸程场合，应装有底阀，除非是用自吸泵可以不装底阀，并且进口管路不应有过多弯道，同时不得有漏水，漏气现象。

（7）排出管路如逆止阀应装在闸阀的外面。

（8）安装后拨动泵轴，叶轮应有摩擦声或卡死现象，否则应将泵拆开检查原因。

（9）化工离心泵的安装方式分为硬性连接和柔性连接。

二、运行中的维护和保养

（1）水管路必须高度密封。

（2）禁止泵在汽蚀状态下长期运行。

（3）禁止泵的电机超电流长期运行。

（4）定时检查泵运行时，电机是否超电流长期运行。

（5）泵在运行过程中应有专人看管，以免发生意外。

（6）泵每运行 500 小时应对轴承进行加油。电机功率大于 11kW 应配有加油装置，可用高压油枪直接注入，以保证轴承润滑优良。

（7）泵进行长期运行后，由于机械磨损，使机组噪声及振动增大时，应停车检查，必要时可更换易损零件及轴承，机组大修期一般为一年。

三、机械密封维护与保养

（1）机械密封润滑应清洁无固体颗粒。

（2）严禁机械密封在干磨情况下工作。

（3）启动前应盘动泵（电机）几圈，以免突然启动造成密封环断裂损坏。

拓展思考：假如你是一名工程师，需要购买一台离心泵，你要跟某公司咨询化工离心泵的报价，你会怎么说呢？

项目六　其他类型泵

学习目标

知识目标
了解化工生产中往复泵、计量泵、齿轮泵和隔膜泵的工作原理及结构。
能力目标
能够根据所学知识正确说出往复泵、计量泵、齿轮泵和隔膜泵的选用原则。
素质目标
1. 通过解决泵的选用问题，培养分析问题和解决问题的能力。
2. 通过查阅相关资料，培养自主学习的习惯。

项目导言

往复泵、计量泵、齿轮泵和隔膜泵等泵的工作原理都是以其运动元件的位移造成一定的工作容积，封闭液体后加压将液体送往泵的排液侧。无论其运动元件的运动形式是往复式的还是旋转式的，均有正位移的特性。这类泵还有一个重要的特性，即在一定转速下，泵的理论流量为常数，与压头没有直接关系。正位移泵的特性有：

① 流量特性。各种正位移泵的瞬时流量存在一定的不均匀性，但就平均而言，流量基本是恒定的，正位移泵的实际流量低于理论流量，且随着压头的升高略微减小，这是由于容积损失造成的。

② 流量调节特点。因为流量基本恒定不变，如果采用出口阀门来调节流量，则在阀门关小的同时，压头随之升高，液体排出压力足以升至泵的结构强度和原动机功率所不能允许的强度，导致机件破坏或电机烧毁。所以正位移泵一般多采用安装旁路阀来调节流量。

本项目学习常见正位移泵的结构及工作原理。主要内容有：
（1）认识往复泵的结构、原理及工业应用；
（2）认识计量泵的结构、原理及工业应用；
（3）认识齿轮泵的结构、原理及工业应用；
（4）认识隔膜泵的结构、原理及工业应用。

任务一
认识往复泵的结构、原理及工业应用

任务描述
请以新入职员工的身份进入本任务的学习,在任务中你需要学习往复泵的结构、原理及工业应用。

应知应会

一、往复泵结构及工作原理

以曲柄连杆机构带动的往复泵为例,其主要由泵缸、活塞和活门组成,通过活塞的往复运动直接以压力能形式向液体提供能量。往复泵按照驱动方式可分为电动往复泵和气动往复泵。按照作用方向可分为单动往复泵(活塞往复一次,只吸液一次和排液一次)和双动往复泵(活塞两边都在工作,每个行程均在吸液和排液)。

往复泵

二、往复泵的安装和流量调节

往复泵启动时不需灌入液体,因往复泵有自吸能力,但其吸上真空高度亦随泵安装地区的大气压力、液体的性质和温度而变化,故往复泵的安装高度也有一定限制。往复泵启动前必须将排出管路中的阀门打开。

往复泵的流量原则上应等于单位时间内活塞在缸内扫过的体积,流量调节的方法有:

① 旁路调节。因往复泵的流量一定,通过阀门调节旁路流量,使一部分压出流体返回吸入管路,便可达到调节主管流量的目的。但是该方法不经济,只适用于变化幅度较小的经常性调节。

② 改变减速装置的传动比。因电动机是通过减速装置、曲柄连杆与往复泵连接,所以改变减速装置的传动比可以更方便地改变曲柄转速,达到流量调节的目的。因此,该方法是常用的经济方法。

三、往复泵的应用场合

往复泵适用于高压头、小流量、高黏度液体的输送,但不宜输送腐蚀性液体。有时由蒸汽机直接带动,输送易燃、易爆的液体。

优点:可获得很高的排压,且流量与压力无关,吸入性能好,能抽吸各种不同介质、不同黏度的液体,几乎不受介质的物理或化学性质的限制,同时往复泵容积效率高而且高效区宽,泵的性能不随压力和输送介质黏度的变动而变动,压力变化几乎不影响流量,能提供恒定的流量。

缺点:出口流量和压力有较大的脉动,通常需要在吸入和排出管路上设置脉动抑制装置。

任务实施

工作任务单　认识往复泵的结构、原理及工业应用

姓名:	专业:	班级:	学号:	成绩:
步骤	内容			
任务描述	请以新入职员工的身份进入本任务的学习,在任务中你需要学习化工生产中常见的往复泵的结构。			
应知应会要点	(需学生提炼)			
任务实施	1. 请你写出往复泵的主要部件名称。 安全阀　填料　十字头　出口单向阀 2. 往复泵在使用时,需不需要灌泵,为什么?			

任务总结与评价

结合离心泵的结构,谈谈往复泵与离心泵的区别。

任务二
认识计量泵的结构、原理及工业应用

任务描述

请以新入职员工的身份进入本任务的学习,在任务中你需要学习计量泵的结构、原理及工业应用。

应知应会

一、计量泵的结构及原理

计量泵的结构

在化工生产中,有时需要精确地输送流量或者几种液体按照比例进行输送,往往会用到计量泵,计量泵的结构与往复泵相同,但是计量泵设有一套可以准确且方便地调节活塞行程的机构。

计量泵由电机、传动箱、缸体等三部分组成。传动箱部件是由蜗轮蜗杆机构、行程调节机构和曲柄连杆机构组成;通过旋转调节手轮来实现高调节行程,从而改变移动轴的偏心距来达到改变柱塞(活塞)行程的目的。缸体部件是由泵头、吸入阀组、排出阀组、柱塞和填料密封件组成。

电机经联轴器带动蜗杆并通过蜗轮减速使主轴和偏心轮做回转运动,由偏心轮带动弓形连杆的滑动,调节座内做往复运动。当柱塞向后死点移动时,泵腔内逐渐形成真空,吸入阀打开,吸入液体;当柱塞向前死点移动时,吸入阀关闭,排出阀打开,液体排出。泵的往复循环工作连续有压力、定量地排放液体。

二、计量泵的类型及应用

根据过流部分可分为:柱塞式、活塞式、机械隔膜式、液压隔膜式。

根据工作方式可分为:往复式、回转式、齿轮式。

计量泵性能优越,其中隔膜式计量泵绝对不泄漏,安全性能高,计量输送精确,流量可以从零到最大定额值范围内任意调节,压力可从常压到最大允许范围内任意选择。调节直观清晰、工作平稳、无噪声、体积小、重量轻、维护方便,可并联使用。计量泵品种多、性能全,适用于输送 -30℃到450℃,黏度为 0～800mm²/s,最高排出压力可达 64MPa,流量范围在 0.1～20000L/h,计量精度在 ±1% 以内的液体。根据工艺要求,计量泵可以手动调节和变频调节,亦可实现遥控和计算机自动控制,适用于高压、低压、强(弱)腐蚀性且计量精确度高的场合,比如,石油工业中添加剂的投加以及天然气的开采,化工工业中有比例地投加化学介质,环保中工业水处理等。

三、计量泵的操作

1. 开泵前检查及准备

① 检查传动部件(包括十字头、柱塞等)、所有配管及辅助设备是否完好。

② 检查泵联轴器的对中情况及防护罩是否齐全紧固。

③ 驱动机确认:电机绝缘电阻及转动方向应符合设计规定(转向必须与泵转向牌上的箭头方向一致),特别是新安装泵和电机检修后试运(需脱开联轴器,对驱动机旋转方向进行确认,并进行驱动机的试运转,以电机驱动者,电机应运转 2 小时以上)。

④ 检查泵机箱内润滑油面是否在正常油位(初次加油,稍高于正常油位)。

⑤ 盘车检查是否灵活轻松,有无异常声音和卡涩现象。

⑥ 查看压力表是否完好,并打开压力表根部阀。

⑦ 打开入口阀灌泵,保证液体充满泵体,同时打开放气阀,将泵体内的空气排尽后关闭放气阀。

⑧ 初次启动液压隔膜泵时，需手动盘车，给液压油排气直至无气泡产生为止（视情况开排气阀和安全阀，采用手动注油方式对液压油腔进行排气）。

⑨ 用冲程调节手柄把冲程调到"0"的位置。

⑩ 检查柱塞冲程是否和调量表的指示相符。

2．启动泵运行

① 启动电机，注意检查压力、噪声和振动。

② 调节计量旋钮，使泵达到正常流量，调节完毕后，用锁紧螺丝锁紧。

③ 如有必要，泵机械运转正常后，可以进行流量标定。

3．泵运行检查

① 检查泵的进出口压力、流量、电流是否正常。

② 检查确认隔膜运行状况。

③ 检查泵的轴承温度是否正常，泵体温度不得超过 65℃。

④ 检查泵的振动、声音是否正常。

⑤ 填料压盖不得太紧，泄漏量为每分钟 2 滴以下。

⑥ 电动机温度不得超过 70℃。

⑦ 定期清洗进出口阀，以免堵塞，影响计量精度。

4．停泵

① 冲程调零，停泵。

② 停泵后切断电源。

③ 关闭进口阀。

任务实施

工作任务单　认识计量泵的结构、原理及工业应用

姓名：	专业：	班级：	学号：	成绩：
步骤	内容			
任务描述	请以新入职员工的身份进入本任务的学习，在任务中你需要学习计量泵的结构、原理及工业应用。			
应知应会要点	（需学生提炼）			
任务实施	计量泵的开车需要哪几个步骤？			

任务总结与评价

谈谈本次任务的收获与感受。

任务三
认识齿轮泵的结构、原理及工业应用

任务描述

请以新入职员工的身份进入本任务的学习,在任务中你需要学习齿轮泵的结构、原理及工业应用。

应知应会

一、齿轮泵的工作原理及结构

如图 6-1 所示,齿轮泵是依靠泵体与啮合齿轮间所形成的工作容积变化和移动来输送液体或使之增压的回转泵。齿轮泵包含前后泵盖、轴承(轴套)、主动齿轮、从动齿轮、安全阀等。两个齿轮、泵体与前后盖组成两个封闭空间,当齿轮转动时,齿轮脱开侧的空间体积从小变大,形成真空,将液体吸入,齿轮啮合侧的空间体积从大变小,将液体挤入管路中去。

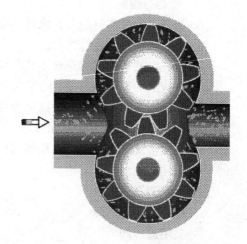

图 6-1 齿轮泵的工作原理示意图

二、齿轮泵的工业应用

齿轮泵适用于输送不含固体颗粒、无腐蚀性、高黏度的润滑性液体,一般用于液压油和润滑油的输送。

齿轮泵具有结构简单紧凑、体积小、质量轻、工艺性好、价格便宜、自吸力强、对油液污染不敏感、转速范围大、能耐冲击性、维护方便、工作可靠的特点。但是齿轮泵的径向力不平衡、流动脉动大、噪声大、效率低,零件的互换性差,磨损后不易修复,不能作变量泵用。

三、齿轮泵的性能参数

(1)流量 只跟齿轮结构、转速和介质黏度有关,但由于齿轮存在啮合间隙以及齿轮与泵体间存在间隙,当出口压力越高时,造成回流也越大,流量会减小,同时当介质黏度变小,时流量和压力也会变小。

(2)排出压力 取决于泵管路情况及泵本身的动力、强度及密封情况,也就是取决于背压。

注:针对该特性,齿轮泵启动时应确保后路畅通。

(3)功率 随流量和出口压力增加而增加。

(4)必需汽蚀余量 是由泵厂根据试验确定的汽蚀余量,一般要求装置有效汽蚀余量 NPSHa 减去必需汽蚀余量 NPSHr 至少有 0.5m 的富余量(具体还需结合介质特性)。

四、齿轮泵的操作

1. 开泵前检查及准备

① 检查泵联轴器的对中情况及防护罩是否齐全紧固。

② 驱动机确认：电机绝缘电阻及转动方向应符合设计规定（转向必须与泵转向牌上的箭头方向一致），特别是新安装泵和电机检修后试运（需脱开联轴器，对驱动机旋转方向进行确认，并进行驱动机的试运转，以电机驱动者，电机应运转 2 小时以上）。

③ 投用辅助系统，待整个辅助系统工作稳定后，方可进行下一步操作，辅助系统包括润滑油系统（对于齿轮泵来说大多是介质自润滑）；机械密封冲洗系统（主要是 PLAN21 冷却器、PLAN23 冷却器、PLAN52 辅助罐冷却器及火炬线、PLAN53 辅助罐冷却器及氮气加压系统）、冷却保温系统等。

④ 盘车检查是否灵活轻松，有无异常声音和卡涩现象。

⑤ 查看压力表是否完好，并打开压力表根部阀。

⑥ 打开入口阀灌泵，保证液体充满泵体，同时打开放气阀，将泵体内的空气排尽后关闭放气阀。

2. 启动泵运行

全开泵入口阀和出口阀，启动电机。

注：如出口管路上有回流阀，切泵时可先打开回流阀，待泵启动运行正常后再关闭回流阀。严禁关闭出口阀开泵。

3. 泵运行检查

① 检查电流（轴功率）是否正常。

② 检查轴承温升是否正常。

③ 检查出口压力和流量是否正常。

④ 检查机械密封泄漏情况和机械密封运行情况。

⑤ 检查泵运行时的噪声和振动是否正常。

4. 停泵

停泵后，关入口阀再关闭出口阀。

任务实施

工作任务单　认识齿轮泵的结构、原理及工业应用

姓名：	专业：	班级：	学号：	成绩：
步骤	内容			
任务描述	请以新入职员工的身份进入本任务的学习，在任务中你需要学习齿轮泵的结构、原理及应用。			
应知应会要点	（需学生提炼）			

续表

任务实施	1. 简述齿轮泵的工作原理。 2. 齿轮泵的开车操作分为哪几步？

任务总结与评价
谈谈本次任务的收获与感受。

任务四
认识隔膜泵的结构、原理及工业应用

任务描述
请以新入职员工的身份进入本任务的学习，在任务中你需要学习隔膜泵的结构、工作原理及工业应用。

应知应会

一、隔膜泵的结构及工作原理

隔膜泵实际上就是往复泵的一种，隔膜泵的工作部分主要由曲柄连杆机构、柱塞、液缸、隔膜、泵体、吸入阀和排出阀等组成，工作时借助隔膜将被输液体与活柱和泵缸隔开，从而保护活柱和泵缸。隔膜左侧与液体接触的部分均由耐腐蚀材料制造或涂一层耐腐蚀物质，隔膜右侧充满水或油。隔膜泵是一种新型输送机械，可以输送各种腐蚀性液体，带颗粒的液体，高黏度、易挥发、易燃、剧毒的液体。隔膜泵有四种材质：塑料、铝合金、铸铁、不锈钢。隔膜泵如图 6-2 所示。

二、隔膜泵的分类及工业应用

隔膜泵按其所配执行机构使用的动力，可以分为气动、电动、液动三种，即以压缩空气为动力源的气动隔膜泵，以电为动力源的电动隔膜泵，以液体介质（如油等）压力为动力源的液动隔膜泵。隔膜片要有良好的柔韧性，还要有较好的耐腐蚀性能，通常用聚四氟乙烯、橡胶等材质制成。隔膜片两侧带有网孔的锅底状零件是为了防止隔膜片局部产生过大的变形而设置的，一般称为膜片限制器。气动隔膜泵的密封性能较好，能够较为容易地达到无泄漏运行，可用于输送酸、碱、盐等腐蚀性液体及高黏度液体，因此，在工业上被广泛应用。

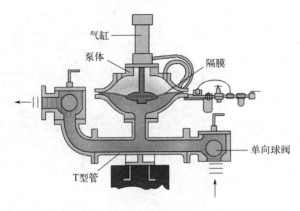

图 6-2　隔膜泵

气动隔膜泵的特点是：

① 气动隔膜泵由于用空气作动力，所以流量随出口阻力的变化而自动调整，适合用于中高黏度的流体的输送。

② 气动隔膜泵可在易燃易爆的环境中使用，如燃料等的输送。

③ 气动隔膜泵可通过颗粒且流量可调，管道堵塞时自动停止至通畅。

④ 隔膜泵体积小，易于移动，安装简便经济，可作为移动式物料输送泵。

⑤ 在有危害性、腐蚀性的物料处理中，隔膜泵可将物料与外界完全隔开，密封性好。

⑥ 由于隔膜泵的剪切力低，气动隔膜泵可用于输送化学性质比较不稳定的流体，抑或是果汁等含纤维的液体。

隔膜泵输送的介质有：花生酱、油漆、颜料、糖浆等。隔膜泵自诞生以来正逐步侵入其他泵的市场，并占有其中的重要一部分，在某些行业已占有绝对的主导地位。

任务实施

工作任务单　认识隔膜泵的结构、原理及工业应用

姓名：	专业：	班级：	学号：	成绩：
步骤	内容			
任务描述	请以新入职员工的身份进入本任务的学习，在任务中你需要学习化工生产过程隔膜泵的结构、原理及工业应用。			
应知应会要点	（需学生提炼）			

续表

任务实施	写出图片中隔膜泵的部件名称。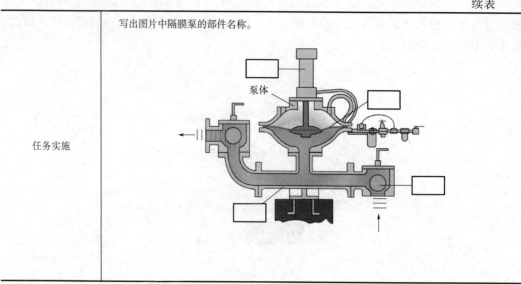

任务总结与评价

谈谈本次任务的收获与感受。

项目评价

项目综合评价表

姓名		学号		班级	
组别		组长及成员			

项目成绩：　　　　　　　总成绩：

任务	任务一	任务二	任务三	任务四
成绩				

自我评价

维度	自我评价内容	评分（1～10分）
知识	了解化工生产中往复泵、计量泵、齿轮泵和隔膜泵的工作原理及结构	
能力	能够根据所学知识正确说出往复泵、计量泵、齿轮泵和隔膜泵的选用原则	
素质	通过了解泵的选用问题，培养学生分析问题和解决问题的能力	
	通过查阅相关资料，培养学生自主学习的习惯	
我的反思	我的收获	
	我遇到的问题	
	我最感兴趣的部分	
	其他	

项目拓展

设备的管理规定（示例）

在化工生产过程中要求操作人员做到"四懂"即懂原理、构造、用途、性能，"三会"即会操作、维护、排除故障；进行日常点检：即设备的日常维护，主要是点检，每班进行一次，按"点检卡"或保养规程要求由操作者进行。日常点检中，重点要加强设备的检查、调整和管理。认真实行"五定"制度，做到油品对路，油水净化。

在化工生产企业中，一般动设备是指由驱动机带动的传动设备（亦即有能源消耗的设备），如泵、压缩机、风机等，其能源可以是电动力、气动力、蒸汽动力等。一般可分成流体输送机械类、非均相分离机械类、搅拌与混合机械类、冷冻机械类、结晶与干燥设备等。静设备是指没有驱动机带动的非转动或移动的设备，可分成化学反应器、塔器、换热设备、分离设备、存储设备等。

一、建立设备管理台账

凡投入运行的生产装置、设备、管路都必须建立静动密封档案和台账，密封点统计准确无误。密封档案一般包括：生产工艺流程示意图、设备动静密封点登记表、设备管线密封点登记表、密封点分类汇总表。台账一般包括：按时间顺序的密封点分布情况、泄漏总数、泄漏率等。

① 动设备管理台账，周评月考；
② 静设备管理台账，每月一记录；
③ 卫生管理台账，设备负责人与安全员共同负责。

二、管理及考核内容

1. 动设备
① 振动≤8丝。
② 杂音：无明显杂音。
③ 密封泄漏
机械密封：清油≤10滴/min，重油≤5滴/min。
盘根密封：清油≤20滴/min，重油≤10滴/min。
④ 润滑
油润滑要求：无明显泄漏，油质无乳化、黏性好，换油时间视各机泵具体情况而定，一旦发生乳化、漏油等严重情况应及时查明原因，立即处理。
脂润滑：对于采用润滑脂润滑的机泵，要求每月加一次润滑脂。当 $n > 3000r/min$ 时，加脂量为轴承容积的1/3。当 $n ≤ 3000r/min$ 时，加脂量为轴承容积的1/2。
⑤ 机泵及其附属件：机泵入口阀以下至机座联轴器要牢固，轴承压盖松紧适宜，吸排气阀正常，注油量符合指标，接地线连接完好等。
⑥ 其他：如防冻防凝，上述未提到指标，无偷停、跳闸等。

2. 静设备
一般对岗位不做考核要求，当班按照巡检要求巡检即可。

项目七　流体输送设备和管路拆装

学习目标

知识目标
1. 识读装置工艺流程图，了解化工管路的组成和阀门管件的作用。
2. 了解化工管路布置图，根据设备和管路，绘制管路布置图。

能力目标
1. 能够看懂安装图纸，在老师指导下，进行管路拆装的基本技能训练。
2. 掌握管路试压的方法，进行管路的水压试验。

素质目标
1. 通过进行管路的组装与实验，培养团队合作和动手能力。
2. 通过进行相关工具的使用，树立正确的劳动观念。
3. 在拆装过程中强化安全要求，培养安全意识。

项目导言

管路的布置与安装对一个生产流程来说是至关重要的。化工管路安装前应做好技术准备、作业现场准备和材料准备等项工作。对安装人员来说，关键要仔细阅读有关图纸，弄清流程，了解几何位置、规格型号、连接形式等。看管道施工图的大体步骤如下：

① 看图纸目录。查对图纸是否齐全，了解工程名称及工程用途；看图纸总说明，明确设计选用的材料设备、施工及验收等方面的特定要求。

② 看设备布置平面图。了解管道与设备的平面安装位置。

③ 看配管图（轴测图）。弄清管道系统的工艺流程，管道在空间的几何位置，标高、管径及与设备的相互联系。

④ 看材料设备明细表。了解管材及设备的材质、规格、型号和数量。还要阅读有关的建筑、电器、仪表、工艺设备等图纸，一定要注意各种图纸在施工中的相互衔接。化工设备安装到位、管路安装所需的工程材料齐备并进入施工现场，验收合格后即可进行管路安装。管内清扫、除锈、脱脂也应在安装前就进行完毕。

本项目主要学习拆装的相关内容。主要内容有：
① 学习拆装的原则和方法；
② 了解管路拆装的机械简图；

③ 学习管路拆装的顺序和步骤；
④ 拆装实训。

任务一
学习拆装的原则和方法

任务描述
请以新进设备人员的身份进入本任务的学习，在任务中你需要学习拆装的原则及方法。

应知应会

一、管路安装

管路安装是专业性较强的工作，而法兰连接、螺纹连接是一般技术人员必须掌握的技能，熟悉管路安装过程的基本要求是高质量完成管路安装的前提。

（1）管路安装顺序及要求　管路安装顺序一般按照先下后上、先近后远、先主线后分支，先管线、后仪表顺序安装。如图 7-1 所示，对于螺纹连接的管路，其中活接头关键必须最后安装或拧紧。管路安装要保证横平竖直，水平偏差不大于 15mm/10m，但其全长偏差不能大于 50mm，垂直偏差不大于 10mm。

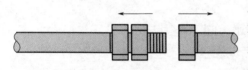

图 7-1　螺纹连接

作业前要由熟悉系统危险的人员做好工作安全分析，识别所有危险，如作业环境危险、管道和设备内系统存在的危险、作业中可能产生的危险等。

（2）法兰、管件的安装　法兰的安装要做到对得正、不反口、不错口、不张口。紧固法兰时要注意：首先将法兰密封面清洁干净，其表面不得有沟纹，在紧螺栓时要按对称位置的顺序拧紧，拧紧后螺栓应露出 2～4 丝扣；加垫片时要放正，每对法兰之间只能加一层垫片；每对法兰的平行度、同心度要符合要求。对螺纹连接管件的安装，螺纹接合时要做到生料带缠绕方向正确和厚度要合适，螺纹与管件咬合时要对准、对正，拧紧用力要适中。

（3）阀门、仪表的安装阀门安装　阀门安装前要将内部清洁干净，关闭好再进行安装，对单向阀、截止阀等有方向性的阀门要与介质流向吻合，安装好的阀门手轮或手柄位置要便于操作。流量计和压力表等测量仪表的安装要按具体安装要求进行，要注意流向，有刻度的位置要对着设备的操作面以便于读数。

二、试压试漏

管路安装完毕后，为了保证管路能正常运行，要进行管路的强度和气密性试验，检查管路是否有漏气和漏液的现象。试压常用的是水压试验，管路的操作压力和输送的物料不同，其试验压力的大小和稳压时间的要求也不同，试验压力一般为工作压力的 1.25～1.5 倍，稳压时间一般在 30min 以上。在规定的稳压时间内，试验压力保持不变，检查管路所有接口没有发现渗漏现象，即为水压试验合格。若试压过程中发现泄漏，先卸压再处理，直到无泄漏。水压试验时升压要缓慢，试验压力较高时，要逐渐加压，以便能及时发现泄漏处和其他缺陷。稳压工作不要反复进行，以免影响设备和管路的强度。试验结束后，将系统内的水排净。

三、工具使用

常用的工具有活口扳手、梅花扳手、呆扳手以及管子钳、台钳等。活口扳手、梅花扳手、呆扳手用于如螺栓等有角的零件或管件的拆卸和安装。管子钳用于圆管或圆形的管件拆卸和安装，不要用管子钳去拆卸和安装有角的零件或管件。使用台钳时，只能用台钳夹紧管子，绝不允许用台钳夹阀门、管件和仪表，以免夹坏这些部件。

管路拆装所需设备及材料见表 7-1。

表 7-1 管路拆装所需设备及材料

序号	设备/材料名称	序号	设备/材料名称
1	水箱	13	不锈钢法兰（DN25）
2	不锈钢抛光管（φ45mm×3mm）	14	支架
3	不锈钢法兰（DN40）	15	不锈钢闸阀（DN50 两端法兰）
4	玻璃转子流量计	16	不锈钢软管（DN50 两端法兰）
5	不锈钢截止阀（1.5″两端法兰）	17	不锈钢过滤阀（DN50 两端法兰）
6	压力表（0～0.4MPa）	18	不锈钢活接（1″两头内丝）
7	不锈钢缓冲管	19	弹簧安全阀（1″两端法兰）
8	4 分铜球阀	20	压力表接头
9	4 分不锈钢抛光焊接弯头	21	铜闸阀（1″）
10	不锈钢法兰（DN32）	22	不锈钢单向阀（1.5″两端法兰）
11	水泵	23	管
12	不锈钢法兰（DN50）		

任务实施

工作任务单 学习拆装的原则和方法

姓名：	专业：	班级：	学号：	成绩：
步骤	内容			
任务描述	请以新入职员工的身份进入本任务的学习，在任务中你需要学习拆装的原则及方法。			
应知应会要点	（需学生提炼）			

	续表
任务实施	请你梳理一下本次拆装工作涉及设备或材料都有哪些，以及在拆装这些部件过程中用到哪些工具。

任务总结与评价

通过本次任务的学习，我掌握了_____，但是如果此时让我进行管路拆装，我想我还需要掌握_____。

任务二
了解管路拆装的机械简图

任务描述

请以新入职员工的身份进入本任务的学习，在任务中你需要了解管路拆装的机械简图。

应知应会

管路拆装的机械简图如图 7-2 所示。

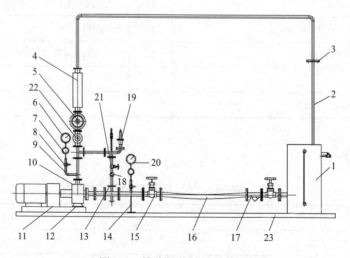

图 7-2 管路拆装的机械简图

1—水箱；2—不锈钢抛光管（φ45mm×3mm）；3—不锈钢法兰（DN40）；4—玻璃转子流量计；5—不锈钢截止阀（1.5″两端法兰）；6—压力表（0～0.4MPa）；7—不锈钢缓冲管；8—4 分铜球阀；9—4 分不锈钢抛光焊接弯头；10—不锈钢法兰（DN32）；11—水泵；12—不锈钢法兰（DN50）；13—不锈钢法兰（DN25）；14—支架；15—不锈钢闸阀（DN50 两端法兰）；16—不锈钢软管（DN50 两端法兰）；17—不锈钢过滤阀（DN50 两端法兰）；18—不锈钢活接（1″两头内丝）；19—弹簧安全阀（1″两端法兰）；20—压力表接头；21—铜闸阀（1″）；22—不锈钢单向阀（1.5″两端法兰）；23—管

任务实施

工作任务单　了解管路拆装的机械简图

姓名：	专业：	班级：	学号：	成绩：
步骤	内容			
任务描述	请以新入职员工的身份进入本任务的学习，在任务中你需要了解管路拆装的机械简图。			
应知应会要点	（需学生提炼）			
任务实施	作为拆装人员，在管路拆装之前需要了解工艺简图，请你用 CAD 或 Visio 画出本装置的流程图。			

任务总结与评价

你在本次任务中采用的绘图软件是什么？还有哪些软件可以绘制工艺流程图？

任务三　学习管路拆装的顺序和步骤

任务描述

请以新入职员工的身份进入本任务的学习，在任务中你需要学习管路拆装顺序及步骤。

应知应会

一、管路拆卸实训具体步骤

（1）将系统电源切断，打开排空阀，将管路内的积液排空。
（2）按照一定顺序将管路器件拆下，其中须注意以下几点：
① 拆卸时须注意安全，通过团队合作完成任务；
② 拆卸时不能破坏仪表、阀门等器件；
③ 拆卸时合理安置拆下来的器件，如法兰表面不能磕碰敲击等；
④ 一般是由上往下，自简单点开始等方式进行拆卸。
（3）拆卸后对管路进行编号，方便分类。
（4）将工具放置正确。

二、管路安装实训具体步骤

（1）安装前要读懂管路工艺流程图或机械简图。
（2）安装时要按照一定的顺序进行，防止漏装或错装，须特别注意：
① 阀门，流量计的液体流向；
② 活接、法兰的密封；
③ 压力表的量程选择。
（3）安装后对系统进行开车检查，须注意：
① 对照工艺流程图或机械简图进行检查，确认安装无误；
② 先将水箱注入一定量的水后再开车检验；
③ 检查系统是否运行正常、是否有漏水现象；
④ 检查仪表是否正常工作显示。
（4）完成试验后停车，切断电源。
（5）将水箱中剩余液体、管路积液排空。
（6）将工具放回工具架。

三、管路常见故障及处理方法

管路常见故障及处理方法见表 7-2。

表 7-2 管路常见故障及处理方法

现象	原因	措施
管泄漏	裂纹、孔洞、焊接不良	装旋塞、缠带、打补丁、更换
管路堵塞或流量小	杂质堵塞、阀不能开启	连接旁通，设法清除管路杂质或者更换管段，检查阀盘与阀杆，更换阀部件，更换阀门
管振动	流体脉动、机械振动	用管支撑固定或撤掉管支撑，但必须保持强度
管弯曲	管支撑不良	调整管支撑
法兰泄漏	螺栓松动，密封垫片损坏，法兰砂眼	紧固螺栓、更换螺栓、更换密封垫，更换法兰

续表

现象	原因	措施
阀泄漏	填料压盖松，填料杂质附着在压盖表面，阀不能关闭（内漏）、阀体有砂眼	压紧填料压盖，更换压盖填料，更换阀

任务实施

工作任务单　学习管路拆装的顺序和步骤

姓名：	专业：	班级：	学号：	成绩：

步骤	内容
任务描述	请以新入职员工的身份进入本任务的学习，在任务中你需要学习管路拆装顺序及步骤。
应知应会要点	（需学生提炼）
任务实施	目前你已经掌握了管路拆装的顺序及步骤，请明确你所在小组的分工，并完成下表。<table><tr><td>序号</td><td>任务</td><td>承担任务人员</td><td>配合人员</td><td>所需工具</td><td>可能出现的问题</td><td>解决措施</td></tr><tr><td>1</td><td></td><td></td><td></td><td></td><td></td><td></td></tr><tr><td>2</td><td></td><td></td><td></td><td></td><td></td><td></td></tr><tr><td>3</td><td></td><td></td><td></td><td></td><td></td><td></td></tr><tr><td>4</td><td></td><td></td><td></td><td></td><td></td><td></td></tr><tr><td>5</td><td></td><td></td><td></td><td></td><td></td><td></td></tr><tr><td>6</td><td></td><td></td><td></td><td></td><td></td><td></td></tr><tr><td>7</td><td></td><td></td><td></td><td></td><td></td><td></td></tr><tr><td>8</td><td></td><td></td><td></td><td></td><td></td><td></td></tr><tr><td>9</td><td></td><td></td><td></td><td></td><td></td><td></td></tr></table>

任务总结与评价

谈谈你对进入装置区工作前进行"风险预判"重要性的理解。

任务四
拆装实训

任务描述

请以操作人员的身份进入该任务的学习，在该任务中你需要进行拆装实训。

应知应会

化工管路装置竞赛项目裁判评分表见表7-3。

表7-3 化工管路装置竞赛项目裁判评分表

选手参赛号：＿＿＿＿、＿＿＿＿、＿＿＿＿ 装置号：＿＿＿＿ 日期：＿＿＿＿ 操作时间起于＿＿＿＿ 止于＿＿＿＿ 用时＿＿＿＿分钟
综合评定分数：＿＿＿＿

操作阶段/规则时间	考核内容	操作要求	规范分值	评分规范与说明	减分	得分
管路装置前的预备（10分钟）	正确列出所需资料清单	在规则时间内，依据装置的配管图，正确列出装置局部所需管件、仪表、阀门、工具和易耗物品的清单	7分	一、说明 1.裁判长宣布末尾，裁判员末尾计时并发给选手装置配管图和领料单，填写清单时间 T_1=＿＿＿＿，领件末尾时间（裁判表示）T_2=＿＿＿＿，回到现场卸车终了（选手举手表示）T_3=＿＿＿＿，拆装预备时间 $\Delta T_1 = T_1 + (T_3 - T_2) =$＿＿＿＿。 2.管段依据配管图领取，不列入清单。 二、评判点及分值 1.填写清单错或漏（2分）。每错或漏1处减0.5分，减完为止。 2.领料正确与否（2分）。每错领1件或多领1件减1分，减完为止。（橡胶垫片可以多领，不用的工具属多领）。 3.操作区内分类摆放（1分）。分类不正确的减1分。 4.拆装预备时间（2分），超时减分。每超时2分钟减1分，减完为止		
	正确领取所需资料	在规定时间内，选手按清单要求的规格、数量到指定处领取所需工具、阀门、仪表、管件等				
	装置配件、工具分类摆放	管件等领回后，依据装置需求正确分类摆放在操作区				
裁判用时（3分钟）		裁判用时分配为原则，可视实际状况，以不超越总用时为原则				
管路初步组装及检查（50分钟）	管路装置	在规定时间内，依据配管图要求，完成指定局部的组装	30分	一、说明 T_4（初装完毕，选手表示）=＿＿＿＿，ΔT_1=＿＿＿＿，初装时间 $\Delta T_2 = (T_4 - T_3) + \Delta T_1$＿＿＿＿。 二、评判点及分值 1.管件、阀件、仪表装置正确与否（5分）。每错1件减1分，减完为止。 2.管道阀门非焊接衔接时，阀门是否处于封锁形状（2分）。每错1件减1分，减完为止。 3.每副法兰衔接能否用同一规格螺栓，方向是否正确（3分）。每错1副法兰减1分，减完为此。 4.螺栓加垫圈不超过一个，垫圈位置是否正确，法兰垫片是否装错（2分）。每错1处减1分，减完为止。 5.不锈钢管路装置，不许用铁质工具敲击（2分）。每敲击一次减1分，减完为止。 6.法兰装置平行与否（2分）。不平行1处减1分，减完为止。 7.螺栓方向合理与否（2分）。每副法兰盘螺栓方向不合理减1分，减完为止。		

续表

操作阶段/规则时间	考核内容	操作要求	规范分值	评分规范与说明	减分	得分
管路初步组装及检查（50分钟）	管路装置	在规定时间内，依据配管图要求，完成指定局部的组装	30分	8. 装置顺序（1分）。装置顺序不合理减1分。 9. 初装时间 ΔT_2（11分）。50分钟内完成初步组装得11分，超时减分。每超时3分钟减1分，减完为止		
裁判用时（7分钟）	裁判用时分配为原则，可视实际状况，以不超越总用时为原则					
泵出口管路压力试验（15分钟）	在规定时间内完成指定局部管道的水压实验	1. 实验压力300kPa，稳压时间2min。 2. 正确完成水压实验。 3. 正确完成漏液部位的返修	16分	一、说明 1. T_5（水压实验末尾，裁判表示）=____，T_6（选手举手表示）=____。ΔT_2=____，水压实验时间 $\Delta T_3=(T_6-T_5)+\Delta T_2$=____。 2. 依据本装置状况，试压稳压时间2min。 二、评判点及分值 1. 珍贵仪表能否隔离维护，盲板安装正确与否（3分）。每错1处减1分，减完为止。 2. 试压前能否排净空气（1分）。未排净空气减1分。 3. 填写实验压力____kPa，稳压时间____min（1分）。每错1处减0.5分。 4. 稳压在270～330kPa（2分）。超出此范围减2分。 5. 稳压效果（1分）。稳压后，2分钟内压降>10kPa，减1分。 6. 假定试压不合格，返修进程能否正确（3分） ① 能否带压返修（2分）。带压返修减2分。 ② 泄压能否正确（1分）。排气口未开减1分。 7. 水压实验时间 ΔT_3（5分）。15分钟内完成得5分，超时减分。每超时2分钟减1分，减完为止		
裁判用时（5分钟）	裁判用时分配为原则，可视实际状况，以不超越总用时为原则					
管路装置运转（15分钟）	完成管路安装，正确调节流量，正确完成泵的切换操作	1. 完成指定局部的管路装置运转。 2. 经裁判允许，开启离心泵，调电流量，控制流量在700L/h。 3. 经裁判允许，停止离心泵的切换操作	20分	一、说明 T_7（完成装置末尾，裁判表示）=____。T_8（完成装置完毕，选手表示）=____。完成装置时间 $\Delta T_4=T_8-T_7$=____。 二、评判点及分值 1. 试压完毕后，排液过程是否有延续水流流到地上（1分）。假定有减1分。 2. 装置安装完成与否（4分）。试压装置没撤除减1分，盲板没拆除减1分，完成装置安装后多出管件（包括螺栓等）每件减1分，减完为止。（说明：垫片不在多出管件范围）		

2-7-9

续表

操作阶段/规则时间	考核内容	操作要求	规范分值	评分规范与说明	减分	得分
管路装置运转（15分钟）	完成管路安装，正确调节流量，正确完成泵的切换操作	1. 完成指定局部的管路装置运转。 2. 经裁判允许，开启离心泵，调节流量，控制流量在700L/h。 3. 经裁判允许，停止离心泵的切换操作	20分	3. 运转状况（10分）。 ① 非试压管线运转漏液时没有正确维修，减2分。 ② 流量没有调节至规则值，减2分。 ③ 流量调节后存在漏液状况，每个漏点减2分。 ④ 泵切换操作不正确，减2分。 ⑤ 泵切换时流量波动超过±50L/h，减2分。 4. 管线装置运转时间 ΔT_4（5分）。 15分钟内完成得5分，超时减分。每超时2分钟减1分，减完为止		
裁判用时（5分钟）		裁判用时分配为原则，可视实际状况，以不超越总用时为原则				
管路的拆除和现场清算（30分钟）	拆除装置的管路	1. 正确拆除管路。 2. 完成拆除 3. 清扫现场	10分	一、说明 T_9（拆除前末尾排液，裁判表示）=___， T_{10}（完成，选手表示）=_____。 拆除时间 $\Delta T_5 = (T_{10} - T_9)$_____。 二、评判点及分值 1. 管内液体能否排尽（规范：无水流）（1分）。未排尽减1分。 2. 完成拆除（3分）。拆除后管件上的生料带没有清除洁净减1分；按清单核对仪表、管件、阀门、工具等，每少1件减1分，减完为止。 3. 现场清扫（1分）。清扫现场不彻底减1分。 4. 拆除时间 ΔT_5（5分） 30分钟内完成得5分，超时减分，每超时3分钟减1分，减完为止		
裁判用时（5分钟）		裁判用时分配为原则，可视实际状况，以不超越总用时为原则				
平安文明操作	平安、文明、礼貌	1. 着装契合职业要求；操作不越限。 2. 正确操作设备、运用工具。 3. 操作环境整洁、有序。 4. 文明礼貌，听从裁判指挥	9分	评判点及分值 1. 着一致工作服（1分）。没有穿规则工作服减1分。 2. 正确操作设备、合理运用工具（2分）。错误1次减1分，减完为止。损坏设备及管件直接减2分。 3. 能否有越限操作（2分）。越限操作1次减1分，减完为止。 4. 听从裁判与否（1分）。有不听从裁判行为的，减1分。 5. 平安操作（3分）。扳手、螺栓等掉到地上，伤到他人或自己，每出现1次减1分，减完为止		

模块二　流体输送技术
项目七　流体输送设备和管路拆装

续表

操作阶段/规则时间	考核内容	操作要求	规范分值	评分规范与说明	减分	得分
操作规范	举措规范装置合理	拆装操作迅速，工具运用熟练，拆装顺序合理	8分	评判点及分值 1. 拆装总时间（2分） $\Delta T=\Delta T_1+\Delta T_2+\Delta T_3+\Delta T_4+\Delta T_5$；在120分钟内完成得2分，超时减分，每超时10分钟减1分，减完为止。 2. 拆装进程的合理性（4分）。 ① 泵进出口管线可同时安装和拆除，拆除顺序不合理，减1分。 ② 拆除前排液，能否先关泵的进出口阀门，不正确的减1分。 ③ 螺纹衔接拆装，旋紧旋松丝扣方向是否正确，不正确的减1分。 ④ 管路垂直度能否契合要求，不正确的减1分。 3. 阀门手轮与仪表面盘位置是否合理，阀门手轮与仪表面盘位置不合理减2分		
裁判用时（5分钟）	裁判用时分配为原则，可视实际状况，以不超越总用时为原则					

任务实施

工作任务单　拆装实训

姓名：	专业：		班级：		学号：		成绩：

步骤	内容
任务描述	请以操作人员的身份进入本任务的学习，在任务中你需要完成拆装实训。
应知应会要点	（需学生提炼）
任务实施	某车间在组织各班组进行"管路拆装技能比武"竞赛，请各个小组完成本次拆装实训，并在小组中选出裁判员（小组间裁判员可互换），按照评分标准进行评分。

任务总结与评价

谈谈本次任务的收获与感受。

项目评价

项目综合评价表

姓名		学号		班级	
组别		组长及成员			

项目成绩：　　　　　　　总成绩：

任务	任务一	任务二	任务三	任务四
成绩				

自我评价

维度	自我评价内容	评分（1～10分）
知识	识读装置工艺流程图，了解化工管路的组成和阀门管件的作用	
	了解化工管路布置图，根据设备和管路，绘制管路布置图	
能力	能够看懂安装图纸，在老师指导下，进行管路拆装的基本技能训练	
	掌握管路试压的方法，进行管路的水压试验	
素质	通过进行管路的组装与实验，培养学生团队合作、动手能力	
	通过进行相关工具的使用，使学生树立正确的劳动观念	
	在拆装过程中强化安全要求，培养学生的安全意识	

	我的收获	
我的反思	我遇到的问题	
	我最感兴趣的部分	
	其他	

 项目拓展

管线/设备打开安全管理规定（示例）

第一章 总则

第一条 为加强管线/设备打开作业的安全管理，防止发生生产安全事故，根据中国石油炼油与化工分公司《管线/设备打开安全管理规定》（油炼化[××]11号）制定本规定。

第二条 本规定适用于大庆石化公司（以下简称公司）所属的单位及其承包商。

第三条 本规定规范了公司装置作业区域内任何可能存有介质或能量的封闭管线/设备打开作业的安全管理要求。

第四条 名词解释

（一）管线/设备打开：是指采取任何方式改变了封闭管线或设备及其附件完整性的作业。

（二）热分接：是指用机制或焊接的方法将支线管件连接到在用的管线或设备上，并通过钻或切割在该管线或设备上开口的一项技术。

第二章 职责

第五条 公司生产运行处负责组织制定、管理和维护本规定。

第六条 公司相关职能部门负责本部门职责范围内管线/设备打开安全管理规定的执行，并提供培训、监督与考核。

第七条 公司各基层单位负责管线/设备打开安全管理规定的执行，并对本规定提出改进建议。

第三章 管理要求

第八条 管线/设备打开主要指两类情况：第一类是在运管线/设备线/设备打开。

第九条 管线/设备打开采取下列方式（包括但不限于）：

（一）解开法兰。

（二）从法兰上去掉一个或多个螺栓。

（三）打开阀盖或拆除阀门。

（四）调换8字盲板。

（五）打开管线连接件。

（六）去掉盲板、盲法兰、堵头和管帽。

（七）断开仪表、润滑、控制系统管线，如引压管、润滑油管等。

（八）断开加料和卸料临时管线（包括任何连接方式的软管）。

（九）用机械方法或其他方法穿透管线。

（十）开启检查孔。

（十一）微小调整（如更换阀门填料）。

（十二）其他。

第十条　管线/设备打开实行作业许可制，应办理作业许可证，具体执行《作业许可管理规定》。如涉及含有剧毒、高毒、易燃易爆、高压、高温等介质的管线/设备打开（具体见《压力容器压力管道设计单位资格许可与管理规则》及《压力管道安装单位资格认可实施细则》），作业单位应根据作业风险的大小，同时办理"管线/设备打开许可证"。

第十一条　当管线/设备打开作业涉及高处作业、动火作业、进入受限空间等特殊作业时，应同时办理相关作业许可证。

第十二条　凡是没有办理作业许可证，没有按要求编制安全工作方案，没有落实安全措施，禁止管线/设备打开作业。

第十三条　项目设计阶段的要求。

（一）在新、改、扩建项目的设计过程中，建设单位与设计单位应共同考虑消除或降低因管线/设备打开产生的风险，并确保设计在符合工程标准的基础上，满足本规定要求。

（二）在项目设计的各个阶段，应考虑隔离和清理，包括但不限于以下内容：

1. 为清理的管线/设备增加连接点，同时应考虑由此可能产生泄漏的风险；
2. 能够隔离第二能源，如伴热管线、电伴热以及热交换介质等。

（三）有经验的现场操作人员和维修多人员应参与设计或设计审查。

（四）设计阶段应优先考虑双重隔离，双重隔离是指符合下列之一的情况：

1. 双阀-导排（双截止阀关闭、双阀之间的导淋常开）；
2. 截止阀加盲板或盲法兰。

（五）如果双重隔离不可行，应采取适当防护措施。隔离的优先顺序如下：

1. 双截止阀；2. 单截止阀；3. 凝固（固化）工艺介质；4. 其他。

拓展学习：请查阅相关文献，根据本项目学习内容，制定本拆装实训的安全管理规定，要求不少于10条。

项目八 离心泵单元操作仿真训练

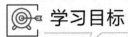 学习目标

知识目标
1. 理解离心泵单元的工艺流程。
2. 掌握离心泵单元操作中关键参数的调控要点。
3. 掌握离心泵操作中典型故障的现象和产生原因，以及离心泵的维护与保养。

能力目标
1. 能根据开车操作规程，配合班组指令，进行离心泵单元的开、停车操作。
2. 根据生产中关键参数的正常运行区间，能够及时判断参数的波动方向和波动程度。
3. 了解泵的维护与保养后，根据生产中的异常现象，能够及时、正确地判断故障类型，并妥善处理故障。

素质目标
1. 遵守操作规程，具备严谨的工作态度。
2. 面对参数波动和生产故障时，具备沉着冷静的心理素质和敏锐的观察判断能力。
3. 在完成班组任务过程中，时刻牢记安全生产、清洁生产和经济生产。

 项目导言

中国泵工业自 1868 年开始萌芽。1951 年上海机器厂就制造了 170cm 轴流泵 3 台、146cm 混流泵 2 台，为福建长东连炳港排灌站提供设备，使颗粒不收的荒地变成旱涝保丰收的丰产地。近年来，中国泵业技术在产量、叶片、泵的材料等方面有巨大进步。不仅是在化工行业，在工业生产和国民经济的许多领域，常需对液体进行输送，能完成此类任务的机械称为泵。而其中靠离心作用的叫离心泵。由于离心泵具有结构简单、性能稳定、检修方便、操作容易和适应性强等特点，在化工生产中应用十分广泛，据统计使用量超过液体输送设备的 80%。

离心泵的操作是化工生产中最基本的操作。离心泵由吸入管、排出管和离心泵主体组成。离心泵主体分为转动部分和固定部分。转动部分由电机带动旋转，将能量传递给被输送的部分，主要包括叶轮和泵轴。固定部分包括泵壳、导轮、密封装置等。叶轮是离心泵中使液体接受外加能量的部件。泵轴的作用是把电动机的能量传递给叶轮。泵壳

是通道截面积逐渐扩大的蜗形壳体，它将液体限定在一定的空间里，并将液体大部分动能转化为静压能。导轮是一组与叶轮旋转方向相适应且固定于泵壳上的叶片。密封装置的作用是防止液体的泄漏或空气倒吸入泵内。

启动灌满了被输送液体的离心泵后，在电动机的作用下，泵轴带动叶轮一起旋转，叶轮的叶片推动其间的液体转动，在离心力的作用下，液体被甩向叶轮边缘并获得动能；在导轮的引领下沿流通截面积逐渐扩大的泵壳流向排出管，液体流速逐渐降低，而静压能增大。排出管的增压液体经管路即可送往目的地。与此同时，叶轮中心因为液体被甩出而形成一定的真空，因贮槽液面上方压强大于叶轮中心处，在压力差的作用下，液体不断从吸入管进入泵内，以填补被排出的液体位置。因此，只要叶轮不断旋转，液体便不断地被吸入和排出。由此，离心泵之所以能输送液体，主要是依靠高速旋转的叶轮。

离心泵的操作中有两种现象应当避免：气缚和汽蚀。在生产过程中，离心泵在发生故障时，涉及切换备用泵。

本项目中学生将以操作人员身份进入"车间"，学习有关离心泵的生产操作。主要任务包括：

① 绘制离心泵单元流程框图 /PFD（初级工框图 / 中级工 PFD）；
② 劳保用品的穿戴；
③ 辨识离心泵单元的安全风险；
④ 离心泵的维护与保养；
⑤ 离心泵开车前准备；
⑥ 离心泵的开车操作；
⑦ 离心泵的停车操作；
⑧ 离心泵的事故处理（气缚、汽蚀、切备用泵）。

任务一

绘制离心泵单元流程框图 /PFD

任务描述

请以操作人员（外操岗位）的身份进入本任务的学习，在任务中按照操作规程，完成离心泵单元流程框图 /PFD（初级工框图 / 中级工 PFD）的绘制。

应知应会

离心泵在进行液体输送时主要由以下设备和仪表构成：水槽、离心泵、电动调节阀、高位槽、流量计、真空表、压力表等。1. 液体输送流程简述

水经入口管路进入离心泵，在离心泵的作用下，沿着出口管路经电动调节阀、流量计、进入高位槽中，再经高位槽下方管路和溢流管路回到水槽；上述管路安装有压力表、真空表、阀门。

2. 离心泵流程图画图要求
(1) 按相对位置画出主要设备；
(2) 用管线将主要设备连接起来，画出管线上的仪表、阀门；
(3) 用箭头在管线上标注出物料的走向；
(4) 设备、仪表、阀门只要求画出大致轮廓。

任务实施

工作任务单　绘制离心泵单元流程框图 /PFD

姓名：	专业：	班级：	学号：	成绩：
步骤	内容			
任务描述	请以操作人员（外操岗位）的身份进入本任务的学习，学习相关知识后，在任务中你需要按照操作规程，完成离心泵单元流程框图 /PFD 绘制。			
应知应会要点	（需学生提炼）			
任务实施	1. 读懂离心泵输送液体化工工艺流程图，叙述离心泵输送液体流程。 2. 启动仿真软件，完成初级工与中级工工艺流程图任务，要求在 20min 内完成。			

任务总结与评价

根据学习与任务操作，以及化工总控工的级别进行自我评价。

任务二
劳保用品的穿戴

任务描述

请以操作人员（外操岗位）的身份进入本任务的学习，在任务中完成操作前的劳动防护用品（简称劳保用品）的穿戴。

应知应会

《中华人民共和国劳动法》规定，用人单位必须为劳动者提供符合国家规定的劳动安全卫生条件和必要的劳动防护用品，对从事有职业危害作业的劳动者应当定期进行健康检查。化工行业作为一个危险行业，从业人员在进行作业时必须穿戴劳动防护用品。在本任务中作为外操人员在进行巡检工作前，需选择合适的劳动防护用品进行穿戴防护。

首先，需要在更衣室进行工作服的穿戴，化工工作服在化工厂中通常分为两种：正常工作服和特殊工作服，正常工作服主要是管理需求，区分场内人员与场外人员；特殊工作服是保护职工人身安全，起到抗腐蚀、防烧伤烫伤、防静电等保护作用。

其次，进入中控室选取所需的劳动防护用品：安全帽、四合一气体检测仪、F扳手、防护手套。

（1）安全帽　在巡检过程中可以保护头顶和防止撞伤头部，如图8-1所示。

（2）四合一气体检测仪　在安全巡检中对空气中的可燃气体、氧气、一氧化碳和硫化氢四种气体含量进行检测，如图8-2所示。

（3）F扳手　阀门专用扳手，在巡检中用于对阀门的检测，如图8-3所示。

图8-1　安全帽　　　　图8-2　四合一气体检测仪　　　　图8-3　F扳手

任务实施

工作任务单　劳保用品的穿戴

姓名：	专业：	班级：	学号：	成绩：
步骤	内容			
任务描述	请以操作人员（外操岗位）的身份进入本任务的学习，学习相关知识后，完成劳动防护用品的穿戴。			
应知应会要点	（需学生提炼）			
任务实施	1. 现在离心泵产区要进行生产前巡检，作为一个外操员，你会选择哪些防护用品进行自我保护呢？ 2. 启动仿真软件，完成劳动防护用品穿戴任务，要求在10min内完成。			

任务总结与评价

在操作过程中遇到的难点是什么？你是如何解决的？

任务三
辨识离心泵单元的安全风险

任务描述
请以操作人员（外操岗位）的身份进入本任务的学习，在任务中按照操作规程，完成离心泵单元的安全风险辨识。

应知应会
离心泵是油田常用设备，是油气集输系统中的主要设备之一，用量大且种类繁多，其操作属于常规操作，有相应的操作规程，但在实际操作中有时会出现因泵壳漏水造成腐蚀、开关阀时螺丝损坏等异常情况。工程运行前进行安全工作分析，找出风险因素并提出预防措施，可有效避免职业健康伤害、生产安全和环境污染事故，更好地确保操作安全，避免后续操作带来的操作风险。

在离心泵开车准备工作中，作为初级工需要对工作现场的一些安全隐患进行辨识，并且了解可能带来的风险。

1. 安全帽的正确佩戴
未佩戴或不正确佩戴安全帽的危险：

① 物件砸中头部伤害。在生产过程中可能发生原材料、工具、岩石、建筑材料等坚硬物体从高处坠落或抛出击中在场人员头部造成伤害的事故。

安全帽

② 高处坠落伤害。没有佩戴安全帽的高处作业的人员可能因人体坠落受伤。

③ 在生产过程中，作业人员可能因毛发卷入运动的机械，特别是旋转的机械部件中造成伤害。

④ 在生产过程中，作业人员接触化学毒物、腐蚀性物质、放射性物质、生物性物质等，均可能污染毛发（头皮），对人体造成伤害。

2. 厂区电子设备的使用
在化工厂厂区经常设有禁止携带手机与禁止使用手机的安全标识。因为普通手机在使用过程中由于高频电磁波，会产生射频电火花而成为着火源，存在安全隐患。在化工厂工作一定要注意手机的正确使用，杜绝一切可能存在的危险因素，在易燃易爆环境中必须使用防爆手机！

3. 离心泵出口法兰泄漏
法兰泄漏使化学品暴露在空气中，当对人体有害或易燃化学品通过法兰泄漏在厂区时，可能会导致操作工人中毒或化工厂发生爆炸。

离心泵法兰检查

4. Y型过滤器的正确安装
Y型过滤器在过滤介质不同时，安装方向也略有不同。

① 蒸汽或气体管道：滤网朝水平方向；

② 液体管道：滤网朝下安装；

③ 垂直安装：根据过滤器安装指向。

5. 设置警示牌

在化工厂厂区，会设置醒目的安全标志牌，根据安全标志牌种类的不同起到安全警示、指示说明、提示、禁止的作用。警示牌应牢固悬挂在物体或墙体上，避免意外掉落。

6. 阀门盲板拆卸

用于临时封堵或永久封堵管道、设备出入口的实心法兰或实心板统称为盲板，主要用于将生产物料、介质在设备出入口与管道之间或管道与管道之间完全隔离，防止由于阀门内漏等造成物料、介质互窜引发事故。

在化工作业前要对设备安装的盲板进行拆卸。

7. 使用气体检测仪

气体检测仪是用来检测作业现场内有害气体浓度变化的仪器。工厂在生产的过程中不仅需要有高纯度的工业气体作为原料，还会在生产过程中产生多种纯度很高的衍生气体，这些气体往往会有一定的危害，因而要有各种高灵敏度、高准确度、高选择性的气体检测仪器进行监控，用以防止工业气体原料泄漏或衍生气体超标，时刻监控，减少隐患。

气体检测在工业生产中有着非常重要的作用，是杜绝事故、保证安全生产的关键，是生产人员与周边群众安全的保障。因此，在生产准备工作中，要对气体检测仪进行检查，保证其未损坏可正常进行工作。

任务实施

工作任务单　辨识离心泵单元的安全风险

姓名：	专业：	班级：	学号：	成绩：

步骤	内容
任务描述	请以操作人员（外操岗位）的身份进入本任务的学习，在任务中按照操作规程，完成离心泵安全风险辨识。
应知应会要点	（需学生提炼）
任务实施	1. 请简述在离心泵操作中，操作人员可能受到的伤害。 2. 启动仿真软件，完成安全风险辨识任务，要求在 15min 内完成。

任务总结与评价

在操作过程中遇到的难点是什么？你是如何解决的？

任务四
离心泵的维护与保养

任务描述

请以操作人员的身份进入本任务的学习,在任务中按照操作规程,完成离心泵的维护与保养(盘泵任务)。

应知应会

离心泵作为转动设备在长周期运行中容易出现故障,由于石油化工生产的连续性要求,离心泵的使用采用"一开一备"的方式,避免在出现故障时产生不必要的停产。离心泵日常维护保养是离心泵安全、可靠运行的重要保证,只有使离心泵在良好的设备状态下运行,才能充分发挥设备效能,确保正常生产需要。

一般情况下,离心泵整机在出厂前均已调整好。在购进泵后 6 个月内,未经使用的离心泵不需要进行拆检工作,仅仅需要检查转动是否灵活,有无锈蚀以及进行注油就可以了。如果是填料密封的离心泵,例如 KKW 系列离心泵、卧式多级离心泵。在离心泵使用前,需添加填料。

一、离心泵的日常保养和维护

离心泵的日常保养和维护通常要进行下述工作:

(1)保持设备清洁、干燥、无油污、不泄漏。

(2)每天检查离心泵的运行声音是否正常,有无振动以及泄漏情况,发现问题及时处理。

(3)每天检查离心泵悬架油室内油位是否合适,必须保持在油标的 1/3 与 2/3 处。

(4)严禁离心泵在水池中的液体被抽空的状态下工作,因为离心泵在抽空状态下工作不但振动剧烈,而且还会影响泵的寿命,因此,一定要特别注意。

(5)离心泵内严禁进入金属物体以及胶皮、棉布、塑料布之类柔性物质,以免破坏水泵的过流部件及堵塞叶轮流道,使泵不能正常工作。

(6)要定期检查爪形联轴器的同心度。

(7)填料密封的离心泵要定期检查填料函处泄漏量,填料函处正常的泄漏量以每分钟 10~20 滴为宜;否则,应调整填料压盖松紧程度。推荐使用机械密封的离心泵,例如 KKW 系列卧式离心泵。

(8)应经常检查轴承温度,其最高温度一般不能超过 70℃。

(9)在泵运转的第一个月内,运转 100h 后,更换悬架油室内的润滑油,以后泵每运转 500h,更换一次润滑油。

(10)应经常检查离心泵进、出水管路系统(管件、阀门),支撑机构是否有松动,要确保支撑机构牢靠,泵体不承受支撑力。

(11)应经常检查离心泵基础紧固螺栓的紧固情况,确保连接牢固可靠。

(12)离心泵长时间不用时,应将泵拆开,做防锈处理,重新装好,妥善保存,以备下次再用。

（13）当生产系统中安装的备用离心泵较长时间不运转时，每星期应转动 1/4 圈，以使泵轴均匀地承受静荷载以及外部振动。

（14）离心泵运转 2000h 左右，应进行周期检查，修理或更换已损坏的零件，使泵处于完好状态。

（15）新安装以及检修后的离心泵，一定要试好电动机转向后，再穿上联轴器的柱销。

（16）离心泵允许在电动机断电时，管道内的液体倒流使泵反转。但应特别注意，当离心泵输送高度差特别大时，在管道上应设置逆止阀，防止回水倒流，控制离心泵的突然反转。

二、盘泵

离心泵的日常维护与保养包括：巡检、监测、润滑、预热、盘车等。本任务主要学习盘泵。盘泵是为了检查泵内是否有异常现象，如转动部件卡塞、杂物堵塞、部件生锈、内部介质凝固、填料过紧或松动、轴封泄漏、轴承内缺油、轴弯曲变形，防止转子长期受重力静变形，检查泵轴转动是否灵活，是否有异响。盘泵如图 8-4 所示。

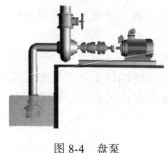

图 8-4 盘泵

设备启动前盘泵：用 F 扳手，在设备的联轴器位置进行盘泵，一般不少于一圈半，然后才能启动开车。

备用设备的定期盘泵：因部分物料黏度较高或含有粉尘，会造成设备的转子有黏滞和堵塞现象，需要定期盘泵；当然，对于长期停车特别是轴比较长的设备，为防止轴弯曲必须定期进行盘泵，每次盘泵的圈数为 180° 的奇数倍以校正轴的弯曲。因离心泵转子具有一定的自重，在重力作用下，转子有一定的弯曲度，盘车 180° 后转子弯曲方向与未盘泵方向相反，起到自动校正转子的作用。

任务实施

工作任务单 离心泵的维护与保养

姓名：	专业：	班级：	学号：	成绩：
步骤	内容			
任务描述	请以操作人员的身份进入本任务的学习，在任务中按照操作规程，完成离心泵的维护与保养（盘泵任务）。			
应知应会要点	（需学生提炼）			
任务实施	1. 请写出离心泵盘泵及润滑的目的。 2. 启动仿真软件，完成盘泵任务，要求成绩在 85 分以上，在 20min 内完成。			

任务总结与评价

在操作过程中遇到的难点是什么？你是如何解决的？

任务五
离心泵开车前准备

任务描述

请以操作人员的身份进入本任务的学习，在任务中按照操作规程进行离心泵的开车前准备，确认泵的启动条件与引入蒸汽。

应知应会

一、蒸汽的引入

引入蒸汽是生产装置开车的重要准备工作。蒸汽引入装置前要确认具备引蒸汽条件，与调度联系后严格按照规范进行操作，特别注意暖管操作，避免或减少"水锤"现象发生。

用缓慢加热的方法将蒸汽管道逐渐加热到接近其工作温度的过程，称为暖管。通过缓慢加热使管道及附件（阀门、法兰）均匀升温，防止出现较大温差应力，并使管道内的疏水顺利排出，防止出现水锤现象，如图 8-5 所示。

在暖管过程中应注意检查阀门是否冒出蒸汽，当有蒸汽冒出时，应检查隔离阀及旁路阀是否关严，严防暖管时蒸汽漏入汽缸。管道内压力升到正常压力后，应逐渐将隔离阀前总气阀开大，直至全开。在升压过程中，应根据压力升高程度适当关小直接疏水阀，并检查管路膨胀及支吊状况。

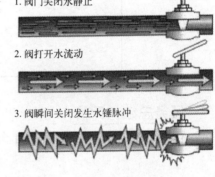

图 8-5 水锤

二、离心泵启动前的工作

（1）工作票终结并收回，现场清理干净无杂物，保温良好，各种标志准确齐全。

（2）仪表配置齐全，准确且已投用，保护、自动装置静态校验动作正常且已投入。

（3）轴承润滑油质良好，油位正常。泵开关在停或断位，联锁开关置"解除"位。

（4）系统按要求检查完毕。

（5）电动机绝缘测定完毕，合格后送电，外壳接地完好。

（6）设备安装牢固，地脚螺栓无松动。

（7）盘动转子无卡涩，靠背轮及轴端安全防护罩完好，并且安装牢固。

（8）泵密封水、冷却水投入正常。泵体疏水阀关闭。

（9）离心泵启动前，应开启泵体放空阀，开启注水阀或进水阀注水；空气放尽后关闭放空阀，泵入口阀开启，出口阀关闭。

如果泵为容积泵，在启停前必须确保出口阀门全开，其余操作与离心泵相同，而轴流泵的启停必须确保出、入口阀门全开，无任何阀门关断。

任务实施

工作任务单　离心泵开车前准备

姓名：	专业：	班级：	学号：	成绩：
步骤	内容			
任务描述	请以操作人员的身份进入本任务的学习，在任务中你需要按照操作规程，确认离心泵启动条件与引入蒸汽。			
应知应会要点	（需学生提炼）			
任务实施	1. 请你谈谈离心泵在启动前的准备工作及重要性。 2. 启动仿真软件，完成中级工生产准备任务，要求在 20min 内完成。			

任务总结与评价

在操作过程中遇到的难点是什么？你是如何解决的？

任务六
离心泵的开车操作

任务描述

请以操作人员（外操岗位）的身份进入本任务的学习，在任务中按照操作规程，完成离心泵的开车操作。

应知应会

1. 工艺流程简介

来自某一设备约 40℃ 的带压液体经调节阀 LV101 进入带压罐 V101，罐液位由液位控制器 LIC101 通过调节 V101 的进料量来控制；罐内压力由 PIC101 分程控制，PV101A、PV101B 分别调节进入 V101 和出 V101 的氮气量，从而保持罐压恒定在 5.0atm（表）。罐内液体由泵 P101A/B 抽出，泵出口流体在流量调节器 FIC101 的控制下输送到其他设备。工艺流程如图 8-6 所示。

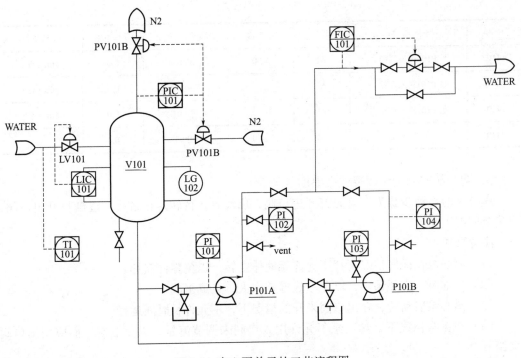

图 8-6 离心泵单元的工艺流程图

2. 控制方案

V101 的压力由调节器 PIC101 分程控制，调节阀 PV101 的分程控制示意图如图 8-7 所示。

离心泵单元现场图中阀旁边的实心红色圆点是高点排气和低点排液的指示标志，当完成高点排气和低点排液时，实心红色圆点变为绿色。此标志在换热器单元的现场图中也有。

3. 主要设备

V101：离心泵前罐

P101A：离心泵 A

P101B：离心泵 B（备用泵）

4. 主要工艺参数

离心泵单元主要工艺参数见表 8-1。

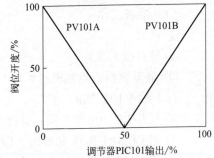

图 8-7 分程控制示意图

表 8-1 离心泵单元主要工艺参数

位号	说　明	类型	正常值	量程上限	量程下限	工程单位
FIC101	离心泵出口流量	PID	20000.0	40000.0	0.0	kg/h
LIC101	V101 液位控制系统	PID	50.0	100.0	0.0	%
PIC101	V101 压力控制系统	PID	5.0	10.0	0.0	atm（G）
PI101	泵 P101A 入口压力	AI	4.0	20.0	0.0	atm（G）

续表

位号	说明	类型	正常值	量程上限	量程下限	工程单位
PI102	泵 P101A 出口压力	AI	12.0	30.0	0.0	atm（G）
PI103	泵 P101B 入口压力	AI		20.0	0.0	atm（G）
PI104	泵 P101B 出口压力	AI		30.0	0.0	atm（G）
TI101	进料温度	AI	50.0	100.0	0.0	℃

5．离心泵的启动步骤及注意事项

离心泵的启动步骤为：首先打开进口阀，启动泵，待转速正常后，逐渐打开出口阀，调整至所需工况。

注意事项：

（1）离心泵在任何情况下都不允许无液体空转，以免零件损坏。

（2）热油泵一定要预热，以免冷热温差太大，造成事故。

（3）离心泵启动后，在出口阀未开的情况下，不允许长时间运行。

（4）在正常情况下，离心泵不允许用入口阀来调节流量，以免抽空，而应用出口阀来调节。

（5）离心泵运行的最小流量不得低于额定流量的 1/3。

（6）对于出口压差较大的高压离心泵，在出口管上应设置一个与额定流量相应的限流孔板，以防超负荷调节。

6．操作规程

（1）准备工作

① 盘泵。

② 核对吸入条件。

③ 调整填料或机械密封装置。

（2）罐 V101 充液、充压

① 打开 LIC101 调节阀，开度约为 30%，向 V101 罐充液。

② 当 LIC101 达到 50% 时，LIC101 设定 50%，投自动。

③ 待 V101 罐液位 > 5% 后，缓慢打开分程压力调节阀 PV101A 向 V101 罐充压。

④ 当压力升高到 5.0atm 时，PIC101 设定 5.0 atm，投自动。

（3）启动泵前准备工作

① 灌泵：待 V101 罐充压到正常值 5.0atm 后，打开 P101A 泵入口阀 VD01，向离心泵充液。观察 VD01 出口标志变为绿色后，说明灌泵完毕。

② 排气：打开 P101A 泵后排气阀 VD03 排放泵内不凝性气体。观察 P101A 泵后排空阀 VD03 的出口，当有液体溢出时，显示标志变为绿色，标志着 P101A 泵已无不凝气体，关闭 P101A 泵后排空阀 VD03，启动离心泵的准备工作已就绪。

（4）启动离心泵

① 启动 P101A（或 B）泵。

② 待 PI102 指示至入口压力的 1.5～2.0 倍后，打开 P101A 泵出口阀（VD04）。

③ 将 FIC101 调节阀的前阀、后阀打开。

④ 逐渐开大调节阀 FIC101 的开度，使 PI101、PI102 趋于正常值。

⑤ 微调 FV101 调节阀，在测量值与给定值相对误差 5% 范围内且较稳定时，FIC101 设定到正常值，投自动。

任务实施

工作任务单　离心泵的开车操作

姓名：	专业：	班级：	学号：	成绩：
步骤	内容			
任务描述	请以操作人员（可弱化外操员）的身份进入本任务的学习，在任务中按照操作规程，完成离心泵的开车操作。			
应知应会要点	（需学生提炼）			
任务实施	请简述离心泵开车步骤及注意事项。 2. 启动仿真软件，完成冷态开车工况，要求成绩在 85 分以上，在 20min 内完成。			

任务总结与评价

在操作过程中遇到的难点是什么？你是如何解决的？

任务七　离心泵的停车操作

任务描述

请以操作人员（外操岗位）的身份进入本任务的学习，在任务中按照操作规程，完成离心泵的停车操作。

应知应会

1. 停车步骤及注意事项

停车步骤：停料、停泵、泵泄液、储罐泄液泄压。

注意事项：

（1）离心泵如先停电机而后关闭出口阀，压出管中的高压液体可能反冲入泵内，造成叶轮高速反转，以致损坏。

（2）长期停泵，应放出泵内的液体，以免锈蚀和冻裂。

2. 操作规程

（1）V101 罐停进料　LIC101 置手动，手动关闭调节阀 LV101，停 V101 罐进料。

（2）停泵

① 待罐 V101 液位小于 10% 时，关闭 P101A（或 B）泵的出口阀（VD04）。

② 停 P101A 泵。

③ 关闭 P101A 泵前阀 VD01。

④ FIC101 置手动并关闭调节阀 FV101 及其前、后阀（VB03、VB04）。

（3）泵 P101A 泄液　打开泵 P101A 泄液阀 VD02，观察 P101A 泵泄液阀 VD02 的出口，当不再有液体泄出时，显示标志变为红色，关闭 P101A 泵泄液阀 VD02。

（4）V101 罐泄压、泄液

① 待罐 V101 液位小于 10% 时，打开 V101 罐泄液阀 VD10。

② 待 V101 罐液位小于 5% 时，打开 PIC101 泄压阀。

③ 观察 V101 罐泄液阀 VD10 的出口，当不再有液体泄出时，显示标志变为红色，待罐 V101 液体排净后，关闭泄液阀 VD10。

任务实施

工作任务单　离心泵的停车操作

姓名：	专业：	班级：	学号：	成绩：

步骤	内容
任务描述	请以操作人员（外操岗位）的身份进入本任务的学习，在任务中按照操作规程，完成离心泵的停车操作。
应知应会要点	（需学生提炼）
任务实施	1. 请简述离心泵停车步骤及注意事项。 2. 启动仿真软件，完成停车工况，要求成绩在 85 分以上，在 20min 内完成。

任务总结与评价

在操作过程中遇到的难点是什么？你是如何解决的？

任务八
离心泵的事故处理

任务描述
请以操作人员（外操岗位）的身份进入本任务的学习，在任务中按照操作规程，完成离心泵的事故处理操作（处理气缚、汽蚀和切备用泵）。

应知应会
离心泵单元在操作过程中常出现气缚、汽蚀、切备用泵的现象，在出现操作故障时要求操作人员能够及时进行事故处理。

1. P101A 泵坏

事故现象：

① P101A 泵出口压力急剧下降。

② FIC101 流量急剧减小。

处理方法：切换到备用泵 P101B。

2. 调节阀 FV101 阀卡

事故现象：FIC101 的液体流量不可调节。

处理方法：

① 打开 FV101 的旁通阀 VD09，调节流量使其达到正常值。

② 手动关闭调节阀 FV101 及其后阀 VB04、前阀 VB03。

③ 通知维修部门。

3. P101A 入口管线堵

事故现象：

① P101A 泵入口、出口压力急剧下降。

② FIC101 流量急剧减小到零。

处理方法：按泵的切换步骤切换到备用泵 P101B，并通知维修部门进行维修。

4. P101A 泵汽蚀

汽蚀现象是指离心泵安装高度提高时，将导致泵内压力降低，泵内压力最低点通常位于水泵叶轮叶片进口稍后的一点附近，液体以很大的速度从周围冲向气泡中心，产生频率很高、瞬时压力很大的冲击，这种现象称为汽蚀现象。

事故现象：

① P101A 泵入口、出口压力上下波动。

② P101A 泵出口流量波动（大部分时间达不到正常值）。

处理方法：按泵的切换步骤切换到备用泵 P101B。

5. P101A 泵气缚

气缚现象是指离心泵启动时，如果泵内存有空气，由于空气密度比输送液体低，旋转后产生的离心力小，因而叶轮中心区所形成的低压不足以将液体吸入泵内，启动离心泵也不能输送液体，此种现象称为离心泵的气缚现象。

事故现象：

① P101A 泵入口、出口压力急剧下降。

② FIC101 流量急剧减小。

处理方法：按泵的切换步骤切换到备用泵 P101B。

6. 离心泵切换备用泵

① 全开 P101B 泵入口阀 VD05，向泵 P101B 灌液，全开排空阀 VD07 排 P101B 的不凝气，当显示标志为绿色后，关闭 VD07。

② 灌泵和排气结束后，启动 P101B。

③ 待泵 P101B 出口压力升至入口压力的 1.5～2 倍后，打开 P101B 出口阀 VD08，同时缓慢关闭 P101A 出口阀 VD04，以尽量减少流量波动。

④ 待 P101B 进出口压力指示正常，按停泵顺序停止 P101A 运转，关闭泵 P101A 入口阀 VD01，并通知维修工。

任务实施

工作任务单　离心泵的事故处理

姓名：		专业：		班级：		学号：		成绩：	
步骤	内容								
任务描述	请以操作人员（外操岗位）的身份进入本任务的学习，在任务中按照操作规程，完成离心泵的事故处理操作。								
应知应会要点	（需学生提炼）								
任务实施	1. 什么叫汽蚀现象？汽蚀现象有什么破坏作用？发生汽蚀现象的原因有哪些？如何防止汽蚀现象的发生？ 2. 启动仿真软件，完成事故处理工况，要求成绩在 85 分以上，在 20min 内完成。								

任务总结与评价

请根据你学习的离心泵事故处理仿真操作，写下你认为离心泵操作工在事故处理环节应掌握的知识及技能。

项目评价

项目综合评价表

姓名		学号		班级	
组别		组长及成员			

项目成绩：　　　　　　总成绩：

任务	任务一	任务二	任务三	任务四	任务五	任务六	任务七	任务八
成绩								

自我评价

维度	自我评价内容	评分（1～10 分）
知识	理解离心泵单元的工艺流程	
	掌握离心泵单元操作中关键参数的调控要点	
	掌握离心泵操作中典型故障的现象和产生原因，以及离心泵的维护与保养	
能力	能根据开车操作规程，配合班组指令，进行离心泵单元的开、停车操作	
	根据生产中关键参数的正常运行区间，能够及时判断参数的波动方向和波动程度	
	了解泵的维护与保养后，根据生产中的异常现象，能够及时、正确地判断故障类型，并妥善处理故障	
素质	遵守操作规程，具备严谨的工作态度	
	面对参数波动和生产故障时，具备沉着冷静的心理素质和敏锐的观察判断能力	
	在完成班组任务过程中，时刻牢记安全生产、清洁生产和经济生产	
我的反思	我的收获	
	我遇到的问题	
	我最感兴趣的部分	
	其他	

项目拓展

离心泵的事故处理实例

事故现象：开车运行不到两个月，泵叶轮被汽蚀破坏穿孔。

处理过程：

首先作现场调查，发现泵的出口压力仅 0.1MPa，而且指针剧烈摆动，并伴有爆破汽蚀响声。作为水泵专业人员，知道这是由于偏工况运行而造成的汽蚀。因为泵的设计扬程为 32m，反映在压力表上，读数应在 0.3MPa 左右。而现场压力表读数只有 0.1MPa，显然泵的运行扬程只有 10m 左右，即泵的运行工况远离 Q=3240m³/h，H=32m 的规定工况点，此点的泵必需汽蚀余量过大，必然发生汽蚀。

离心泵汽蚀现象的原理及危害

其次作现场调试，让用户直觉认知是泵选型扬程过失，为了使泵消除汽蚀，必须使泵的运行工况回到 Q=3240m³/h，H=32m 的规定工况附近。方法就是关小出口阀门。操作人员对关小阀门非常担心，他们认为现在全开阀运行，流量尚不充分，致使冷凝器进出温差达 33℃（若流量充足，正常进出温差应在 11℃以下），若再关小出口阀，泵的流量岂不更小。为了使操作人员放心，要他们布置有关人员分头观察冷凝器的真空度、发电出力数、冷凝器出水温度等对流量变化反应敏感的数据，泵厂人员则在泵房逐步关小泵出口阀。出口压力随着阀开度的减小而逐步上升，当上升至 0.28MPa 时，泵的汽蚀响声完全消除，冷凝器真空度也从 650mmHg 上升到 700mmHg，冷凝器的进出温差下降到 11℃以下。这些都说明，运行工况回到规定点之后，泵汽蚀现象即可消除，泵的流量恢复正常（泵偏工况发生汽蚀后，流量、扬程都会下降）。但此时阀门开度只有 10% 左右，若长此运行，阀门也容易损坏，同时耗能不经济。

解决办法：

由于原泵扬程有 32m，而新需扬程仅 12m，因为扬程相差太远，切割叶轮降低扬程的简单办法已不可行。于是提出电机降速（960r/min 降至 740r/min）改造，泵叶轮重新设计的方案。后来实践表明，此方案不仅解决了汽蚀问题，还大大地降低了能耗。

请根据之前学习的知识，小组之间分析事故现象，分析原因，提出解决办法，小组分享收获与感受。

I（I 我） 我学到了什么	P（Peer 同伴） 同伴学到了什么	N（New 新的） 我在同伴的启发下新的收获

项目九　离心泵操作实训

学习目标

知识目标
1. 掌握离心泵的开停车及流量调节方法。
2. 掌握离心泵的串联和并联操作方法。
3. 掌握离心泵的性能曲线测定方法。
4. 熟悉不同的输送方式：泵输送、真空抽送、高位自流等。
5. 掌握流量、压力、液位的调节方法。

能力目标
1. 能够根据所学知识完成实训。
2. 能够说出单泵、泵的串联、泵的并联的特性曲线的关系。

素质目标
1. 通过实训操作，培养动手能力。
2. 按照操作规程进行操作，避免事故发生，培养安全意识。
3. 面对生产故障时，临危不乱，具备解决问题能力和责任意识。
4. 小组完成实训操作，培养团队协作能力。

项目导言

流体指具有流动性的物体，包括液体和气体，化工生产中所处理的物料大多为流体。这些物料在生产过程中往往需要从一个车间转移到另一个车间，从一个工序转移到另一个工序，从一个设备转移到另一个设备。因此，流体输送是化工生产中最常见的单元操作，做好流体输送工作，对化工生产过程有着非常重要的意义。

本项目离心泵操作实训，模拟化工企业操作流程进行任务设计。具体任务列表如下：

① 开停车操作与稳定生产；
② 双泵操作训练；
③ 典型事故处理。

任务一
开停车操作与稳定生产

任务描述

请以操作人员的身份进入本任务的学习,在任务中了解流体输送装置的工艺,完成实训操作——单泵实验、真空输送实验、配比输送和正常停车。

应知应会

一、实训装置流程

原料水槽 V101 料液输送到高位槽 V102,有三种途径:由 1# 泵或 2# 离心泵输送;1# 泵和 2# 泵串联输送;1# 泵和 2# 泵并联输送。高位槽 V102 内料液通过三根平行管(一根可测离心泵特性、一根可测直管阻力、一根可测局部阻力),进入吸收塔 T101 上部,与下部上升的气体充分接触后,从吸收塔底部排出,返回原料槽 V101 循环使用,如图 9-1 所示。

空气由空气压缩机 C101 压缩,经过缓冲罐 V103 后,进入吸收塔 T101 下部,与液体充分接触后顶部放空。

本装置配置了真空流程、主物料流程和常压流程。关闭 1# 泵 P101 和 2# 泵 P102 的灌泵阀,高位槽 V102、吸收塔 T101 的放空阀和进气阀,启动真空泵 P103,被抽出系统的物料气体由真空泵 P103 抽出放空。

二、工艺操作指标

离心泵进口压力:$-15 \sim -6$ kPa;

1# 泵单独运行时出口压力:$0.15 \sim 0.27$ MPa(流量为 $0 \sim 6 m^3/h$);

两台泵串联时出口压力:$0.27 \sim 0.53$ MPa(流量为 $0 \sim 6 m^3/h$);

两台泵并联时出口压力:$0.12 \sim 0.28$ MPa(流量为 $0 \sim 7 m^3/h$);

光滑管阻力压降:$0 \sim 7$ kPa(流量为 $0 \sim 3 m^3/h$);

局部阻力管阻力压降:$0 \sim 22$ kPa(流量为 $0 \sim 3 m^3/h$);

离心泵特性流体流量:$2 \sim 7 m^3/h$;

阻力特性流体流量:$0 \sim 3 m^3/h$;

吸收塔液位:塔的 1/3 ~ 1/2 处。

三、主要设备及阀门

(1)主要静设备 主要静设备见表 9-1。

(2)主要动设备 主要动设备见表 9-2。

(3)主要阀门 主要阀门见表 9-3。

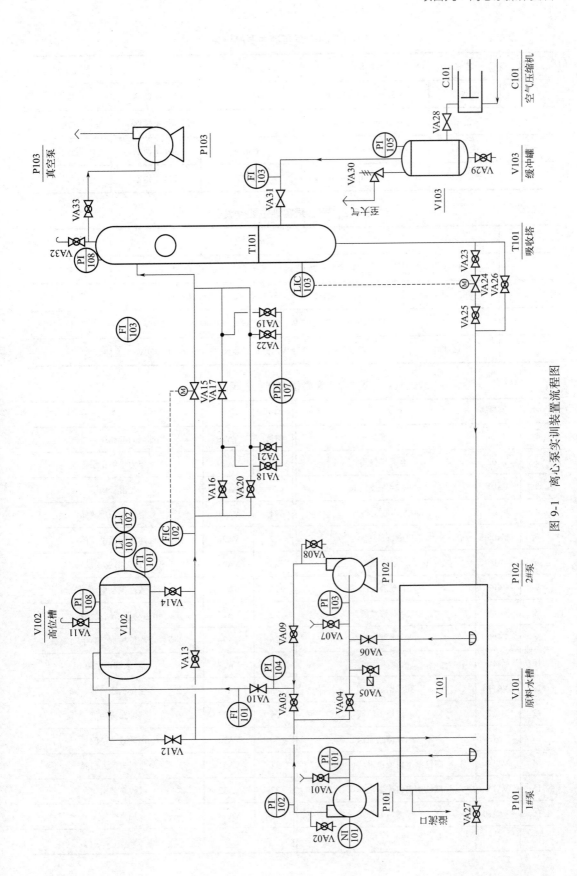

图 9-1 离心泵实训装置流程图

表 9-1 离心泵实训主要静设备

序号	名称	规格	容积（估算）	材质	结构形式
1	吸收塔	$\phi 325mm \times 1300mm$	110L	304 不锈钢	立式
2	高位槽	$\phi 426mm \times 700mm$	100L	304 不锈钢	立式
3	缓冲罐	$\phi 400mm \times 500mm$	60L	304 不锈钢	立式
4	原料水槽	$1000mm \times 600mm \times 500mm$	3000L	304 不锈钢	立式

表 9-2 离心泵实训主要动设备

编号	名称	规格型号	数量
1	1# 泵	离心泵，$P=0.5kW$，流量 $Q_{max}=6m^3/h$，$U=380V$	1
2	2# 泵	离心泵，$P=0.5kW$，流量 $Q_{max}=6m^3/h$，$U=380V$	1
3	真空泵	旋片式，$P=0.37kW$，真空度 $P_{max}=-0.06kPa$，$U=220V$	1
4	空气压缩机	往复空压机，$P=2.2kW$，流量 $Q_{max}=0.25m^3/min$，$U=220V$	1

表 9-3 离心泵实训主要阀门

序号	编号	名称	序号	编号	名称
1	VA01	1# 泵灌泵阀	18	VA18	局部阻力管高压引压阀
2	VA02	1# 泵排气阀	19	VA19	局部阻力管低压引压阀
3	VA03	并联 2# 泵支路阀	20	VA20	光滑管阀
4	VA04	双泵串联支路阀	21	VA21	光滑管高压引压阀
5	VA05	电磁阀故障点	22	VA22	光滑管低压引压阀
6	VA06	2# 泵进水阀	23	VA23	进电动调节阀手动阀
7	VA07	2# 泵灌泵阀	24	VA24	吸收塔液位控制电动调节阀
8	VA08	2# 泵排气阀	25	VA25	出电动调节阀手动阀
9	VA09	并联 1# 泵支路阀	26	VA26	吸收塔液位控制旁路手动阀
10	VA10	流量调节阀	27	VA27	原料水槽排水阀
11	VA11	高位槽放空阀	28	VA28	空压机送气阀
12	VA12	高位槽溢流阀	29	VA29	缓冲罐排污阀
13	VA13	高位槽回流阀	30	VA30	缓冲罐放空阀
14	VA14	高位槽出口流量手动调节阀	31	VA31	吸收塔气体入口阀
15	VA15	高位槽出口流量电动调节阀	32	VA32	吸收塔放空阀
16	VA16	局部阻力管	33	VA33	抽真空阀
17	VA17	局部阻力阀			

四、操作步骤

1. 单泵实验（1#泵）

方法一：开阀 VA03，开溢流阀 VA12，关阀 VA04、阀 VA06、阀 VA09、阀 VA13、阀 VA14，放空阀 VA11 适当打开。液体直接从高位槽流入原料水槽。

方法二：开阀 VA03，关溢流阀 VA12，关阀 VA04、阀 VA06、阀 VA09、阀 VA11、阀 VA13、阀 VA12、阀 VA16、阀 VA20、阀 VA18、阀 VA21、阀 VA19、阀 VA22、阀 VA17、阀 VA33、阀 VA31。放空阀 VA32 适当打开，打开阀 VA14、阀 VA23、阀 VA25 或打开旁路阀 VA26（适当开度），液体从高位槽经吸收塔流入原料水槽。

启动 1# 泵，开阀 VA10（泵启动前关闭，泵启动后根据要求开到适当开度），由阀 VA10 或电动调节阀 VA15 调节液体流量分别为 $2m^3/h$、$3m^3/h$、$4m^3/h$、$5m^3/h$、$6m^3/h$、$7m^3/h$。在 C3000 仪表上或监控软件上观察离心泵特性数据。等待一定时间后（至少5min），记录相关实验数据。

2. 真空输送实验

在离心泵处于停车状态下进行。

① 开阀 VA03、VA06、VA09、VA14。

② 关阀 VA12、VA13、VA16、VA20、VA23、VA25、VA24、VA26、VA17、VA18、VA21、VA22、VA19，并在阀 VA31 处加盲板（见盲板操作管理）。

③ VA32、VA33 开到适度开度后，再启动真空泵，用阀 VA32、VA33 调节吸收塔内真空度，并保持稳定。

④ 用电动调节阀 VA15 控制流体流量，使流体在吸收塔内均匀淋下。

⑤ 当吸收塔内液位达到 1/3～1/2 范围时，关闭电动调节阀 VA15，开阀 VA23、VA25，并通过电动调节阀 VA24 控制吸收塔内液位稳定。

3. 配比输送

以水和压缩空气作为配比介质，模仿实际的流体介质配比操作。以压缩空气的流量为主流量，以水作为配比流量。

① 检查阀 VA31 处的盲板是否已抽除（见盲板操作管理），阀 VA31 是否在关闭状态。

② 开阀 VA32、阀 VA03，关溢流阀 VA12，关阀 VA04、阀 VA28、阀 VA31、阀 VA06、阀 VA09、阀 VA11、阀 VA13、阀 VA12、阀 VA16、阀 VA20、阀 VA18、阀 VA21、阀 VA19、阀 VA22、阀 VA17、阀 VA33、阀 VA31。放空阀 VA32 适当打开，打开阀 VA14、阀 VA23、阀 VA25 或打开旁路阀 VA26（适当开度），液体从高位槽经吸收塔流入原料水槽。

③ 按上述步骤启动 1# 水泵，调节 FIC102 流量在 $4m^3/h$ 左右，并调节吸收塔液位在 1/3～1/2。

④ 启动空气压缩机，缓慢开启阀 VA28，观察缓冲罐压力上升速度，控制缓冲罐压力≤0.1MPa。

⑤ 当缓冲罐压力达到 0.05MPa 以上时，缓慢开启阀 VA31，向吸收塔送空气，并调节 FI103 流量在 8～$10m^3/h$（标况下）。

⑥ 根据配比需求，调节 VA32 的开度，观察流量大小。

若投自动，在 C3000 仪表中设定配比值（1∶2、1∶1、1∶3）。

4．正常停车

① 按操作步骤分别停止所有运转设备。

② 打开阀 VA11、VA13、VA14、VA16、VA20、VA32、VA23、VA25、VA24，将高位槽 V102、吸收塔 T101 中的液体排空至原料水槽 V101。

③ 检查各设备、阀门状态，做好记录。

④ 关闭控制柜上各仪表开关。

⑤ 切断装置总电源。

⑥ 清理现场，做好设备、电气、仪表等防护工作。

任务实施

工作任务单　开停车操作与稳定生产

姓名：	专业：	班级：	学号：	成绩：
步骤	内容			
任务描述	请以操作人员的身份进入本任务的学习，在任务中了解流体输送装置的工艺，完成实训操作——单泵实验、真空输送实验、配比输送和正常停车。			
应知应会要点	（需学生提炼）			
任务实施	1. 单泵实验 （1）在进行单泵实验时，需打开的阀门有_____，需关闭的阀门有_____。 （2）阀门的开关 该阀门为：_____。（截止阀/闸阀） 仪表_____指示的流量为离心泵的出口流量，单位为_____。			

续表

任务实施	(3) 单泵实验数据记录与整理					
	第__实验装置	第__小组		室温：	大气压：	实验日期：
	序号	流量/（m³/h）		泵进口压力 p_1	泵进口压力 p_2	压头 H/m
	1					
	2					
	3					
	4					
	5					
	(4) 绘制特性曲线					
	2. 泵的真空输送实验 在进行真空输送实验时，需打开的阀门有_____，需关闭的阀门有_____。					

任务总结与评价

谈谈本次任务的收获与感受。

任务二
双泵操作训练

任务描述

请以操作人员的身份进入该任务的学习，在本任务中了解流体输送装置的工艺，完成实训双泵串、并联操作，泵的联运。

应知应会

一、工艺流程及设备

参照本项目任务一内容。

二、操作步骤

1. 泵并联操作

方法一：开阀 VA03、VA09、VA06、VA12，关阀 VA04、VA13、VA14，放空阀 VA11 适当打开。液体直接从高位槽流入原料水槽。

方法二：开阀 VA03、阀 VA09、阀 VA06，关溢流阀 VA12，关阀 VA04、阀 VA11、阀 VA13、阀 VA12、阀 VA16、阀 VA20、阀 VA18、阀 VA21、阀 VA19、阀 VA22、阀 VA17、阀 VA33、阀 VA31。放空阀 VA32 适度打开，打开阀 VA14、阀 VA23、阀 VA25 或打开旁路阀 VA26（适当开度），液体从高位槽经吸收塔流入原料水槽。

启动 1# 和启动 2# 泵，由阀 VA10（泵启动前关闭，泵启动后根据要求开到适当开度）或电动调节阀 VA15 调节液体流量分别为 2m³/h、3m³/h、4m³/h、5m³/h、6m³/h、7m³/h、在 C3000 仪表上或监控软件上观察离心泵特性数据。等待一定时间后（至少 5min），记录相关实验数据。

2. 泵串联操作

方法一：开阀 VA04、VA09、VA06、VA12，关阀 VA03、VA13、VA14，放空阀 VA11 适当打开。液体直接从高位槽流入原料水槽。

方法二：开阀 VA04、阀 VA09、阀 VA06，关溢流阀 VA12，关阀 VA03、阀 VA11、阀 VA13、阀 VA12、阀 VA16、阀 VA20、阀 VA18、阀 VA21、阀 VA19、阀 VA22、阀 VA17、阀 VA33、阀 VA31。放空阀 VA32 适度打开，打开阀 VA14、阀 VA23、阀 VA25 或打开旁路阀 VA26（适当开度），液体从高位槽经吸收塔流入原料水槽。

启动 1# 和启动 2# 泵，由阀 VA10（泵启动前关闭，泵启动后根据要求开到适当开度）或电动调节阀 VA15 调节液体流量分别为 $2m^3/h$、$3m^3/h$、$4m^3/h$、$5m^3/h$、$6m^3/h$、$7m^3/h$，在 C3000 仪表上或监控软件上观察离心泵特性数据。等待一定时间后（至少 5min），记录相关实验数据。

3. 泵的联锁投运

① 切除联锁，启动 2# 泵至正常运行后，投运联锁。

② 设定好 2# 泵进口压力报警下限值，逐步关小阀门 VA10，检查泵运转情况。

③ 当 2# 泵有异常声音产生、进口压力低于下限时，操作台发出报警，同时联锁启动：2# 泵自动跳闸停止运转，1# 泵自动启动。

④ 保证流体输送系统的正常稳定运行。

注：投运时，阀 VA03、阀 VA06、阀 VA09 必须打开，阀 VA04 必须关闭。

当单泵无法启动时，应检查联锁是否处于投运状态。

任务实施

工作任务单　双泵操作训练

姓名：		专业：		班级：		学号：		成绩：	
步骤	内容								
任务描述	请以操作人员的身份进入本任务的学习，在任务中了解流体输送装置的工艺，完成实训双泵串、并联操作线，泵的联运。								
应知应会要点	（需学生提炼）								
任务实施	1. 泵串、并联实验 （1）在进行泵串联实验时，需打开的阀门有_____，需关闭的阀门有_____。 （2）在进行泵并联实验时，需打开的阀门有_____，需关闭的阀门有_____。 （3）泵串联的特性曲线								

续表

	泵并联的特性曲线 观察单泵、泵串联、泵并联的特性曲线,对比三张图,你发现了什么?
任务实施	2. 泵的联运 (1)在进行泵泵的联运时,需打开的阀门有_____,需关闭的阀门有_____。 (2)请你思考为什么在实际生产中离心泵都是"开一备一",泵的联运有什么重要意义。

任务总结与评价

谈谈本次任务的收获与感受。

任务三
典型事故处理

任务描述

请以操作人员的身份进入本任务的学习,了解离心泵实训过程中的停车处理与常见的事故处理措施。

应知应会

一、紧急停车

遇到下列情况之一者,应紧急停车处理:
(1)泵内发出异常的声响;
(2)泵突然发生剧烈振动;
(3)电机电流超过额定值持续不降;
(4)泵突然不出水;
(5)空压机有异常的声音。

二、设备维护及检修

(1)风机的开、停,正常操作及日常维护;
(2)系统运行结束后,相关操作人员应对设备进行维护,保持现场、设备、管路、阀门清洁，方可离开现场；

（3）定期组织学生进行系统检修演练。

三、异常现象及处理

离心泵实训异常现象及处理方法见表 9-4。

表 9-4　离心泵实训异常现象及处理方法

序号	异常现象	原因分析	处理方法
1	泵启动时不出水	检修后电机接反电源； 启动前泵内未充满水； 叶轮密封环间隙太大； 入口法兰漏气	重新接电源线； 排净泵内空气； 调整密封环； 消除漏气缺陷
2	泵运行中发生振动	地脚螺丝松动； 原料水槽供水不足； 泵壳内气体未排净或有汽化现象； 轴承盖紧力不够，使轴瓦跳动	紧固地脚螺丝； 补充原料水槽内的水； 排尽气体重新启动泵； 调整轴承盖紧力为适度
3	泵运行中异常声音	叶轮、轴承松动； 轴承损坏或径向紧力过大； 电机有故障	紧固松动部件； 更换轴承，调整紧力适度； 检修电机
4	压力表读数过低（压力表正常）	泵内有空气或漏气严重； 轴封严重磨损； 系统需水量大	排尽泵内空气或堵漏； 更换轴封； 启动备用泵

任务实施

工作任务单　典型事故处理

姓名：	专业：	班级：	学号：	成绩：
步骤	内容			
任务描述	请以操作人员的身份进入本任务的学习，了解离心泵实训过程中的停车处理与常见的事故处理措施。			
应知应会要点	（需学生提炼）			
任务实施	1. 停车的步骤及注意事项有哪些？ 2. 在实训过程中，你是否遇到了故障？你是如何解决的？			

任务总结与评价

谈谈在工作中的心得体会。

项目评价

项目综合评价表

姓名		学号		班级	
组别		组长及成员			
		项目成绩：		总成绩：	
任务	任务一		任务二		任务三
成绩					

		自我评价	
维度	自我评价内容		评分（1～10分）
知识	掌握离心泵的开停车及流量调节方法		
	掌握离心泵的串联和并联操作方法		
	掌握离心泵的性能曲线测定方法		
	熟悉不同的输送方式：泵输送、真空抽送、高位自流等		
	掌握流量、压力、液位的调节方法		
能力	能够根据所学知识完成实训		
	能够说出单泵、泵的串联、泵的并联的特性曲线的关系		
素质	通过实训操作，培养学生动手能力		
	按照操作规程进行操作，避免事故发生，培养学生安全意识		
	面对生产故障时，临危不乱，具备解决问题能力和责任意识		
	小组完成实训操作，培养学生团队协作能力		
我的反思	我的收获		
	我遇到的问题		
	我最感兴趣的部分		
	其他		

项目拓展

离心泵实训报告（样例）

姓名：	学号：
班级：	成绩：

一、实训目的

二、基本原理

三、实训装置流程图

四、实训步骤及注意事项

五、数据处理
表1 原始记录表
表2 数据处理表
数据处理过程举例

六、结果讨论与分析

拓展活动：请以小组为单位完成本次实训的实训报告！

项目十　气体输送装置

学习目标

知识目标
1. 了解气体输送装置的分类、原理。
2. 了解化工生产中常用的气体输送设备。

能力目标
1. 能够根据所学知识正确说出真空泵、鼓风机、通风机和压缩机的结构及工作原理。
2. 能够说出不同气体输送装置在工业上的应用。

素质目标
1. 通过解决常见气体输送装置的选用问题，培养分析问题和解决问题的能力。
2. 通过查阅相关资料，培养自主学习的习惯。

项目导言

气体输送装置是压缩和输送气体的设备的总称，是能引起空气连续流动的驱动机器。它在工业部门应用极为广泛，主要用于气体输送、生成真空和产生高压气体。对一定的质量流量，由于气体的密度小，其体积流量很大，因此气体在输送管中的流速比液体要大得多，因而气体输送设备的动力消耗往往很大。气体输送设备体积一般都很大，出口压力高的机械更是如此。气体输送机械通常按出口压力或压缩比的大小分类如下：

（1）真空泵　用于抽出设备内的气体，排到大气，使设备内产生真空，排出压力为大气压或略高于大气压。

（2）鼓风机　出口表压不大于300kPa，压缩比为1.1～4。

（3）通风机　出口表压不大于15kPa，压缩比不大于1.15。

（4）压缩机　出口表压不大于300kPa，压缩比大于2。

本项目学习气体输送装置相关内容。主要任务内容有：

① 认识真空泵的结构、原理及工业应用；
② 认识鼓风机的结构、原理及工业应用；
③ 认识通风机的结构、原理及工业应用；
④ 认识离心式压缩机的结构、原理及工业应用。

任务一
认识真空泵的结构、原理及工业应用

任务描述

请以新入职员工的身份进入本任务的学习,在任务中通过学习认识化工生产过程中气体输送装置——真空泵。

应知应会

真空泵是指利用机械、物理、化学的方法对被抽空容器进行抽气而获得真空的器件或设备。通俗来讲,真空泵是用各种方法在某一封闭空间中改善、产生和维持真空的装置。

真空泵的类型有很多,常见的有往复式真空泵、水环真空泵和喷射泵等。

1. 往复式真空泵

往复式真空泵(又称活塞式真空泵)属于低真空获得设备,用以从内部压力等于或低于一个大气压的容器中抽除气体,被抽气体的温度一般不超过35℃。往复泵的极限压力,单级泵极限压力为103Pa,双级可达1Pa。它的排气量较大,抽速范围15~5500L/s。往复泵多用于真空浸渍、钢水真空处理、真空蒸馏、真空结晶、真空过滤等方面。往复式真空泵的基本结构和操作原理与往复压缩机相同,只是真空泵在低压下操作,气缸内外压差很小,所用阀门必须更加轻巧、启闭方便。

往复泵的主要部件是气缸及在其中做往复直线运动的活塞。活塞的驱动是用曲柄连杆机构来完成的。除上述主要部件外还有排气阀和吸气阀。

泵运转时,在电动机的驱动下,通过曲柄连杆机构的作用,使气缸内的活塞做往复运动。当活塞从左向右活动时,由于气缸的左腔体积不断增大,气缸内气体的密度减少,而形成抽气过程,此时容器中的气体经过吸气阀进入泵体左腔。当活塞到达最右端时,气缸内就完全充满了气体。接着活塞从右端向左端运动,此时吸气阀关闭。气缸内的气体随着活塞从右向左运动而逐渐被压缩,当气缸内气体的压强达到或稍大于一个大气压时,排气阀被打开,将气体排到大气中,完成一个工作循环。当活塞再自左向右运动时,又吸进一部分气体,重复前一循环,如此反复下去,直到被抽容器内的气体压力达到要求时为止。

2. 水环真空泵

水环泵最初用作自吸水泵,而后逐渐用于石油、化工、机械、矿山、轻工、医药及食品等许多工业部门。在工业生产的许多工艺过程中,如真空过滤、真空引水、真空送料、真空蒸发、真空浓缩、真空回潮和真空脱气等,水环泵得到广泛的应用。

水环真空泵的外壳为圆形,壳内有一偏心安装的转子,转子上有叶片。泵内装有一定量的水,当转子旋转时形成水环,故称为水环真空泵。由于转子偏心安装,叶片之间形成许多大小不等的小室。在转子的右半部,这些密封的小室体积扩大,气体便通过右边的进气口被吸入,当旋转到左半部,小室的体积逐渐缩小,气体便从左边的排气口被压出。水

液环真空泵

环真空泵最高可高达 85% 真空。这种泵的结构简单、紧凑，经久耐用。但是，为了维持泵内液封以及冷却泵体，运转时需不断向泵内充水，所能产生的真空度受泵体内水的温度限制。当被抽吸的气体不宜与水接触时，可以换用其他液体，称为液环真空泵。

3. 喷射泵

喷射泵是属于流体动力作用式的流体输送机械，它是利用流体流动时动能和静压能的相互转换来吸送液体，也可用来吸送气体。在化工生产中，喷射泵可用于抽真空时称为喷射式真空泵。工业用的喷射泵，又称射流泵和喷射器，是利用高压工作流体的喷射作用来输送流体的泵，由喷嘴、混合室和扩大管等构成。为使操作平稳，在喉管处设置一真空室（也称吸入室）；为了使两种流体能够充分混合，在真空室后面设有一混合室。操作时，工作流体以很高的速度由喷嘴喷出，在真空室形成低压，使被输送液体吸入真空室，然后进入混合室。在混合室中高能量的工作流体和低能量的被输送液体充分混合，使能量相互交换，速度也逐渐一致，从喉管进入扩散室，速度放慢，静压力回升，达到输送液体的目的。

喷射泵的工作流体可以是气体（空气或蒸汽）和液体。常见的喷射泵有水蒸气喷射泵、空气喷射泵和水喷射泵。还有一种用油作介质的喷射泵，即油扩散泵和油增压泵，是用来获得高真空或超高真空的主要设备。

喷射泵的主要优点是结构简单，制造方便，可用各种耐腐蚀材料制造，没有传动装置，主要缺点是效率低，只有 10%～25%。喷射泵除用于抽真空外，还常作为小型锅炉的注水器，这样既能利用锅炉本身的水蒸气来注水，又能回收水蒸气的热能。喷射泵适用于高温、高压、高真空领域，如真空蒸发、真空干燥、真空制冷、真空蒸馏，还可提升液、碱或含有磨料的悬浮液，也适用于强辐射的特殊环境。

喷射泵

任务实施

工作任务单　认识真空泵的结构、原理及工业应用

姓名：		专业：		班级：		学号：		成绩：	
步骤		内容							
任务描述		请以新入职员工的身份进入本任务的学习，在任务中学习化工生产中常见的真空泵的结构。							
应知应会要点		（需学生提炼）							

续表

| 任务实施 | 1.请你判断下图中水环式真空泵的转动方向是否正确，为什么？
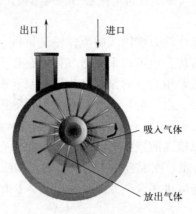
2.请你说出真空喷射泵的各个部件的名称以及其进出口方向。 |

任务总结与评价
根据本次任务学习用"我学会了"造句。

任务二
认识鼓风机的结构、原理及工业应用

任务描述
请以技术人员的身份进入本任务的学习，在任务中学习认识化工生产过程中气体输送装置——鼓风机。

应知应会
扇、吹管和皮囊，是最早用于强制鼓风的器具。目前，鼓风机主要由下列六部分组成：电机、空气过滤器、鼓风机本体、空气室、底座（兼油箱）、滴油嘴。鼓风机靠汽缸内偏置的转子偏心运转，并使转子槽中的叶片之间的容积变化将空气吸入、压缩、吐出。在运转中利用鼓风机的压力差自动将润滑油送到滴油嘴，滴入汽缸内以减少摩擦及噪声，同时可保持汽缸内气体不回流，此类鼓风机又称为滑片式鼓风机。鼓风机输送介质以清洁空气、清洁煤气、二氧化硫及其他惰性气体为主。原动机通过轴驱动叶轮高速旋转，气流由进口轴向进入高速旋转的叶轮后变成径向流动被加速，然后进入扩压腔，改变流动方向而减速，这种减速作用将高速旋转的气流具有的动能转化为压力能（势能），使风机出口保持稳定压力。常见的鼓风机有罗茨鼓风机、离心式鼓风机。

1. 罗茨鼓风机

在化工生产中,罗茨鼓风机是最常用的一种旋转式鼓风机,其工作原理与齿轮泵相似。罗茨鼓风机系属容积回转鼓风机。这种压缩机靠转子轴端的同步齿轮使两转子保持啮合。在机壳内有两个转子,转子上每一凹入的曲面部分与汽缸内壁组成工作容积,在转子回转过程中从吸气口带走气体,当移到排气口附近与排气口相连通的瞬时,因有较高压力的气体回流,这时工作容积中的压力突然升高,然后将气体输送到排气通道。两转子互不接触,它们之间靠严密控制的间隙实现密封,故排出的气体不受润滑油污染,如图10-1所示。

罗茨鼓风机最大的特点是使用时在允许范围内调节压力,流量之变动甚微,压力选择范围很宽,具有强制输气的特点。输送时介质不含油。结构简单、维修方便、使用寿命长、整机振动小。罗茨鼓风机输送介质为清洁空气、清洁煤气、二氧化硫及其他惰性气体,特殊气体(煤气、天然气、沼气、二氧化碳、二氧化硫等)。鉴于罗茨鼓风机具有上述特点,因而能广泛应用于冶金、化工、化肥、石化、仪器、建材行业。

使用注意事项有:

① 输送介质的进气温度通常不得高于40℃。

② 介质中微粒的含量不得超过100mg/m³,微粒最大尺寸不得超过最小工作间隙的一半。

③ 运转中轴承温度不得高于95℃,润滑油温度不得高于65℃。

④ 使用压力不得高于铭牌上规定的升压范围。

⑤ 罗茨鼓风机叶轮与机壳、叶轮与侧板、叶轮与叶轮间隙出厂时已调好,重新装配时要保证该间隙。

⑥ 罗茨鼓风机运行时,主油箱、副油箱油位必须在油位计两条红线之间。

2. 离心式鼓风机

离心式鼓风机又称为涡轮鼓风机,与离心式压缩机的工作原理相同,构造也基本相同,主要由蜗形壳与叶轮组成,但压缩机的压缩比较大。单级叶轮的鼓风机进、出口的最大压力差约为20kPa。要想有更大的压力差,需用多级叶轮,具体结构及原理可参照本项目任务四。离心式鼓风机如图10-2所示。

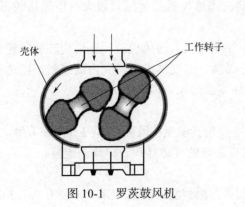

图10-1 罗茨鼓风机

图10-2 离心式鼓风机

任务实施

工作任务单　认识鼓风机的结构、原理及工业应用

姓名:	专业:	班级:	学号:	成绩:
步骤	内容			
任务描述	请以技术人员的身份进入本任务的学习,在任务中通过学习认识化工生产过程中气体输送装置——鼓风机。			
应知应会要点	(需学生提炼)			
任务实施	现由于生产需要,需选用一台鼓风机,你作为技术人员需为车间提供一份关于 W4-73 型鼓风机的参数及使用说明,请结合本次任务应知应会,查阅相关资料完成本次任务。			

任务总结与评价

谈谈本次任务的收获与感受。

任务三
认识通风机的结构、原理及工业应用

任务描述

请以技术人员的身份进入本任务的学习,在任务中学习认识化工生产过程中气体输送装置——通风机。

应知应会

常用的通风机有离心式和轴流式两种,轴流式通风机的运气量较大,但风压较低,常用于通风换气,离心式通风机使用广泛。

离心式通风机的工作原理与离心泵相似。气体被吸入通风机后,流经旋转的叶轮过程中,在离心力的作用下,其静压和速度都有提高,当气体进入机壳内流道时,流速逐渐减慢而变成静压,进一步提高静压,因此气体流经通风机提高了机械能。

1. 性能参数

离心式通风机的主要参数和离心泵相似,主要包括流量(风量)、全压(风压)等。

流量,又称风量,是指单位时间内流过风机进口的气体体积,即体积流量,以 q_V 表示,单位为 m³/s 或 m³/h。

风压是指单位体积的气体经过风机后所获得的总机械能,以 p_T 表示,单位为 Pa(J/m³

或 N/m²），全风压可用实验测定。

2. 离心式通风机的选用

离心式通风机和离心泵的情况类似，其选择步骤如下。

① 计算输送系统所需的操作条件下的风压 q'_T，并将换算成实验条件下的风压 q_T。

实验介质是压力为 1.0133×10^5Pa，温度为 20℃ 的空气，该条件下空气的密度 $\rho = 1.2$kg/m³。由于风压与密度有关，故当实际操作条件与上述实验条件不同时，应按下式将操作条件下的风压 q'_T 换算为实验条件下的风压 q_T，然后以 q_T 的数值来选用通风机。

$$q_T = q'_T \frac{\rho}{\rho'} = q'_T \frac{1.2}{\rho'} \tag{10-1}$$

式中　ρ'——操作条件下气体的密度，kg/m³；
　　　q'_T——操作条件下气体的风压，N/m²。

② 根据所输送气体的性质（如清洁空气，易燃、易爆或腐蚀性气体以及含尘气体等）与风压范围，确定风机类型。若输送的是清洁空气，或与空气性质相近的气体，可选用一般类型的离心式通风机。

③ 根据实际风量 q_V（以风机进口状态计）与实验条件下的风压，从风机样本或产品目录中的特性曲线或性能表选择合适的型号，选择的原则与离心泵相同，不再详述。

④ 计算轴功率。风机的轴功率与被输送气体的密度有关，风机性能表上所列出的轴功率均为实验条件下即空气的密度为 1.2kg/m³ 时的数值。若所输送的气体密度与此不同，可按下式进行换算，即：

$$N' = N \frac{\rho'}{1.2} \tag{10-2}$$

式中　N'——气体密度为 ρ' 时的轴功率，kW；
　　　N——气体密度为 1.2kg/m³ 时的轴功率，kW。

一般讲，离心式通风机适用于小流量、高压力的场所，而轴流式通风机则常用于大流量、低压力的场所。如在煤化工行业，多采用离心式通风机输送热电站锅炉燃烧系统的煤粉，煤粉通风机根据用途不同可分两种：一种是储仓式煤粉通风机，它是将储仓内的煤粉由其侧面吹到炉膛内，煤粉不直接通过风机，要求通风机的排气压力高；另一种是直吹式煤粉通风机，它直接把煤粉送至炉膛。由于煤粉对叶轮及体壳磨损严重，故应采用耐磨材料。

任务实施

工作任务单　认识通风机的结构、原理及工业应用

姓名：		专业：		班级：		学号：		成绩：	
步骤				内容					
任务描述		请以技术人员的身份进入本任务的学习，在任务中学习认识化工生产过程中气体输送装置——通风机。							

续表

应知应会要点	（需学生提炼）
任务实施	车间根据生产需要选用一台通风机，要求风量在 8500m³/h，已知某型号风机参数对照表如下，请你选用一台合适的通风机，小组成员共同完成调查，咨询目前市场同类型的通风机报价情况，咨询数要求不少于 5 家。 通风系统中风机系数参照 <table><tr><th>通风机号数</th><th>对应风量 /（m³/h）</th></tr><tr><td>离心式通风机安装 4#</td><td>离心式通风机安装 4500 以下</td></tr><tr><td>离心式通风机安装 6#</td><td>离心式通风机安装 4501～7000</td></tr><tr><td>离心式通风机安装 8#</td><td>离心式通风机安装 7001～19300</td></tr><tr><td>离心式通风机安装 12#</td><td>离心式通风机安装 19301～62000</td></tr><tr><td>离心式通风机安装 16#</td><td>离心式通风机安装 62001～123000</td></tr><tr><td>离心式通风机安装 20#</td><td>离心式通风机安装 123000 以上</td></tr></table>

任务总结与评价

谈谈本次任务的收获与感受。

任务四
认识离心式压缩机的结构、原理及工业应用

任务描述

请以技术人员的身份进入本任务的学习，在任务中学习认识化工生产过程中气体输送装置——离心式压缩机。

应知应会

离心式压缩机又称为透平压缩机，其结构、工作原理与离心式通风机相似，但由于单级压缩机不可能产生很高的风压，故离心式压缩机都是多级的，叶轮的级数多，通常在 10 级以上，并且叶轮转速高，一般在 5000r/min 以上。

离心式压缩机的工作原理是：气体沿轴向进入各级叶轮中心处，被旋转的叶轮做功，受离心力的作用，以很高的速度离开叶轮，进入扩压器。气体在扩压器内降速、增压，经扩压器减速、增压后气体进入弯道，流向反转 180° 后进入回流器，经过回流器后又进入下一级叶轮。显然，弯道和回流器是沟通前一级叶轮和后一级叶轮的通道。气体在多个叶轮中被增压数次，能以很高的压力能离开。离心式压缩机的典型结构如

图 10-3 所示。

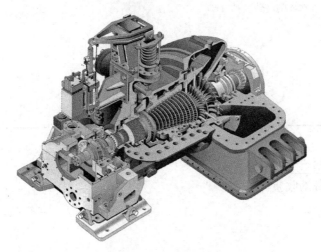

离心式压缩机

图 10-3　离心式压缩机

离心式压缩机的主要优点有：体积小，质量轻，运转平稳，排气量大而均匀，占地面积小，操作可靠，调节性能好，备件需要量少，维修方便，压缩绝对无油，非常适宜处理那些不宜与油接触的气体。离心式压缩机的主要缺点有：当实际流量偏离设计点时效率下降，制造精度要求高，不易加工。

离心式压缩机的调节方法有如下几种：

（1）调整出口阀的开度　方法很简便，但使压缩比增大，消耗较多的额外功率，不经济。

（2）调整入口阀的开度　方法也很简便，实质上是保持压缩比，降低出口压力，消耗额外功率较方法（1）少，使最小流量降低，稳定工作范围增大。这是常用的调节方法。

（3）改变叶轮的转速　这是最经济的方法。有调速装置或用蒸汽机作为动力时应用方便。

任务实施

工作任务单　认识离心式压缩机的结构、原理及工业应用

姓名		专业：	班级：	学号：	成绩：
步骤		内容			
任务描述		请以技术人员的身份进入本任务的学习，在任务中学习认识化工生产过程中气体输送装置——离心式压缩机。			
应知应会要点		（需学生提炼）			

续表

任务实施	请说明离心压缩机主要构成。

任务总结与评价

谈谈本次任务的收获与感受。

项目评价

项目综合评价表

姓名		学号		班级	
组别		组长及成员			

项目成绩：　　　　　　总成绩：

任务	任务一	任务二	任务三	任务四
成绩				

自我评价

维度	自我评价内容	评分（1~10分）
知识	了解气体输送装置的分类、原理	
	了解化工生产中常用的气体输送设备	
能力	能够根据所学知识正确说出真空泵、鼓风机、通风机和压缩机的结构及工作原理	
	能够说出不同气体输送装置在工业上的应用	
素质	通过解决常见气体输送装置的选用问题，培养学生分析问题和解决问题的能力	
	通过查阅相关资料，培养学生自主学习的习惯	

	我的收获	
我的反思	我遇到的问题	
	我最感兴趣的部分	
	其他	

项目拓展

常见固体输送设备

1. 带式输送机

带式输送机是利用一根封闭的环形带绕在两个鼓轮上组成运输系统,鼓轮靠摩擦力带动环形带运转,环形带再靠摩擦力带动上边的物料前进,实现输送目的。带式输送机包括输送带、托辊、鼓轮、传送装置、张紧装置、加料装置、卸料装置。具有输送能力大、效率高、动力消耗小、输送距离长、卸料方便、结构简单、容易维修的优点,缺点是只能直线输送,输送过程不封闭,轻质粉料易飞扬。

2. 斗式提升机

用胶带或链条作牵引件,将一个个料斗固定在牵引件上,牵引件再由转动轮张紧并带动运行,可垂直提升输送颗粒状或粉末状物料。斗式提升机包括料斗、料斗带、转动轮、传动装置、张紧装置、加料装置、卸料装置、外壳。

3. 螺旋输送机

螺旋输送机主要构件有螺旋、料槽和传动装置。当螺旋装置转动后,把物料以滑动形式沿料槽向前推动,短距离水平或者倾斜角度不高于20°地倾斜输送粉状或小颗粒物料,构造简单、紧凑、密封好、便于在若干位置进行中间装载或卸载,同时进行物料输送和混合,缺点是动力消耗大,物料易损伤,螺旋叶及料槽也易磨损,输送距离短。

项目十一　二氧化碳压缩机单元操作仿真训练

学习目标

知识目标
1. 掌握二氧化碳压缩机开停车的操作步骤及注意事项。
2. 掌握二氧化碳压缩机单元工艺的基本原理。
3. 掌握二氧化碳压缩机操作中典型故障的现象和产生原因及处理方法。
4. 掌握喘振工况的解决方法，以及喘振的现象及原理。

能力目标
1. 能根据开车操作规程，配合班组指令，进行二氧化碳压缩机单元的开车操作。
2. 能根据停车操作规程，配合班组指令，进行二氧化碳压缩机单元的停车操作。
3. 能够判断压缩机出现的事故类型，并作出及时正确的处理。

素质目标
1. 通过仿真练习培养认真、求实的工作作风。
2. 在工作中具备较强的表达能力和沟通能力。
3. 遵守操作规程，具备严谨的工作态度。

项目导言

生活中，我们常看见贩卖棉花糖的小贩制作棉花糖的过程。小贩在内桶里加入砂糖，机器加热使砂糖融化成为糖汁。高速旋转的内筒使黏稠的糖汁从内筒壁上的小孔飞散出去，在温度较低的外筒凝结成丝状，绕在木棍上变成一团团轻盈柔软的棉花糖。在这个制作过程中，糖丝由于内筒的高速旋转做离心运动从内筒的小孔飞至外筒。离心作用在化工生产上有着广泛的应用，本项目所讲述的离心式压缩机就是其中一种应用。

离心式压缩机的工作原理和离心泵类似，气体从中心流入叶轮，在高速转动的叶轮的作用下，随叶轮高速旋转并沿半径方向甩出来。叶轮在驱动机械的带动下旋转，把所得到的机械能通过叶轮传递给流过叶轮的气体，即离心压缩机通过叶轮对气体做了功。气体一方面受到旋转离心力的作用增加了气体本身的压力，另一方面又得到了很大的动能。气体离开叶轮后，这部分动能在通过叶轮后的扩压器、回流弯道的过程中转变为压力能，进一步使气体的压力提高。

离心式压缩机中，气体经过一个叶轮压缩后压力的升高是有限的。因此在要求升压较高的情况下,通常都有许多级叶轮连续地进行压缩,直到最末一级出口达到所要求的压力为止。压缩机的叶轮数越多,所产生的总压头也愈大。气体经过压缩后温度升高,当要求压缩比较高时,常常将气体压缩到一定的压力后,从缸内引出,在外设冷却器冷却降温,然后再导入下一级继续压缩。这样依冷却次数的多少,将压缩机分成几段,一个段可以是一级或多级。

本项目中学生将以操作人员身份进入"车间",学习有关二氧化碳压缩机的生产操作。主要任务包括:

① 开车操作;
② 停车操作;
③ 压缩机喘振事故处理;
④ 压缩机四段出口压力偏低、打气量偏小事故处理。

任务一
开车操作

任务描述

请以操作人员(外操岗位)的身份进入本任务的学习,在任务中按照操作规程,完成压缩机的开车操作。

应知应会

1. 工艺流程简述

来自合成氨装置的原料气二氧化碳压力为150kPa(A),温度为38℃,流量由FRC8103计量,进入二氧化碳压缩机一段分离器V-111,在此分离出二氧化碳气相中夹带的液滴后进入二氧化碳压缩机的一段入口,经过一段压缩后,二氧化碳压力上升为0.38MPa(A),温度上升到194℃,进入一段冷却器E-119用循环水冷却到43℃。为了保证尿素装置防腐所需氧气,在二氧化碳进入E-119前加入适量来自合成氨装置的空气,流量由FRC8101调节控制,二氧化碳气中氧含量0.25%~0.35%,在一段分离器V-119中分离出液滴后进入二段进行压缩,二段出口二氧化碳压力为1.866MPa(A),温度为227℃。然后进入二段冷却器E-120冷却到43℃,并经二段分离器V-120分离出液滴后进入三段。

在三段入口设有段间放空阀。便于低压缸二氧化碳压力控制和快速泄压,二氧化碳经三段压缩后压力升到8.046MPa(A),温度214℃,进入三段冷却器E-121中冷却。为防止二氧化碳过度冷却而生成干冰,在三段冷却器冷却水回水管线上设有温度调节阀TV8111,用此阀来控制四段入口二氧化碳温度在50~55℃之间。冷却后的二氧化碳进入四段压缩后压力升到15.5MPa(A),温度为121℃,进入尿素高压合成系统。为防止二氧化碳压缩机高压缸超压、喘振,在四段出口管线上设有四回一阀HV8162(即HIC8162)。

主蒸汽压力5.882MPa,温度450℃,流量82t/h,进入透平做功,其中一大部分在透平中部被抽出，抽汽压力 2.598MPa，温度 350℃，流量 54.4t/h，送至框架，另一部分通过中压调节阀进入透平后汽缸继续做功，做完功后的乏汽进入蒸气冷凝系统。

2. 工艺仿真范围

本工艺仿真涉及二氧化碳压缩、透平机、油系统；

各公用工程部分：水、电、汽、风等均处于正常平稳状况。

3. 主要设备

（1）二氧化碳气路系统　E-119、E-120、E-121、V-111、V-119、V-120、V-121、K-101。

（2）蒸气透平及油系统　DSTK-101、油箱、油温控制器、油泵、油冷器、油过滤器、盘车油泵、稳压器、速关阀、调速器、调压器。

（3）设备说明（E：换热器；V：分离器）　二氧化碳压缩机工艺的设备见表 11-1。

表 11-1　二氧化碳压缩机工艺的设备

流程图位号	主要设备
U8001	E-119（二氧化碳一段冷却器） E-120（二氧化碳二段冷却器） E-121（二氧化碳三段冷却器） V-111（二氧化碳一段分离器） V-120（二氧化碳二段分离器） V-121（二氧化碳三段分离器） DSTK-101（二氧化碳压缩机组透平）
U8002	DSTK-101 油箱、油泵、油冷器、油过滤器、盘车油泵

（4）主要控制阀　二氧化碳压缩机工艺的设备主要控制阀见表 11-2。

表 11-2　二氧化碳压缩机工艺的设备主要控制阀

位号	说明	所在流程图位号
FRC8103	配空气流量控制	U8001
LIC8101	V-111 液位控制	U8001
LIC8167	V-119 液位控制	U8001
LIC8170	V-120 液位控制	U8001
LIC8173	V-121 液位控制	U8001
HIC8101	段间放空阀	U8001
HIC8162	四回一防喘振阀	U8001
PIC8241	四段出口压力控制	U8001
HS8001	透平蒸汽速关阀	U8002
HIC8205	调速阀	U8002
PIC8224	中压蒸汽调压阀	U8002

4. 工艺报警及联锁说明

为了保证工艺、设备的正常运行，防止事故发生，在设备重点部位安装检测装置并在辅助控制盘上设有报警灯进行提示，以提前进行处理将事故消除。

工艺联锁是设备不正常运行时的自保系统，本单元设计了两个联锁自保系统：

（1）压缩机振动超高联锁（发生喘振）

动作：20秒后（主要是为了方便培训人员处理）自动进行以下操作。

关闭透平速关阀 HS8001、调速阀 HIC8205、中压蒸汽调压阀 PIC8224，全开防喘振阀 HIC8162、段间放空阀 HIC8101。

处理：在辅助控制盘上按 RESET 按钮，按冷态开车中暖管暖机步骤重新开车。

（2）油压低联锁

动作：自动进行以下操作。

关闭透平速关阀 HS8001、调速阀 HIC8205、中压蒸汽调压阀 PIC8224，全开防喘振阀 HIC8162、段间放空阀 HIC8101。

处理：找到并处理造成油压低的原因后在辅助控制盘上按 RESET 按钮，按冷态开车中油系统开车步骤重新开车。

5. 工艺报警及联锁触发值

工艺报警及联锁触发值见表 11-3。

表 11-3 工艺报警及联锁触发值一览表

位号	检测点	触发值
PSXL8101	V-111 压力	≤ 0.09MPa
PSXH8223	蒸汽透平背压	≥ 2.75MPa
LSXH8165	V-119 液位	≥ 85%
LSXH8168	V-120 液位	≥ 85%
LSXH8171	V-121 液位	≥ 85%
LAXH8102	V-111 液位	≥ 85%
SSXH8335	压缩机转速	≥ 7200r/min
PSXL8372	控制油油压	≤ 0.85MPa
PSXL8359	润滑油油压	≤ 0.2MPa
PAXH8136	二氧化碳四段出口压力	≥ 16.5MPa
PAXL8134	二氧化碳四段出口压力	≤ 14.5MPa
SXH8001	压缩机轴位移	≥ 0.3mm
SXH8002	压缩机径向振动	≥ 0.03mm
振动联锁		XI8001 ≥ 0.05mm 或 GI8001 ≥ 0.5mm（20s 后触发）
油压联锁		PI8361 ≤ 0.6MPa
辅油泵自启动联锁		PI8361 ≤ 0.8MPa

6. 操作步骤

① 准备工作：引循环水。
② 二氧化碳压缩机油系统开车。
③ 停止盘车。
④ 联锁试验。
⑤ 暖管暖机。
⑥ 过临界转速。

二氧化碳压缩机工艺
3D 软件操作方法

任务实施

工作任务单　开车操作

姓名：	专业：	班级：	学号：	成绩：
步骤	内容			
任务描述	请以操作人员（外操岗位）的身份进入本任务的学习，在任务中按照操作规程，完成二氧化碳压缩机的开车操作。			
应知应会要点	（需学生提炼）			
任务实施	启动仿真软件，完成冷态开车工况，要求成绩在 85 分以上，在 30min 内完成。			

任务总结与评价

经过本任务的练习学习，相信你对于在化工生产中操作压缩机有了一定的了解，那么请写下你认为化工操作工在压缩机操作中应掌握的知识吧。

任务二
停车操作

任务描述

请以操作人员（外操岗位）的身份进入本任务的学习，在任务中按照操作规程，完成二氧化碳压缩机停车操作。

应知应会

一、操作规程

二氧化碳压缩机停车：
① 调节 HIC8205，将转速降至 6500r/min；
② 调节 HIC8162，将负荷降至 21000m³/h（标准状况下）；
③ 继续调节 HIC8162，调节抽汽与注汽量，直至 HIC8162 全开；
④ 手动缓慢打开 PIC8241，将四段出口压力降到 14.5MPa 以下，二氧化碳退出合成系统；
⑤ 关闭二氧化碳入合成塔总阀 OMP1003；
⑥ 继续开大 PIC8241 缓慢降低四段出口压力到 8.0～10.0MPa；
⑦ 调节 HIC8205，将转速降至 6403r/min；
⑧ 继续调节 HIC8205，将转速降至 6052r/min；
⑨ 调节 HIC8101，将四段出口压力降至 4.0MPa；
⑩ 继续调节 HIC8205，将转速降至 3000r/min；
⑪ 继续调节 HIC8205，将转速降至 2000r/min；
⑫ 在辅助控制盘上按 STOP 按钮，停压缩机；
⑬ 关闭二氧化碳入压缩机控制阀 TMPV104；
⑭ 关闭二氧化碳入压缩机总阀 OMP1004；
⑮ 关闭蒸汽抽出至 MS 总阀 OMP1009；
⑯ 关闭蒸汽至压缩机工段总阀 OMP1005；
⑰ 关闭压缩机蒸汽入口阀 OMP1007。

油系统停车：
① 从辅助控制盘上取消辅油泵自启动；
② 从辅助控制盘上停运主油泵；
③ 关闭油泵进口阀 OMP1048；
④ 关闭油泵出口阀 OMP1026；
⑤ 关闭油冷器冷却水阀 TMPV181；
⑥ 从辅助控制盘上停油温控制。

二、注意事项

在降速、停机之前必须做好下列工作：

① 打开放空阀或回流阀，使气体放空或者回流；
② 关好系统管路的逆止阀。

做好以上工作后，才可以进行逐渐降速、停机，避免引起压缩机倒转，烧坏轴承和密封。

任务实施

工作任务单　停车操作

姓名：	专业：	班级：	学号：	成绩：
步骤	内容			
任务描述	请以操作人员（外操岗位）的身份进入本任务的学习，在任务中按照操作规程，完成二氧化碳压缩机的停车操作。			
应知应会要点	（需学生提炼）			
任务实施	启动仿真软件，完成停车工况，要求成绩在 85 分以上，在 20min 内完成。			

任务总结与评价

写出你认为在压缩机操作中，操作人员应该掌握的知识。

任务三
压缩机喘振事故处理

任务描述

请以操作人员（外操岗位）的身份进入本任务的学习，在任务中按照操作规程，完成压缩机的开车操作。

应知应会

离心压缩机的喘振是由于操作不当，进口气体流量过小产生的一种不正常现象。当进口气体流量不适当地减小到一定值时，气体进入叶轮的流速过低，气体不再沿叶轮流动，在叶片背面形成很大的涡流区，甚至充满整个叶道而把通道堵塞，气体只能在涡流区打转而流不出来。这时系统中的气体自压缩机出口倒流进入压缩机，暂时弥补进口气量的不足。虽然压缩机似乎恢复了正常工作，重新压出气体，但当气体被压出后，由于进口气体仍然不足，上述倒流现象重复出现。这样一种在出口处时而倒吸时而吐出的气流，引起出口管道低频、高振幅的气流脉动，并迅速波及各级叶轮，于是整个压缩机产生噪声和振动,这种现象称为喘振。喘振对机器是很不利的,过度振动会产生局部过热,时间过久甚至会造成叶轮破碎等严重事故。

当喘振现象发生后,应设法立即增大进口气体流量。方法是利用防喘振装置,将压缩机出口的一部分气体经旁路阀回流到压缩机的进口,或打开出口放空阀,降低出口压力。

当压缩机发生喘振时,找出发生喘振的原因,并采取相应的措施:
① 入口气量过小:打开防喘振阀 HIC8162,开大入口控制阀;
② 出口压力过高:打开防喘振阀 HIC8162,开大四段出口排放调节阀;
③ 操作不当,开关阀门动作过大:打开防喘振阀 HIC8162,消除喘振后再精心操作。

喘振预防措施:
① 离心式压缩机一般都设有振动检测装置,在生产过程中应经常检查,发现轴振动或位移过大,应分析原因,及时处理。
② 应经常注意压缩机气量的变化,严防入口气量过小而引发喘振。在开车时应遵循"升压先升速"的原则,先将防喘振阀打开,当转速升到一定值后,再慢慢关小防喘振阀,将出口压力升到一定值,然后再升速,使升速、升压交替缓慢进行,直到满足工艺要求。停车时应遵循"降压先降速"的原则,先将防喘振阀打开一些,将出口压力降低到某一值,然后再降速、降速、降压交替进行,直到泄完压力再停机。

压缩机因喘振发生联锁跳车,原因是操作不当,压缩机发生喘振,处理不及时。
处理措施:
① 关闭二氧化碳去尿素合成总阀 OMP1003;
② 在辅助控制盘上按一下 RESET 按钮;
③ 按冷态开车中暖管暖机步骤重新开车。
预防措施:
同喘振预防措施。

任务实施

工作任务单　压缩机喘振事故处理

姓名:	专业:	班级:	学号:	成绩:

步骤	内容
任务描述	请以操作人员(外操岗位)的身份进入本任务的学习,在任务中按照操作规程,完成二氧化碳压缩机喘振事故处理操作。
应知应会要点	(需学生提炼)
任务实施	1. 什么叫喘振工况?说明其原理。 2. 启动仿真软件,完成喘振事故处理,要求成绩在 85 分以上,在 20min 内完成。

任务总结与评价

经历了仿真事故的练习,来说说如果在工程中出现相关事故,作为操作人员我们应该如何处理。

任务四
压缩机四段出口压力偏低、打气量偏小事故处理

任务描述

请以操作人员(外操岗位)的身份进入本任务的学习,在任务中按照操作规程,完成压缩机四段出口压力偏低、打气量偏小事故处理。

应知应会

1. 事故发生的原因

① 压缩机转速偏低;
② 防喘振阀未关闭;
③ 压力控制阀 PIC8241 未投自动,或未关闭。

2. 处理措施

① 将转速调到 6935r/min;
② 关闭防喘振阀;
③ 关闭压力控制阀 PIC8241。

3. 预防措施

压缩机四段出口压力和下一工段的系统压力有很大的关系,下一工段系统压力波动也会造成四段出口压力波动,也会影响到压缩机的打气量,所以在生产过程中下一工段的系统压力应该控制稳定。同时应该经常检查压缩机的吸气流量、转速、排放阀和防喘振阀以及段间放空阀的开度,正常工况下这三个阀应该尽量保持关闭状态,以保持压缩机的最高工作效率。

任务实施

工作任务单 压缩机四段出口压力偏低、打气量偏小事故处理

姓名:	专业:	班级:	学号:	成绩:
步骤	内容			
任务描述	请以操作人员(外操岗位)的身份进入本任务的学习,在任务中按照操作规程,完成二氧化碳压缩机的四段出口压力偏低、打气量偏小事故处理。			
应知应会要点	(需学生提炼)			

续表

任务实施	启动仿真软件,完成压缩机四段出口压力偏低、打气量偏小事故处理,要求成绩在 85 分以上,在 20min 内完成。

任务总结与评价

经历了本次仿真事故的练习,请写下你认为化工操作人员应该具备的能力与素质。

项目评价

项目综合评价表

姓名		学号		班级	
组别		组长及成员			
项目成绩：			总成绩：		
任务	任务一	任务二		任务三	任务四
成绩					
自我评价					
维度	自我评价内容				评分（1～10分）
知识	掌握二氧化碳压缩机开停车的操作步骤及注意事项				
	掌握二氧化碳压缩机单元工艺的基本原理				
	掌握二氧化碳压缩机操作中典型故障的现象和产生原因及处理方法				
	掌握喘振工况的解决方法，以及喘振的现象及原理				
能力	能根据开车操作规程，配合班组指令，进行二氧化碳压缩机单元的开车操作				
	能根据停车操作规程，配合班组指令，进行二氧化碳压缩机单元的停车操作				
	能够判断压缩机出现的事故类型，并作出及时正确的处理				
素质	通过仿真练习培养认真、求实的工作作风				
	在工作中具备较强的表达能力和沟通能力				
	遵守操作规程，具备严谨的工作态度				
我的反思	我的收获				
	我遇到的问题				
	我最感兴趣的部分				
	其他				

项目拓展

干冰

干冰（dry ice）是固态的二氧化碳，在6250.5498kPa压力下，把二氧化碳液化成无色的液体，再在低压下迅速凝固而得到。现在干冰已经广泛应用到了许多领域。有关干冰的历史可以追溯到1823年，英国的法拉第和笛彼首次液化了二氧化碳，1834年德国的奇络列成功地制出了固体二氧化碳。但是当时只是限于研究使用，并没有被普遍使用。干冰工业化生产是在1925年美国设立的干冰股份有限公司。当时将制成的成品命名为干冰，但其正式的名称叫固体二氧化碳。1928年日本从干冰股份有限公司得到了制造销售权，成立了日本干冰株式会社，也就是昭和碳酸株式会社的前身。

二氧化碳是看不到的，其实那也不是（二氧化碳）烟，是（水）雾，二氧化碳由固体变成气体时吸收大量的热，使周围空气的温度降得很快，空气温度降了，它对水蒸气的溶解度变小，水蒸气发生液化现象，放出热量，就变成了小液滴，就是雾了。这个和夏天冰棍冒"白雾"是一个意思，都是小水滴，而不是气态的其他物质。

切记在每次接触干冰的时候，一定要小心，戴厚绵手套或其他遮蔽物才能触碰干冰。如果干冰长时间直接碰触肌肤，就可能会造成细胞冷冻，类似轻微或极度严重冻伤的伤害。汽车、船舱等较密封的地方不能使用干冰，因为升华的二氧化碳将比氧气密度大，所以会挤走氧气而可能引起呼吸急促甚至窒息。

① 切勿让小朋友单独接触干冰。
② 干冰温度极低，请勿置于口中，严防冻伤。
③ 拿取干冰一定要使用厚绵手套、夹子等遮蔽物（塑胶手套不具阻隔效果）。
④ 使用干冰请于通风良好处，切忌与干冰同处于密闭空间。
⑤ 干冰不能与液体混装。
⑥ 不能把干冰放在完全密封的容器中（如矿泉水瓶），否则可能会爆炸！
⑦ 如果要保存干冰，请将其置于透气的保温盒中。

扩展活动：小组查阅资料，写一篇关于干冰应用的小论文，字数不限。

模块三 传热技术

项目十二　传热基础知识

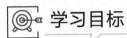 学习目标

知识目标
1. 了解传热在化工生产中的应用；热传导在工程实际中的应用，工业换热方法；稳态传热与非稳态传热；有相变的对流传热在工程实际中的应用。
2. 熟悉传热的三种基本方式、特点及基本定律；有无相变时对流传热的特点；影响各传热方式的因素。
3. 掌握总热量衡算、总传热系数（本书称传热系数）和污垢热阻的计算；逆流和并流时传热平均温度差的计算及对数平均温度差计算；提高对流传热系数的方法。

能力目标
1. 能对工业上常用的加热剂、冷却剂进行选择。
2. 会判断实际换热器中流体流向（逆流、并流、错流、折流）。
3. 能对有相变的对流传热过程实施强化途径。
4. 会运用传热的基本原理和基本计算去分析和解决工业的传热过程有关问题。

素质目标
1. 通过了解传热方式与热量衡算，培养追求知识、严谨治学的科学态度。
2. 通过项目导言与任务实施，自主学习，理论联系实际，培养信息收集能力。

项目导言

热量传递是自然界和工程技术领域中极为普遍的一种传递现象。无论在能源、宇航、化工、动力、炼金、机械、建筑等工业部门，还是在农业、环境保护等部门中都涉及许多传热问题。化学工业与传热的关系尤为密切。因为无论是生产中的化学过程（化学反应操作），还是物理过程（化工单元操作），几乎都伴有热量的传递。化工生产中的化学反应通常是在一定的温度下进行的，为此需将反应物加热到适当的温度；而反应后的产物常需冷却以移去热量。在化工单元操作中，如蒸馏、吸收、干燥等，物料都有一定的温度要求，需要加入或输出热量。此外，高温或低温下操作的设备和管道

都要求保温，以便减少它们和外界的传热。近年来，随着能源价格的不断上升和对环保要求增加，热量的合理利用和废热的回收越来越得到人们的重视。化工对传热过程有两方面的要求：① 强化传热过程：在传热设备中加热或冷却物料，希望以高传热效率来进行热量传递，使物料达到指定温度或回收热量，同时使传热设备紧凑，节省设备费用。② 削弱传热过程：如对高低温设备或管道进行保温，以减少热损失。一般来说，传热设备在化工厂设备投资中可占到 40% 左右，传热是化工中重要的单元操作之一，而且它们所消耗的能量也是相当可观的。是否能利用好传热为化工生产服务，直接关系到化工过程经济性的高低，了解和掌握传热的基本规律，在化学工程中具有很重要的意义。要解决生产中的有关传热问题，正确地对传热设备进行操作，必须学习传热的基础知识。

本项目学习传热的基本方式及其主要特点、影响因素和基本计算内容；工业换热方法及其主要特点；换热器内传热过程的分析与基本计算；常见换热器的结构与性能特点，换热器发展趋势，典型换热器的选型原则与正确使用；强化传热与阻碍传热的途径与方法。

主要任务内容有：
① 了解传热现象、基本原理和方式；
② 了解传热速率及基本计算；
③ 学习强化与弱化传热过程的方法。

任务一
了解传热现象、基本原理和方式

任务描述

请以新入职员工的身份进入本任务的学习，熟悉生活和生产中传热现象，了解传热的基本方式、传热的基本原理、传热在化工生产中的应用。

应知应会

一、生活中现象

① 假如房间里的温度在夏天和冬天都保持 25℃，那么在冬天与夏天，人在房间里所穿的衣服能否一样？
② 《泰坦尼克号》男女主人公的结局为何不同？
③ 冬天耳朵大的人为何容易生冻疮？
④ 冬天树叶为什么向上的一面容易结霜？

用手抓冰块时会感到冷，这是因为手的温度高于冰块的温度，两者之间存在着温度差，所以手上的热量传递给了冰块，手就感到冷了。再如在一根铁棒的一端加热，过一段时间后其另一端也变热了，这也是因为铁棒的两端之间的温度不同，被加热的一端的温度高于另一端，两端之间存在温差，因此热量就从加热的温度高的一端传递到温度低的一端，使另一端的温度渐渐升高。由此可见，热能的传递存在于任何两个存在温度差的物体之上。化工生产中，大量运用到热传递，比如生产中的冷却塔之类的，是利用了热传导。

冷和热是人们对自然界的一种最普通的感觉，这也说明冷和热与我们的生活密切相关。厨房里煮饭、做菜、烧水的过程，都是利用热的传递进行的。热量的传递有三种方式，即热传导、热对流和热辐射。炒菜主要是利用热传导方式传递热量。那么烧水主要是利用什么方式进行热量传递的呢？我们从图 12-1 中可以看出烧水时的对流现象，当水壶底部的水接收热量后密度变小，会自然上升，而水壶上部的水则由于温度较低、密度较大而向下运动，这样在水壶内形成了水的上下循环运动，水壶中的水也就能均匀地接收热量了。这种靠水分子的运动使热量传递的方式就称为对流。

暖气，见图 12-2，指我国北方以及年均气温低的国家地区冬季用来御寒的设施。这种设备是如何使房间暖和的？制作暖气的材料一般都是金属，因为金属的导热性能比较好，热水进入暖气后将热量传递给金属暖气片，暖气片再将热量传到室内，使室内空气的温度升高。现在请同学们考虑一个问题：暖气中的水通过暖气片将热量向室内传递，这种热量传递都有哪几种方式？

图 12-1　烧水时水的对流现象

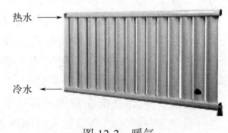

图 12-2　暖气

热量传递的方式有：_____。

二、传热的基本方式

根据传热机理的不同，热量传递有 3 种基本方式：热传导、热对流和热辐射。传热可依其中的一种或几种方式进行。不管以何种方式传热，热量总是由高温处向低温处传递。热传导又称导热，是由于物质的分子、原子或电子的热运动或振动，使热量从物体的高温部分向低温部分传递的过程。任何紧密接触的物体，不论其内部有无质点的相对运动，只要存在温度差，就必然发生热传导。可见热传导不但发生在固体中，而且也是流体内的一种传热方式。气体、液体、固体的热传导进行的机理各不相同。在气体中，热传导是由不规则的分子运动引起的；在大部分液体和不良导体的固体中，热传导是由分子或晶格的振动来实现的；在金属固体中，热传导主要依靠自由电子的无规则运动来实现。因此，良好的导电体是良好的导热体。热传导不能在真空中进行。

热对流是指流体中质点发生相对运动而引起的热量传递。热对流仅发生在流体中。由于引起流体质点相对运动的原因不同，对流又可分为强制对流和自然对流。由于外力

（泵、搅拌器等作用）而引起的质点运动，称为强制对流；由于流体内部各部分温度的不同而产生密度的差异，使流体质点发生相对运动，称为自然对流。在流体发生强制对流时，往往伴随着自然对流，但一般强制对流的强度比自然对流的强度大得多。流体中发生对流传热时，导热是不能避免的，通常把流体与固体壁面间的热量传递称为对流传热（或给热）。

物体因热的原因发出辐射能的过程，称为热辐射。它是一种通过电磁波传递能量的方式。具体地说，物体将热能转变成辐射能，以电磁波的形式在空中进行传送，当遇到另一个能吸收辐射能的物体时，即被其部分或全部吸收并转变为热能。辐射传热就是不同物体间相互辐射和吸收能量的结果。可知，辐射传热不仅是能量的传递，同时还伴有能量形式的转换。热辐射不需要任何媒介，换言之，热辐射可以在真空中传播，这是热辐射不同于其他传热方式的另一特点。应予指出，只有物体温度较高时，辐射传热才能成为主要的传热方式。实际上，传热过程往往不是以某种传热方式单独出现，而是两种或三种传热方式的组合。

三、工业换热法

化工生产中常见的情况是冷热流体进行热交换。根据冷热流体的接触情况，在工业生产中，要实现热量交换的设备称为热量交换器，简称为换热器。根据换热器换热方法的不同，工业上的传热过程可分为三大类：直接接触式、蓄热式、间壁式。

（1）直接接触式传热是指在直接接触式换热器中进行的换热，直接接触式换热器又称混合式换热器。优点：方便和有效，设备结构较简单，传热效率高，用于热气体的水冷或热水的空气冷却。缺点：在工艺上必须允许两种流体能够相互混合。常见的这类换热器有冷水塔、洗涤塔、喷射冷凝器等。

（2）蓄热式传热是指在蓄热式换热器中进行的换热，蓄热式换热器又称回流式换热器。这种换热器是借助热容量较大的固体蓄热体，将热量由热流体传给冷流体。热、冷流体交替进入换热器，热流体将热量贮存在蓄热体中，然后由冷流体取走，从而达到换热的目的。优点：结构较简单，可耐高温，常用于高温气体热量的回收或冷却。缺点：设备的体积较大，效率低且不能完全避免两流体的混合，如石油化工中的蓄热式裂解炉。

（3）间壁式传热是指在间壁式换热器中进行的换热，如图12-3所示，间壁式换热器又称表面式换热器或间接式换热器。在此类换热器中，需要进行热量交换的两流体被固体壁面分开，互不接触。热量由热流体（放出热量）通过壁面传给冷流体（吸收热量）。该类换热器的特点是两流体进行了换热而不混合。生产中通常要求两流体进行换热时不能有丝毫混合，因此，间壁式换热器应用最广，形式多样，各种管式和板式结构的换热器均属此类。

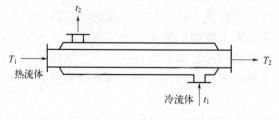

图12-3　间壁式传热

四、热载体及其选择

热载体：为了将冷流体加热或热流体冷却，必须用另一种流体供给或取走热量，此流体称为热载体。起加热作用的热载体称为加热剂，起冷却作用的热载体称为冷却剂。

（1）加热剂　工业中常用的有热水（40～100℃）、饱和水蒸气（100～180℃）、矿物油、联苯或二苯醚等低熔混合物（180～540℃）、烟道气（500～1000℃）等；除此之外还可用电来加热。用饱和水蒸气冷凝放热来加热物料是最常用的加热方法，其优点是饱和水蒸气的压强和温度一一对应，调节其压强就可以控制加热温度，使用方便。其缺点是饱和水蒸气冷凝传热能达到的温度受压强的限制。

（2）冷却剂　工业中常用的有水（20～30℃）、空气、冷冻盐水、液氨（-33.4℃）等。水又可分为河水、海水、井水等，水的传热效果好，应用最为普遍。在水资源较缺乏的地区，宜采用空气冷却，但空气传热速度慢。

五、稳态与非稳态传热

化工传热过程既可连续进行也可间歇进行。对于前者，传热系统（例如换热器）中的温度仅与位置有关而与时间无关，此种传热称为稳态传热，其特点是系统中不积累热量（即输入的能量等于输出的能量），在传热方向上，传热速率（单位时间内传递的热量）为常数。对于后者，传热系统中各点的温度既与位置有关又与时间有关，此种传热称为非稳态传热。化工生产中连续生产过程大都属于为稳态传热。间歇操作传热过程和开、停车或改变操作参数时的传热过程属于非稳态传热。

任务实施

工作任务单　了解传热现象、基本原理和方式

姓名：	专业：	班级：	学号：	成绩：

步骤	内容
任务描述	请以新入职员工的身份进入本任务的学习，在任务中学习传热的方式、了解传热的基本原理，会判断是哪种类型的传热方式。
应知应会要点	（需学生提炼）
任务实施	1. 查阅资料联系实际说明传热在化工生产中的应用。 2. 小组讨论，在工业生产中，为什么加热炉周围要设置屏障。 3. 传热的三种方式：＿＿＿＿＿＿＿＿＿＿＿＿＿＿，三者有何不同？ 4. 工业上常见的冷却剂有哪些？分别适合什么场合？

任务总结与评价

谈谈本次任务的收获与感受。

任务二
了解传热速率和基本计算

任务描述

请以新入职员工的身份进入本任务的学习,对换热器热负荷、传热速率进行计算,对有效温差进行计算,理解生产中如何提高传热推动力。

应知应会

一、换热器热负荷的计算

换热器单位时间内冷、热流体间所交换的热量,称为此换热器的热负荷,以 Q' 表示。此值是根据生产上换热任务的需要提出的,所以热负荷是要求换热器应有的换热能力。一个能满足生产要求的换热器,必须使其传热速率等于(或略大于)热负荷。而实际设计或选择热交换器时,通常将传热速率与热负荷在数值上视为相等,所以通过热负荷的计算,可确定换热器应具有的传热速率。

换热器是否能完成这一任务,这就要取决于它的换热能力了。在工程中将一定的时间内所能交换的热量称之为换热器的传热速率,以符号 Q 表示,单位是 J/s 或者 W。根据生产任务选择换热器时,需要知道换热器的传热速率。

热负荷是生产工艺上的要求所决定的,是生产上对换热能力的要求。传热速率是换热器本身在一定条件下的换热能力,是换热器本身的特性。Q' 区别于 Q:前者是生产任务,后者是生产能力。

间壁式传热过程:如图 12-4 所示的套管换热器,它是由两根不同直径的管子套在一起组成的,热冷流体分别通过内管和环隙,热量自热流体传给冷流体,热流体的温度从 T_1 降至 T_2,冷流体的温度从 t_1 上升至 t_2。这种热量传递过程包括三个步骤:热流体以对流传热方式把热量 Q_1 传递给管壁内侧,热量 Q_2 从管壁内侧传导以热传导方式传递给管壁的外侧,管壁外侧以对流传热方式把热量 Q_3 传递给冷流体。

$$Q = KA\Delta t_m \tag{12-1}$$

式中 Q——换热器的传热速率,J/s 或 W;

K——传热总系数,W/(m²·K);

A——传热面积,m²;

Δt_m——冷热流体的有效温度差,K。

实例 1:2500kg/h 的硝基苯,温度从 360K 降至 320K,传出的热量是 40833.3J/s。现有一台换热器,其传热总系数为 68W/(m²·K),传热面积为 25m²,冷热流体的有效温度差为 42K。请你核算一下这台换热器能否按要求将硝基苯冷却。

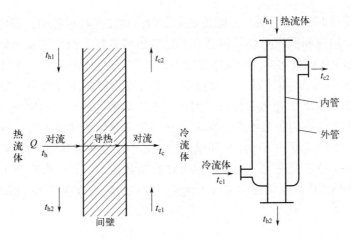

图 12-4 套管换热器

计算向导：

（1）计算公式　换热器的传热速率计算式：$Q = KA\Delta t_m$

（2）分析已知条件　传热总系数 $K = 68 \text{W}/(\text{m}^2 \cdot \text{K})$；传热面积 $A = \underline{\quad} \text{m}^2$；有效温度差为 ____ K。

（3）计算传热速率　$Q = KA\Delta t_m = \underline{\quad} \times 25 \times \underline{\quad} = \underline{\quad}$ J/s

（4）分析换热器的传热能力　该换热器的传热速率为 $Q = \underline{\quad}$ J/s，硝基苯冷却要放出的热量 $Q = \underline{\quad}$ J/s，可知该换热器的传热速率____生产任务（热负荷），所以该换热器____按要求将硝基苯冷却。

二、有效温度差的计算方法

从传热速率计算式中可以看出，有效温度差越大，在相同的时间内交换的热量就越多，传热速率也就越大，而冷、热流体在换热器中的流动方向对有效温度差会产生直接的影响。流动方式如图 12-5 所示。

并流：换热的两种流体以相同的方向流动。
逆流：换热的两种流体以相对的方向流动。
错流：换热的两种流体呈垂直方向流动。
折流：既有逆流又有并流。

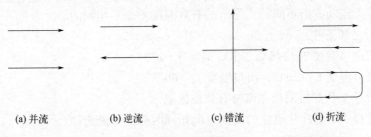

(a) 并流　　　(b) 逆流　　　(c) 错流　　　(d) 折流

图 12-5 流动方式

根据两种流体在换热器中温度变化情况，可将其传热过程分为恒温传热和变温传热两种。它们的温度差 Δt 的计算方法是不一样的。

（1）恒温传热时 Δt 的计算　恒温传热是指两流体在换热过程中，温度始终保持不变的传热。例如，用饱和蒸汽加热某流体，并使其沸腾蒸发，而换热器两侧的流体，温度恒定不变。若热流体温度为 T，冷流体温度为 t，则冷热流体的温度差 Δt 为：$\Delta t=T-t$。

（2）变温传热时 Δt 的计算　变温传热是指两流体在换热过程中，冷热流体或其中一种流体的温度不断发生变化的传热。例如，用冷却水冷却某高温原料气或用饱和蒸汽加热某原料，在换热器内各处冷热流体的传热温度差是随流体的温度变化而变化的，计算温度差必须取平均温度差 $\Delta t_{均}$。在间壁式换热器中，冷热流体的流向可为并流、逆流、错流和折流，对于逆流或并流，由于冷热流体在换热器进出口处温度差不同，如图12-6所示，因此，冷热流体的平均温度差等于传热过程中的较大温度差 $\Delta t_{大}$ 和较小温度差 $\Delta t_{小}$ 的对数平均值。

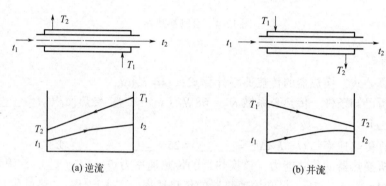

图12-6　并流、逆流

实例2：用间壁式换热器加热原油，原油在环隙间流动，进口温度为120℃，出口温度为160℃，热机油在管内流动，进口温度为245℃，出口温度为175℃，请计算原油和热机油在逆流和并流时的有效温度差，并比较两种流动有效温度差大小。

计算向导：

（1）间壁式换热器有效温度差 Δt_m 计算式

$$\Delta t_m = \frac{\Delta t_1 - \Delta t_2}{\ln \dfrac{\Delta t_1}{\Delta t_2}} \tag{12-2}$$

式中，温度差 Δt_1 和 Δt_2 与流体流动的方向有关，换热过程中常见的流动方向有并流、逆流和错流等，流动方向不同时，得出的有效温度差是不相同的。

（2）分析已知条件

热机油的进口温度 T_1=245℃，出口温度 T_2=175℃；

原油的进口温度 t_1=120℃，出口温度 t_2=160℃。

（3）计算原油和热机油在并流时有效温度差

在传热过程中，当冷热流体的流动方向相同时称为并流流动。

见图12-6（b），并流时：$\Delta t_1 = T_1 - t_1$ =245-120=125℃　　$\Delta t_2 = T_2 - t_2$ =175-160=15℃

$$\Delta t_m = \frac{\Delta t_1 - \Delta t_2}{\ln \dfrac{\Delta t_1}{\Delta t_2}} = \frac{125-15}{\ln \dfrac{125}{15}} = \underline{\qquad} ℃$$

（4）计算原油和热机油在逆流时有效温度差

在传热过程中，当冷热流体的流动方向相反时称为逆流流动。

见图 12-6（a），逆流时：$\Delta t_1 = T_1 - t_2 =$ ____ $-$ ____ $= 85℃$　$\Delta t_2 =$ ____ $-$ ____ $= 175-120=55℃$

$$\Delta t_m = \frac{\Delta t_1 - \Delta t_2}{\ln \frac{\Delta t_1}{\Delta t_2}} = \frac{85-55}{\ln \frac{85}{55}} = \underline{\qquad} ℃$$

（5）比较有效温度差

计算得到：并流时 $\Delta t_m =$ ____ ℃，逆流时 $\Delta t_m =$ ____ ℃，所以 ____ 时有效温度差会更大。

注意：

① 习惯上将较大温差记为 Δt_1，较小温差记为 Δt_2；

② 当 $\Delta t_1/\Delta t_2 < 2$ 时，则可用算术平均值代替，$\Delta t_m = \frac{\Delta t_1 + \Delta t_2}{2}$；

③ 当 $\Delta t_1 = \Delta t_2$，$\Delta t_m = \Delta t_1 = \Delta t_2$。

小结： ① 逆流操作的局限性。由以上分析可知，逆流优于并流，因而工业生产中多采用逆流操作。但是在某些生产的要求下，不能够采用逆流操作，例如对流体的出口温度有限制，规定冷流体被加热时不得超过某一温度，或者热流体被冷却时不得低于某一温度，在这种情况下就要采用并流操作。

② 逆流操作还有一个优点是节省加热介质或冷却介质的用量。例如，将一定流量的冷流体从 20℃ 加热到 60℃，热流体的进口温度为 90℃，出口温度不作规定。此时，采用逆流时，热流体的出口温度可以接近 20℃，而采用并流时，则只能接近 60℃。这样，逆流时加热介质用量就比并流时少。

随堂练习：

1. 传热速率会随着传热总系数 K、传热面积 A 和有效温度差的增大而 _____。当传热速率和总传热系数 K 一定时，若提高有效温度差，就可以减小 _____，因此增大有效温度差是节省传热面积的有效措施，在生产中常采用 _____ 的方式，使有效温度差得到提高。

2. 在大多数换热器中，为了强化传热或加工方便等，两流体的流动可能是比较复杂的错流或折流。生产中还有更复杂的流动情况。对于错流和折流平均传热温度差的求取，由于其复杂性，不能像并流、逆流那样，直接推导出其计算式。通常的求取方法是，先按逆流计算对数平均温度差 Δt_m，再乘以校正系数。一般来说错流、折流的平均温度差要小于逆流。

$$\Delta t_m = \Delta t_{逆} \varphi_{\Delta t}$$

式中　$\Delta t_{逆}$——按逆流计算的有效温度差；

$\varphi_{\Delta t}$——温度差校正系数，$\varphi_{\Delta t} < 1$。

为了提高热量传热效率，通常换热器的 $\varphi_{\Delta t}$ 必须大于 0.8。这种先按一种相对简单的情形处理问题，再校正或过渡到处理相对复杂问题的办法在工程上是常用的。

实例 3（拓展）： 在单壳程、双管程的列管式换热器中，用水冷却热油。水走管程，进口温度为 20℃，出口温度为 40℃；热油走壳程，进口温度为 100℃，出口温

度为 50℃。试求平均传热温度差。（$\varphi_{\Delta T} = 0.89$）

计算向导：

按逆流计算，即

$$\Delta t'_m = \frac{\Delta t_1 - \Delta t_2}{\ln \frac{\Delta t_1}{\Delta t_2}} = \frac{(100-40)-(50-20)}{\ln \frac{100-40}{50-20}} = 43.3℃$$

按错流计算，$\varphi_{\Delta t}$ 为温度差校正系数，其大小与流体的温度有关，可表示为两参数 R 和 P 的函数。即

$$\varphi_{\Delta t} = f(R, P)$$

$$P = \frac{冷流体的温升}{两流体的最初温度差} = \frac{t_2 - t_1}{T_1 - t_1} = \frac{40-20}{100-20} = 0.25$$

$$R = \frac{热流体的温降}{冷流体的温升} = \frac{T_1 - T_2}{t_2 - t_1} = \frac{100-50}{40-20} = 2.5$$

从单壳程的温度差校正系数图（图 12-7）中可查得 $\varphi_{\Delta t}$ 为 0.89。

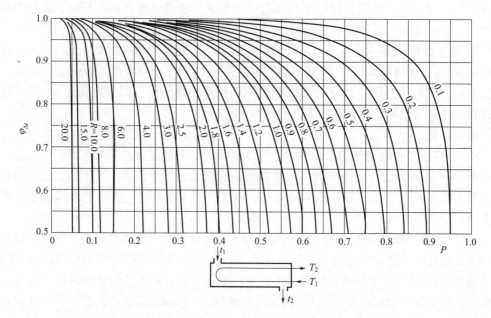

图 12-7　单壳程的温度差校正系数图

故 $\Delta t_m = \varphi_{\Delta t} \Delta t'_m = 0.89 \times 43.3 = 38.5℃$

小结：在热、冷流体的进、出口温度完全相同的情况下，不同流向的平均传热温度差可能是不一样的。

① 一侧恒温一侧变温的传热。平均温度差的大小与流向无关，即 $\Delta t_{m逆} = \Delta t_{m错,折} = \Delta t_{m并}$。
② 两侧均变温的传热。平均温度差的大小与流向有关，逆流时最大，并流时最小，$\Delta t_{m逆} > \Delta t_{m错,折} > \Delta t_{m并}$。

生产中为提高传热推动力，尽量采用逆流。例如在换热器的热负荷和传热系数一

定时，若载热体的流量一定，可减小所需传热面积，从而节省设备投资费用；若传热面积一定，则可减小加热剂（或冷却剂）用量，从而降低操作费用。但出于某些其他方面的考虑时，则采用其他流向。例如当工艺要求被加热流体的终温不高于某一定值，或被冷却流体的终温不低于某一定值时，采用并流比较容易控制，有利于提高传热效果；错流或折流虽然平均温差比逆流低，但可以有效地降低传热热阻，而降低热阻往往比提高传热推动力更为有利，所以工程上错流或折流仍然是多见的。

任务实施

工作任务单　了解传热速率和基本计算

姓名：	专业：	班级：	学号：	成绩：
步骤	内容			
任务描述	请以新入职员工的身份进入本任务的学习，对换热器热负荷、传热速率进行计算，对有效温差进行计算，理解生产中如何提高传热推动力。			
应知应会要点	（需学生提炼）			
任务实施	1. 现用一列管式换热器加热原油，原油在管外流动，进口温度为100℃，出口温度为160℃；某反应物在管内流动，进口温度为250℃，出口温度为180℃。分别计算并流与逆流时的平均温度差。 2. 将0.417kg/s、80℃的硝基苯，通过一换热器冷却到40℃，冷却水初温为30℃，出口温度不超过35℃，如热损失可以忽略，试求该换热器的热负荷及冷却水用量。 3. 传热时如何选择流向才是合理的？			

任务总结与评价

谈谈本次任务的收获与感受。

任务三
学习强化与弱化传热过程的方法

任务描述

请以新入职员工的身份进入本任务的学习，了解传热工程技术概念，按照工业生产和科学实践的要求来控制和优化热量传递过程，包括强化传热技术和削弱传热技术（隔热保温技术），理解生产中如何提高传热推动力。

应知应会

在传热过程中，流体的流动方向能影响传热的效果，换热器的传热面积、材质、流体的流动形态等也都对传热速率有影响。从传热速率方程 $Q = KA\Delta t_m$ 中不难看出，增大传

热系数 K、传热面积 A 或平均温度差 Δt_m 都可以提高传热速率 Q。

一、增大单位体积的传热面积

增大传热面积，可以提高换热器的传热速率，但是增大传热面积不能靠简单地增大设备尺寸来实现，因为这样会使设备的体积增大，金属耗用量增加，设备费用相应增加。

（1）改进设备的结构　增加单位体积的传热面积，可以使设备更加紧凑，例如用螺纹管、波纹管代替光滑管，或者采用翅片管换热器、板翅式换热器及板式换热器等，都可增加单位体积设备的传热面积；还有用小直径管子代替大直径管子、用椭圆管代替圆管等，强化了流体的湍动程度，提高了对流传热系数，使传热速率显著提高。

（2）改变表面状况　可采用的方法有：①增加粗糙度；②改变表面结构；③表面涂层。

二、增大有效温度差 Δt_m

一般来说，物料的温度由工艺条件所决定，不能随意变动，而加热剂或冷却剂的温度可以通过选择不同介质和流量加以改变。例如，用饱和水蒸气作为加热剂时，增加蒸汽压力可以提高其温度；在水冷器中增大冷却水流量或以冷冻盐水代替普通冷却水，可以降低冷却剂的温度等。但需要注意的是，改变加热剂或冷却剂的温度，必须考虑到技术上的可行性和经济上的合理性。另外，采用逆流操作或增加壳程数，均可得到较大的平均传热温度差。螺旋板式换热器和套管式换热器可使两流体作严格的逆流流动。

三、增大总传热系数 K

增大总传热系数，也可以提高传热速率。$1/K$ 为传热过程的总热阻，它是传热过程所有热阻之和，包括固体传热面的热阻、对流传热热阻、污垢热阻等。由此可见，要提高 K 值，就必须减小各项热阻。但因各项热阻所占的比例不同，因此应设法减小对 K 值影响较大的主要热阻。一般来说，在金属换热器中，壁面较薄且热导率高，不会成为主要热阻；污垢热阻是一个可变因素，在换热器刚投入使用时、污垢热阻很小，可不予考虑，但随着使用时间的加长，污垢逐渐增加，便可成为阻碍传热的主要因素。对流传热热阻经常是传热过程的主要热阻，必须重点考虑。提高 K 值的具体途径和措施有以下几点。

（1）增大流速，以强化流体湍动的程度，减小对流传热的热阻　可采取的措施有：
① 增加列管换热器的管程数和壳程中的挡板数，均可提高流速或湍动程度。
② 板式换热器的板面压制成凹凸不平的波纹，流体在螺旋板式换热器中受离心力的作用，均可增加湍动程度。
③ 在管内装入麻花铁、螺旋圈或金属丝片等添加物，亦可增强湍动程度，而且有破坏滞流底层的作用。与此同时，应考虑由于流速加大而引起流体阻力的增加，以及设备结构复杂、清洗和检修困难等问题，就是说不能单纯地考虑提高对流传热系数，而不考虑其他影响因素。
④ 采用旋转流动装置。在流道进口装涡流发生器，使流体在一定压力下从切线方向

进入管内做剧烈的旋转运动，用涡旋流动强化传热。

⑤ 采用射流方法喷射传热表面。由于射流撞击壁面，能直接破坏边界层，故能强化换热。它特别适用于强化局部点的传热。

（2）防止结垢和及时地清除垢层，以减小污垢热阻　例如，增加流速可减弱污垢的形成和增厚；易结垢的流体在管程流动，以便于清洗；采用机械或化学的方法或采用可拆卸换热器，以便于清除垢层。

（3）使用添加剂改变流体物性　流体物性中的导热系数和容积比热对换热系数的影响较大。在流体内加入一些添加剂可以改变流体的某些物理性能，达到强化传热的效果。添加剂可以是固体或液体，它与换热的主流体组成气-固、液-固、气-液以及液-液混合流动系统。

① 气流中添加少量固体颗粒。固体颗粒提高了流体的容积比热和它的热容量，增强气流的扰动程度，固体颗粒与壁面撞击起到破坏边界层和携带热能的作用，增强了热辐射。

② 在蒸汽或气体中喷入液滴。在蒸汽中加入珠状凝结促进剂；在空气冷却器入口喷入水雾，使气相换热变为液膜换热。

（4）改变能量传递方式　由于辐射换热与热力学温度 4 次方成比例，一种在流道中放置对流-辐射板的增强传热方法正逐步得到重视。

（5）靠外力产生振荡，强化换热

① 用机械或电的方法使传热面或流体产生振动；

② 对流体施加声波或超声波，使流体交替地受到压缩和膨胀，以增加脉动；

③ 外加静电场，对流体加以高电压而形成一个非均匀的电场，静电场使传热面附近电介质流体的混合作用加强，强化了对流换热。

四、换热器中流体流程的选择

流体在换热管内流动时称为管程流体，而在管间环隙流动时则称为壳程流动，哪一种流体走管程、哪一种流体走壳程能够有利于传热过程的进行呢？根据生产实践总结以下几点。

对固定管板式换热器适用场合：

① 不洁净和易结垢的流体宜走管内，以便于清洗管子。

② 腐蚀性的流体宜走管内，以免壳体和管子同时受腐蚀，而且管子也便于清洗和检修。

③ 压强高的流体宜走管内，以免壳体受压。

④ 饱和蒸汽适宜走管间，以便于及时排除冷凝液，且蒸汽较洁净，冷凝传热系数与流速关系不大。

⑤ 被冷却的流体适宜走管间，可利用外壳向外散热，以增强冷却效果。

⑥ 需要提高流速以增大对流传热系数的流体适宜走管内，因管程流通面积常小于壳程，而且采用多管程增大流速后可提高对流传热系数。

⑦ 黏度大的液体或流量较小的流体，适宜走管间，因流体在有折流挡板的壳程流动时，由于流速和流向的不断改变，在较低流速下即可达到湍流，达到提高对流传热系数的目的。

在选择流体流道时，上述几点通常都不能同时兼顾，应视具体情况抓住主要矛盾，例如首先考虑流体的压强、防腐蚀及清洗等要求，然后再校核对流传热系数和压强降，以便做出恰当的选择。

五、隔热保温技术

为了提高热能的利用率，节约能源，必须减小热损失，也就是要设法降低设备与环境之间的传热速率，需要采用绝热技术又称隔热保温技术，我国有关部门规定：凡是表面温度在55℃以上的设备或管道以及制冷系统的设备和管道，都必须进行保温或保冷，具体方法是在设备或管道的表面敷以热导率较小的材料（称为隔热材料），以增加传热热阻，达到降低传热速率、削弱传热的目的。

削弱传热是为了减少设备及其管道热损失，节约能源以及保温主要方法可概括为两方面：

1. 改变表面状况

① 采用有选择性的涂层，既增强对投入辐射的吸收又减弱本身对环境的热辐射损失。常见的太阳能热水器表面上就涂有一层氧化铜、镍黑等选择性吸收材料。

② 加设抑制对流的元件，如在热表面之间设置遮热板。在太阳能集热器的玻璃盖板与吸热板间装蜂窝状结构的元件，抑制空气对流，同时也减少集热器对外辐射热损失。

2. 覆盖隔热材料

覆盖隔热材料是工程中较普遍的一种减少热损失方法，这项技术称为隔热保温技术，它已成为传热学应用技术中的一个重要部分。在这项技术中，隔热材料占有重要地位。目前隔热材料种类有很多。常温（100℃以下）用的隔热材料有玻璃纤维、石棉、岩棉、泡沫聚乙烯、泡沫氨基甲酸乙酯、泡沫酚醛树脂和纸等。用于0℃以下的保冷材料，有一般性的隔热材料如：各种疏松纤维和泡沫多孔材料；效果更好些的有抽真空至10Pa的粉末颗粒隔热材料；效果最好的是多层真空隔热材料。

在新技术领域，绝热技术对于实现某些特殊过程具有特别重大的意义。例如，各种高速飞行器（如航天飞机等）在通过大气层时会产生强烈的气动加热，若无适当的绝热措施，将导致飞行器烧毁。隔热保温技术涉及电力、冶金、化工、石油、建筑及航空航天等许多工业部门的过程实施、节约能源、提高经济效益等问题，目前已发展成为传热学应用技术中的一个重要分支。与增强传热相反，削弱传热则要求降低传热系数。

通常使用的保温结构由保温层和保护层构成。保温层是由石棉、蛭石、膨胀珍珠岩、超细玻璃棉、海泡石等热导率小的材料构成，它们被覆盖在设备或管道的表面，构成保温层的主体。在它们的外面再覆以铁丝网加油毛毡和玻璃布或石棉水泥混浆，即构成保护层。保护层的作用是防止外部的水蒸气及雨水进入保温层材料内，造成隔热材料变形、开裂、腐烂等，从而影响保温效果。

对保温结构的基本要求如下，保温材料的选取及施工方法可参阅相关保温手册。

① 保温绝热可靠，即保温后的热损失不得超过允许值，这是选择隔热材料和确定保温层厚度的基本依据。

② 有足够的机械强度，能承受自重及外力的冲击。在风吹、雨淋以及温度变化的条

件下，仍能保证结构不被损坏。

③ 有良好的保护层，能避免外部水蒸气、雨水等进入保温层内，以确保保温层不会出现变软、腐烂等情况。

④ 结构简单，材料消耗量小、价格低、易于施工等。

六、工业加热与冷却方法

前面已经提到、化工生产中的换热通常在两流体之间进行，但是换热的目的不尽相同。概括起来主要是两种，将工艺流体加热（汽化），或是将工艺流体冷却（冷凝）。生产中采用的加热和冷却方法以及加热剂与冷却剂种类较多，读者有必要进行一些了解。

1. 加热剂与加热方法

（1）水蒸气　水蒸气是最常用的加热剂。通常，使用饱和水蒸气，在蒸汽过热程度不大（过热 20～30℃）的条件下，允许使用过热蒸汽。用水蒸气加热的方法有两种：直接蒸汽加热和间接蒸汽加热。

（2）热水　热水加热一般用于 100℃ 以下场合。

（3）高温有机物　在将工艺流体加热到 400℃ 的范围内，可使用液态（或气态）高温有机物作为加热剂。常用的有机物加热剂有甘油、萘、乙二醇、联苯与二苯醚的混合物、二甲苯基甲烷、矿物油和有机硅液体等。最常用的是由 26.5% 的联苯和 73.5% 的二苯醚组成的混合物，称为二苯混合物。甘油作为加热剂，用于加热 220～250℃ 范围内的流体。

（4）无机熔盐　当需要加热到 550℃ 时，可用无机熔盐作为加热剂。应避免和有机物质接触。

此外，工业生产中，还可以利用液态金属、烟道气和电等来加热。其中，液态金属可加热到 300～800℃，烟道气可加热到 1100℃，电加热最高可加热到 3000℃。

2. 冷却剂和冷却方法

工业生产中，要得到 10～30℃ 的冷却温度，使用最普遍的冷却剂是水和空气。生产上大多使用循环水，冷却水可用于间壁式换热器和混合式换热器中。要求在最终排放前，必须进行水质净化，达到排放标准。空气作为冷却剂，适用于有通风机的冷却塔和有较大的传热面的换热器（如翅片式换热器）的强制冷却。若要冷却到 0℃ 左右，工业上通常采用冷冻盐水，由于盐的存在，使水的凝固温度大为下降（其具体数值视盐的种类和含量而定）。此外，为了得到更低的冷却温度或更好的冷却效果，还可使用沸点更低的制冷剂，例如氨和氟利昂，当然，还得借助于制冷技术。

任务实施

工作任务单　学习强化与弱化传热过程的方法

姓名：	专业：	班级：	学号：	成绩：
步骤	内容			
任务描述	请以新入职员工的身份进入本任务的学习，了解传热工程技术概念，按照工业生产和科学实践的要求来控制和优化热量传递过程，包括强化传热技术和削弱传热技术（隔热保温技术），理解生产中如何提高传热推动力。			

续表

应知应会要点	（需学生提炼）
任务实施	1. 有人指出，列管式换热器中设置折流板除了浪费板材没有任何意义，你作为技术人员如何看待这个问题？试着用本节知识来解答一下吧！ 2. 你所在班组需要提供一些关于强化传热的措施，作为班组成员，你有何建议，准备从哪几个方面入手呢？ 3. 请观察一下保温瓶或者保温杯，在设计上采取了哪些措施来减少热量的损失。

任务总结与评价

谈谈本次任务的收获。

项目评价

项目综合评价表

姓名		学号		班级	
组别		组长及成员			
		项目成绩：		总成绩：	
任务	任务一		任务二		任务三
成绩					

	自我评价	
维度	自我评价内容	评分（1～10分）
知识	了解传热在化工生产中的应用；热传导在工程实际中的应用，工业换热方法；稳态传热与非稳态传热；有相变的对流传热在工程实际中的应用	
	熟悉传热的三种基本方式、特点及基本定律；有无相变时对流传热的特点、影响各传热方式的因素	
	掌握总热量衡算、总传热系数（本书称传热系数）和污垢热阻的计算；逆流和并流时传热平均温度差的计算及对数平均温度差计算；提高对流传热系数的方法	
能力	能对工业上常用的加热剂、冷却剂进行选择	
	会判断实际换热器中流体流向（逆流、并流、错流、折流）	
	能对有相变的对流传热过程实施强化途径	
	会运用传热的基本原理和基本计算去分析和解决工业的传热过程有关问题	
素质	通过引导学生对传热方式与热量衡算的了解，培养学生追求知识、严谨治学的科学态度	
	通过项目导言与任务实施，引导学生自主学习和理论联系实际，培养学生信息收集能力	
我的反思	我的收获	
	我遇到的问题	
	我最感兴趣的部分	
	其他	

项目拓展

传热热阻与物质的性质

一、导热热阻

导热主要发生在固体物质中,当温度不同时,物质微粒(如分子、原子、电子、离子等)的能量就不同,这些能量不同的微粒振动的频率、振幅也就不同。当两个温度不同的物质接触时,其界面处能量不同的微粒之间就要发生能(热)量交换,这种传热方式就称为导热。

不同的物质导热能力是不同的,例如木头的传热能力比铁差,铁比铝差,铝比铜差。物质的导热能力大小可用导热系数(又称热导率)λ 来表示,单位是 $W/(m·K)$。一般来说,金属的导热系数最大,非金属固体的次之,液体的导热系数较小,气体的最小。并且,同一种物质的导热能力,也会随着它的组成、结构、密度、温度以及压力等参数的改变而变化。常见物质的导热系数可从相关数据手册中查取。

二、对流热阻

对流传热的热阻与流体的性质、温度、流动形态、传热面的形状、固体表面情况等因素有关,其大小与对流传热系数 α 成反比。

三、污垢热阻

在前述的间壁换热器中,由于流体长时间和固体壁面接触,且流体中可能存在易沉积的固体杂质,或因温度变化而产生结晶,这样在换热器的传热面上就会形成一层污垢,其热阻是比较大的,在生产过程中不能忽略。

传热总系数和传热面积越大,热阻就越小。

对间壁式换热器中发生的换热过程,既有导热的方式,也有对流的方式,因此传热热阻应该是固体传热面的导热热阻、对流热阻和污垢热阻的总和。

项目十三 换热器的操作与维护

学习目标

知识目标
1. 了解常见间壁式换热器的主要结构特点、主要性能及应用场合。
2. 了解常见列管式换热器的主要结构特点、主要性能及应用场合。
3. 了解板式换热器种类、结构、工作原理及选用。
4. 了解换热器的污垢成因、清洗方法和预防措施。

能力目标
能够看懂安装图纸,在老师指导下,进行拆装的基本技能训练。

素质目标
1. 通过进行换热器的操作与维护,培养团队合作、动手能力。
2. 通过进行相关工具的使用,树立正确的劳动态度。
3. 在拆装过程中强化安全要求,培养安全意识。

项目导言

本项目将学习换热器的操作与维护相关知识,你将学习以下内容:
① 学习间壁式换热器的分类;
② 学习列管式换热器的结构、工作原理及选用;
③ 学习板式换热器的结构、工作原理及选用;
④ 学习换热器的除垢清理。

任务一 学习间壁式换热器的分类

任务描述

请以新入职操作工的身份进入本任务的学习,熟悉工作中常用到的间壁式换热器的分类。

<u>应知应会</u>

间壁式换热器的特点是冷、热两流体被固体壁面隔开，不相混合，通过间壁进行热量的交换。其中，列管式换热器和板式换热器会在接下来两个任务中详细介绍，在本次任务中做简单介绍。

一、管式换热器

1. 蛇管式换热器

蛇管式换热器可分为两类。

（1）沉浸式蛇管换热器　蛇管多用金属管子弯制而成，或制成适应容器要求的形状，沉浸在容器中。两种流体分别在蛇管内、外流动而进行热量交换。几种常用的蛇管形状如图 13-1 所示。

这种蛇管换热器的优点是结构简单，价格低廉，便于防腐蚀，能承受高压。主要缺点是由于容器的体积较蛇管的体积大得多，故管外流体的 α 较小，因而总传热系数 K 值也较小。在容器内增设搅拌器或减小管外空间，可提高传热系数。

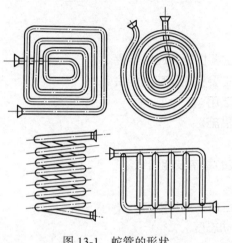

图 13-1　蛇管的形状

（2）喷淋式换热器　喷淋式换热器如图 13-2 所示。它多用作冷却器。固定在支架上的蛇管排列在同一垂直面上，热流体自下部的管进入，由上部的管流出。冷水由最上面的多孔分布管（淋水管）流下，分布在蛇管上，并沿其两侧下降至下面的管子表面，最后流入水槽而排出。冷水在各管表面上流过时，与管内流体进行热交换。这种设备常放置在室外空气流通处，冷却水在空气中汽化时带走部分热量，以提高冷却效果。它和沉浸式蛇管换热器相比，还具有便于检修和清洗、传热效果较好等优点，其缺点是喷淋不易均匀。

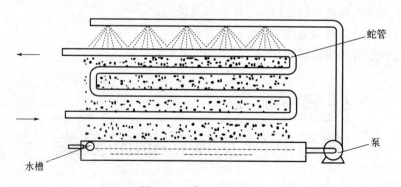

图 13-2　喷淋式换热器

在沉浸式蛇管换热器的容器内，流体常处于不流动的状态，因此在某瞬间容器内各处的温度基本相同，经过一段时间后，流体的温度由初温 t_1 变为终温 t_2，故属于非稳态传热过程。

2．套管式换热器

套管式换热器是用管件将两种尺寸不同的标准管连接成为同心圆的套管，然后用180°的回弯管将多段套管串联而成，如图13-3所示。每一段套管称为一程，程数可根据传热要求而增减。每程的有效长度为4～6m，若管子太长，管中间会向下弯曲，使环形中的流体分布不均匀。

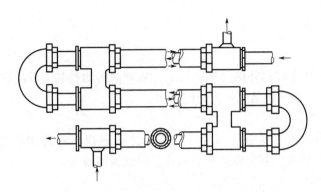

图13-3　套管式换热器

套管式换热器的优点为：构造简单，能耐高压，传热面积可根据需要而增减，适当地选择管内、外径，可使流体的流速较大，且流体作严格的逆流，有利于传热。其缺点为：管间接头较多，易发生泄漏，单位长度传热面积较小。在需要传热面积不太大且要求压强较高或传热效果较好时，宜采用套管式换热器。

3．列管式换热器

列管式换热器又称为管壳式换热器，是目前化工生产中应用最广泛的传热设备。与前述的各种换热器相比，其主要优点是：单位体积具有的传热面积较大以及传热效果较好；此外，结构简单，制造的材料范围较广，操作弹性也较大等。因此在高温、高压和大型装置上多采用列管式换热器。具体将在下一任务中做详细介绍。

4．翅片管式换热器

翅片管式换热器又称管翅式换热器，如图13-4所示，其构造特点是在管子表面上装有径向或轴向翅片。

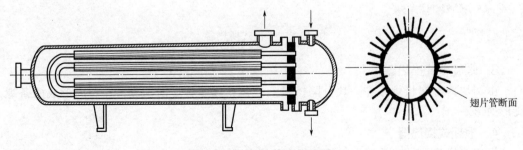

图13-4　翅片管式换热器

当两种流体的对流传热系数相差很大时，例如用水蒸气加热空气，此传热过程的热阻主要在气体一侧。若气体在管外流动，则在管外装置翅片，既可扩大传热面积，又可增加流体的湍动,从而提高传热效果。一般来说,当两种流体的对流传热系数之比为 3∶1 或更大时,宜采用翅片管式换热器。

翅片的种类很多,按翅片的高度不同,可分为高翅片和低翅片两种,低翅片一般为螺纹管。高翅片适用于管内、外对流传热系数相差较大的场合,现已广泛地应用于空气冷却器上。低翅片适用于两流体的对流传热系数相差不太大的场合,如对黏度较大液体的加热或冷却等。

二、板式换热器

1. 夹套式换热器

换热器由一个装在容器外部的夹套构成,容器内的物料和夹套内的加热剂或冷却剂隔着器壁进行换热,器壁就是换热器的传热面。

2. 平板式换热器

平板式换热器是由一组金属薄片、相邻板之间衬以垫片并用框架夹紧组装而成。图 13-5 所示为矩形板片,其上四角开有圆孔,形成流体通道。

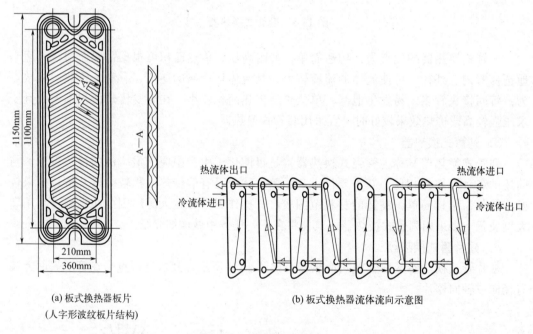

(a) 板式换热器板片
(人字形波纹板片结构)

(b) 板式换热器流体流向示意图

图 13-5 平板式换热器

3. 螺旋板式换热器

由两块薄金属板焊接在一块分隔挡板上,并卷成螺旋形而构成,在器内形成两条螺旋形通道。

4. 板翅式换热器

板翅式换热器是一种更为高效、紧凑的换热器。如图 13-6 所示,在两块平行金属薄板之间,夹入波纹状或其他形状的翅片,两边以侧封条密封,即组成一个换热基本元件(单元体)。将各基本元件进行不同的叠积和适当排列,并用铅焊焊成一体,即可制成逆流式或错流式板束。再将板束放入带有流体进、出口的集流箱内用焊接固定,就组成板翅式换热器，如图 13-7 所示。

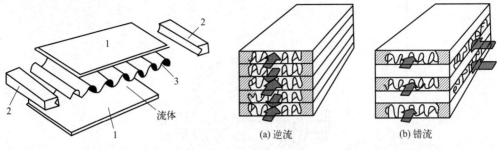

图 13-6　板翅式换热器单元分解图

1—平隔板；2—侧封条；3—翅片

图 13-7　板翅式换热器的板束

5. 热管式换热器

热管是一种新型换热元件。最简单的热管是在抽出不凝性气体的金属管内充以某种工作液体，然后将两端封闭。

管子的内表面覆盖一层由毛细结构材料做成的芯网，由于毛细管力的作用，液体可渗透到芯网中去。当加热段吸收热流体的热量时，管内工作液体受热沸腾，产生的蒸气沿管子轴向流动，流至冷却段时向冷流体放出潜热而冷凝，冷凝液沿着吸液芯网回流至加热段再次受热沸腾。如此反复循环，热量则不断由热流体传给冷流体。

这种新型换热器具有传热能力大、应用范围广、结构简单、工作可靠等优点。

任务实施

工作任务单　学习间壁式换热器的分类

姓名：	专业：	班级：	学号：	成绩：
步骤	内容			
任务描述	请以新入职操作工的身份进入本任务的学习，熟悉工作中常用到的间壁式换热器的分类。			
应知应会要点	（需学生提炼）			
任务实施	根据图片写出对应换热器的类别。 1.（ 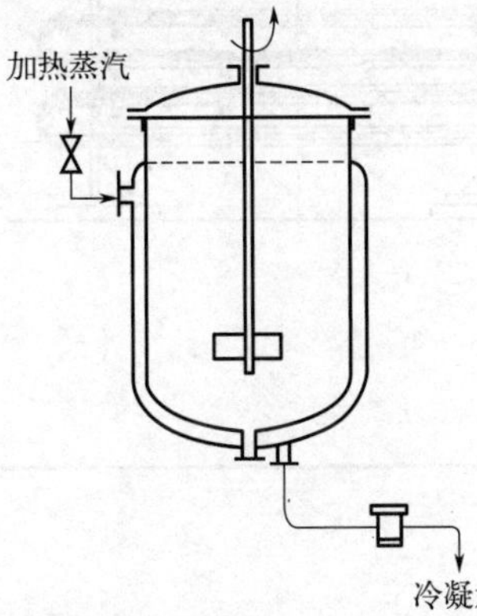　　）			

续表

任务实施	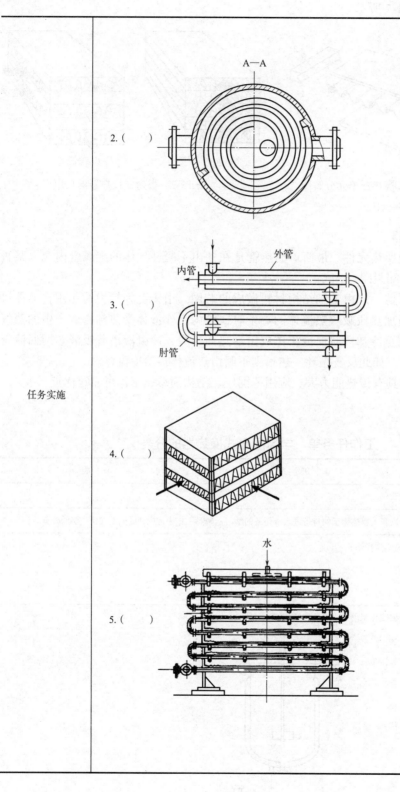

3-13-6

续表

| 任务实施 | 6.( ) 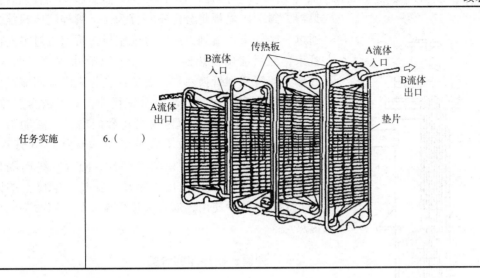 |

任务总结与评价
谈谈本次任务的收获与感悟。

任务二
学习列管式换热器的结构、工作原理和选用

任务描述
请以新入职操作工的身份进入该任务的学习，熟悉工作常用到的列管式换热器的种类、结构、工作原理及选用。

应知应会
列管式换热器又称管壳式换热器，是一种通用的标准换热设备，具有结构简单、单位体积换热面积大、坚固耐用、用材广泛、清洗方便、适用性强等优点，生产中得到广泛应用，在换热设备中占主导地位。如图 13-8 所示，单管程单壳程列管换热器主要由壳体、封头、管束、管板等部件构成。操作时一种流体由封头上的接管进入器内，经封头与管板间的空间（分配室）分配至各管内，流过管束后，从另一端封头上的接管流出换热器。另一种流体由壳体上的接管流入，壳体内装有若干块折流挡板，流体在壳体内沿折流挡板作折流流动，从壳体上的接管流出换热器。两流体在换热器内隔着管壁进行换热。通常将流经管内的流体称为管程（管方）流体；将流经管外的流体称为壳程（壳方）流体。由于在图 13-8 所示的换热器内，管程流体和壳程流体均只流过换热器一次，没有回头，故称为单管程单壳程列管式换热器。

改善换热器的传热，工程上常采用多程换热器，图 13-9 为一双管程单壳程列管换热器，封头内隔板将分配室一分为二，管程流体只能先通过一半管束，流到另一端分配室后再折回流过另一半管束，然后流出换热器。由于流体在管束内流经两次，故称为双管程列管换热器。若流体在管束内来回流过多次，则称为多管程。一般除单管程外，管程数为偶数，有 2、4、6、8 程等，但随着管程数的增加，流动阻力迅速增大，因此管程数不宜过多，一般为 2、4 管程。在壳体内，也可在与管束轴线平行方向设置纵向隔板使壳程分为多程，但是由于制造、安装及维修上的困难，工程上较少使用，通常采用折流挡板，以改善壳程传热。

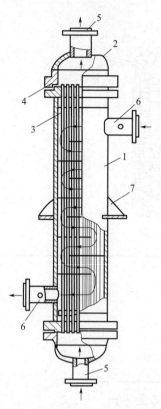

图 13-8　单管程单壳程列管换热器

1—壳体；2—封头；3—管束；4—管板；
5,6—连接管口；7—支架

一、列管式换热器的分类

1. 固定管板式换热器

固定管板式换热器结构图如图 13-10 所示。固定管板式即两端管板和壳体连接成一体，因此它具有结构简单和造价低廉的优点。但是由于壳程不易检修和清洗，因此壳内流体应是较洁净且不易结垢的物料。当两流体的温度差较大时，应考虑热补偿。图 13-11 为具有补偿圈（或称膨胀节）的固定管板式换热器，即在外壳的适当部位焊上一个补偿圈，当外壳和管热膨胀不同时，补偿圈发生弹性变形（拉伸或压缩），以适应外壳和管束不同的热膨胀程度。这种热补偿方法简单，但不宜用于两流体温度差太大（不大于 70℃）和壳内流体压力过高（一般不高于 600kPa）的场合。

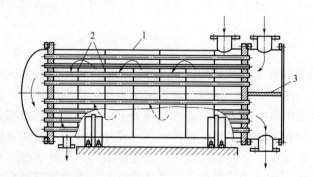

图 13-9　双管程单壳程列管换热器

1—外壳；2—挡板；3—隔板

2. 浮头式换热器

浮头式换热器的结构如图 13-12 所示。其结构特点是两端管板之一不与壳体固定连接，可以在壳体内沿轴向自由伸缩，该端称为浮头。此种换热器的优点是当换热管与壳体有温差存在，壳体或换热管膨胀时，互不约束，不会产生温差应力；管束可以从管内抽出，便于管内和管间的清洗。其缺点是结构复杂，用材量大，造价高。浮头式换热器适用于壳体与管束温差较大或壳程流体容易结垢的场合。

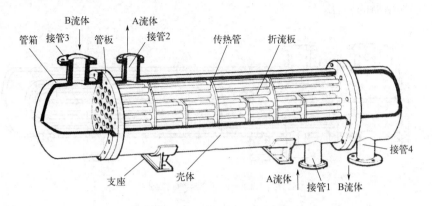

图 13-10　固定管板式换热器

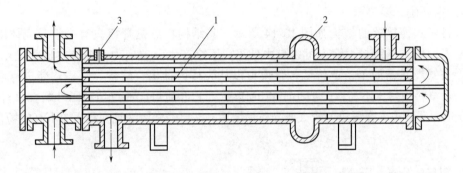

图 13-11　有补偿圈的固定管板式换热器

1—挡板；3—补偿圈；3—放气嘴

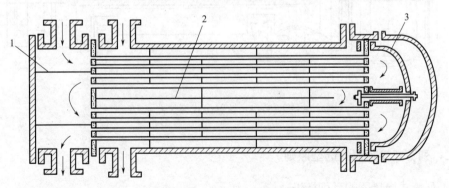

图 13-12　浮头式换热器

1—管程隔板；2—壳程隔板；3—浮头

3. U 形管式换热器

U 形管式换热器的结构如图 13-13 所示。其结构特点是只有一个管板，管子呈 U 形，管子两端固定在同一管板上。管束可以自由伸缩，当壳体与管子有温差时，不会产生温差应力。U形管式换热器的优点是结构简单，只有一个管板，密封面少，运行可靠，造价低，管间清洗较方便。其缺点是管内清洗较困难，可排管子数目较少，管束最内层管间距大，壳程易短路。U形管式换热器适用于管程、壳程温差较大或壳程介质易结垢而管程介质不易结垢的场合。

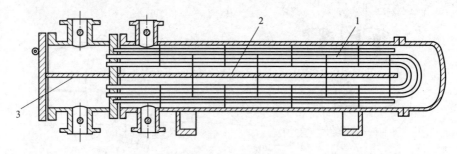

图13-13　U形管式换热器

1—管束；2—壳程隔板；3—管程隔板

4．填料函式换热器

填料函式换热器的结构如图13-14所示。其结构特点是管板只有一端与壳体固定，另一端采用填料函密封。管束可以自由伸缩，不会产生温差应力。该换热器的优点是结构较浮头式换热器简单，造价低；管束可以从壳体内抽出，管程、壳程均能进行清洗。其缺点是填料函耐压不高，一般小于4.0MPa；壳程介质可能通过填料函外漏。填料函式换热器适用于管程、壳程温差较大或介质易结垢，需要经常清洗且壳程压力不高的场合。

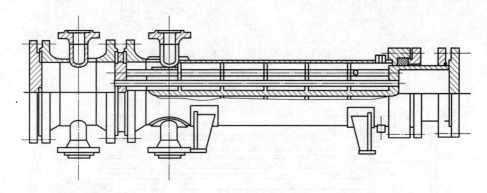

图13-14　填料函式换热器

二、列管式换热器的选型原则

1．列管式换热器的系列标准

（1）基本参数　列管式换热器的基本参数主要有：①公称换热面积SN；②公称直径DN；③公称压力pN；④换热管规格；⑤换热管长度L；⑥管子数量n；⑦管程数N_p等。

（2）型号表示方法　列管式换热器的型号由5部分组成。

X　XXXX　X　-XX　-XXX
1　　2　　3　　4　　5

其中，1 为换热器代号，如 G 表示固定管板式，F 表示浮头式等；2 为公称直径 DN，mm；3 为管程数 N_p，常见有Ⅰ、Ⅱ、Ⅳ、Ⅵ程；4 为公称压力 pN，MPa；5 为公称换热面积 SN，m^2。

例如，公称直径为 600mm、公称压力为 1.6MPa、公称换热面积为 55m^2、双管程固定管板式换热器的型号为 G600Ⅱ-1.6-55，其中 G 为固定管板式换热器的代号。

列管式换热器由于有了系列标准，所以工程上一般只需选型即可，只有在实际要求与标准系列相差较大时才需自行设计。

2．选用或设计时应考虑的问题

（1）流径的选择　流径的选择是指在管程和壳程分别走哪一种流体，此问题受多方面因素的制约。下面以固定管板式换热器为例，介绍一些选择的原则。

① 不洁净或易结垢的流体走管程，因为管程清洗较方便；
② 腐蚀性流体走管程，以免管子和壳体同时被腐蚀，且管子便于维修和更换；
③ 压力高的流体走管程，以免壳体受压，可节省壳体金属消耗量；
④ 被冷却的流体走壳程，便于散热，增强冷却效果；
⑤ 饱和蒸汽走壳程，便于及时排除冷凝水，且蒸汽较洁净，一般不需清洗；
⑥ 有毒流体走管程，以减少泄漏量；
⑦ 黏度大的液体或流量小的流体走壳程，因流体在有折流挡板的壳程中流动，流速与流向不断改变，在低 Re（$Re > 100$）的情况下即可达到湍流，以提高传热效果；
⑧ 若两流体温差较大，对流传热系数较大的流体走壳程，因壁温接近于 α 较大的流体可以减小管子与壳体的温差，从而减小温差应力。

在选择流径时，上述原则往往不能同时兼顾，应视具体情况抓住主要矛盾。一般首先考虑操作压力、防腐及清洗等方面的要求。

（2）流速的选择　流体在换热器内的流速的选择涉及传热系数、流动阻力以及换热器的结构等方面。增大流速，将增大对流传热系数，减少污垢的形成，使总传热系数增加，但同时使流动阻力增大，动力消耗增加；随着流速的增大，管子数目将减小。对一定传热面积，要么增加管长，要么增加程数，但管子太长不利于清洗，单程变多程不仅使结构变得复杂，而且使平均温度差下降。因此，流速的选择，需要全面考虑，既要进行经济权衡，又要兼顾结构、清洗等其他方面的要求。需要指出的是，选择流速时应尽可能避免在层流下流动。表 13-1～表 13-3 列举了换热器内常用流速范围，供设计时参考。

表 13-1　换热器中常用的流速范围

流体种类		一般流体	易结垢液体	气体
流速 /（m/s）	管程	0.5～3	>1	5～30
	壳程	0.2～1.5	>0.5	3～15

表 13-2　换热器中不同黏度液体的常用流速

液体黏度 /（mPa·s）	<1	1～35	>35～100	>100～500	>500～1500	>1500
最大流速 /（m/s）	2.4	1.8	1.5	1.1	0.75	0.6

表 13-3　换热器中易燃、易爆液体的安全允许流速

液体名称	乙醚、二硫化碳、苯	甲醇、乙醇、汽油	丙酮
安全允许流速/(m/s)	<1	<2～3	<10

（3）冷却剂（或加热剂）终温的选择　一般冷、热流体进出换热器的温度由工艺条件决定，但是对加热剂或冷却剂，通常是已知进口温度，而出口温度则由设计者确定。例如，用冷却水冷却某种热流体，冷却水的进口温度可根据当地的气候条件作出估计，而其出口温度则要通过经济核算来确定。冷却水的出口温度取高些，可使用水量减小，动力消耗降低，但是传热面积就要增加；反之，出口温度取低些，可使传热面积减小，但会使用水量增加。一般来说，冷却水的进出口温度差可取 5～10℃。缺水地区可选用较大温差，水源丰富地区可取较小温差。若用加热剂加热冷流体，可按同样的原则确定加热剂的出口温度。

（4）管子规格与管间距的选择　管子的规格包括管径和管长。列管换热器标准系列中只采用 $\phi25mm \times 2.5mm$（或 $\phi25mm \times 2mm$）、$\phi19mm \times 2mm$ 两种规格的管子。对于洁净的流体，可选择小管径；对于不洁净或易结垢的流体，可选择大管径。管长的选择是以清洗方便及合理用材为原则。长管不便于清洗，且易弯曲。一般标准钢管长度为 6m，则合理的管长应为 1.5m、2m、3m 和 6m，标准系列中也采用这 4 种长度，其中以 3m 和 6m 较为常用。此外管长和壳径的比例一般应在 4～6。

管间距是指相邻两根管子的中心距，用 a 表示。管间距小，有利于提高传热系数，且设备紧凑。但受制造上的限制，一般要求相邻两管外壁的距离不小于 6mm。另外，管间距还与管子和管板的连接方法有关：采用焊接法，取 $a=1.25d_0$；采用胀接法，取 $a=(1.3～1.5)d_0$。

（5）管程数与管数的确定　当换热器的换热面积较大而管子又不能很长时，必须排列较多的管子，为了提高流体在管内的流速，需要将管束分程。但是程数过多，会使管程流动阻力加大，动力消耗增加，同时多程会使平均温度差下降，设计时应权衡考虑。列管式换热器标准系列中管程数有 1、2、4、6 四种。采用多程时，通常应使各程的管子数相等。

管程数 N_p 可按下式计算，即

$$N_p = \frac{u}{u'} \tag{13-1}$$

式中，u 为管程内流体的适宜流速，m/s；u' 为单管程时流体的实际流速，m/s。

当温度差校正系数 $\phi_{\Delta t} < 0.8$ 时，应采用多壳程。但如前面所述，壳体内设置纵向隔板在制造、安装和检修上有困难，故通常是将几个换热器串联，以代替多壳程。例如，当需要采用双壳程时，可将总管数等分为两部分，分别装在两个外壳中，然后将这两个换热器串联使用。

（6）折流挡板的选用　安装折流挡板的目的是增加壳程流体的速度，使其湍动程度加剧，提高壳程流体的对流传热系数。如图 13-15 所示，常用折流挡板形式有弓形（或称圆缺形）、盘环形（或称圆盘形）等，其中以弓形挡板应用最多。挡板的形状和间距

对流体的流动和传热有着重要影响。弓形挡板的弓形缺口过大或过小都不利于传热，往往还会增加流动阻力。通常切去的弓形高度为壳体内径的10%～40%，常用的为20%和25%两种。挡板应按等间距布置，其最小间距应不小于壳体内径的1/5，且不小于50mm，最大间距应不大于壳体内径。间距过小，会使流动阻力增大；间距过大，会使传热系数下降。标准系列中采用的间距为：固定管板式换热器有150mm、300mm、600mm三种；浮头式换热器有150mm、200mm、300mm、480mm、600mm五种。必须注意，当壳程流体有相变时，不宜设置折流挡板。为了使折流挡板能够固定好，通常设置一定数量的拉杆和定距杆。

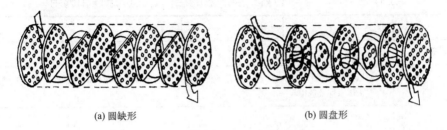

图 13-15　常用折流挡板形式

（7）外壳直径的确定　换热器壳体的内径应等于或稍大于（对于浮头式换热器而言）管板的直径。根据计算出的实际管数、管径、管中心距及管子的排列方法等，可用作图法确定壳体的内径。但是，当管数较多又要反复计算时，用作图法太麻烦。一般在初步设计中，可先分别选定两流体的流速，然后计算所需管程和壳程的流通截面积，于系列标准中查出外壳的直径。将全部设计完成后，仍应用作图法画出管子排列图。为了使管子排列均匀，防止流体走"短流"，可以适当增减一些管子。

（8）流体通过换热器的流动阻力（压力降）的计算　流体通过换热器的流动阻力，应按管程和壳程分别计算。

① 管程流动阻力的计算。流体通过管程的阻力包括各程的直管阻力、回弯阻力以及换热器进出口阻力等。通常，进出口阻力较小，可以忽略不计。

② 壳程阻力的计算。壳程流体的流动状况较管程更为复杂，计算壳程阻力的公式很多，不同公式计算的结果差别比较大。

3．选型（设计）的一般步骤

① 确定基本数据。需要确定或查取的基本数据包括两流体的流量、进出口温度、定性温度下的有关物性、操作压力等。

② 确定流体在换热器内的流动途径。

③ 确定并计算热负荷。

④ 先按单壳程偶数管程计算平均温度差，根据温度差校正系数不小于0.8的原则，确定壳程数或调整冷却剂（或加热剂）的出口温度。

⑤ 根据两流体的温度差和设计要求，确定换热器的形式。

⑥ 选取总传热系数，根据传热基本方程初算传热面积，以此选定换热器的型号或确定换热器的基本尺寸，并确定其实际换热面积 $S_实$，计算在 $S_实$ 下所需的传热系数 $K_需$。

⑦ 计算压降。根据初定设备的情况，检查计算结果是否合理或满足工艺要求。若压

降不符合要求,则需要重新调整管程数和折流板间距,或选择其他型号的换热器,直至压降满足要求。

⑧ 核算总传热系数。计算管程、壳程的对流传热系数,确定污垢热阻,再计算总传热系数 $K_{计}$,由传热基本方程求出所需传热面积 $S_{需}$,再与换热器的实际换热面积 $S_{实}$ 比较,若 $S_{实}/S_{需}$ 在 $1.1 \sim 1.25$(也可用 $K_{计}/K_{需}$),则认为合理,否则需另选 $K_{选}$,重复上述计算步骤,直至符合要求。

任务实施

工作任务单　学习列管式换热器的结构、工作原理和选用

姓名:	专业:	班级:	学号:	成绩:
步骤	内容			
任务描述	请以新入职操作工的身份进入本任务的学习,熟悉工作中常用到的列管式换热器的种类、结构、工作原理及选用。			
应知应会要点	(需学生提炼)			
任务实施	1. 请写出公称直径为 750mm、公称压力为 2.2MPa、公称换热面积为 75m^2、四管程浮头式换热器的型号。 2. 请说明浮头式换热器和固定管板式换热器的区别。 3. 在选用合适的换热器时需要注意哪些问题?			

任务总结与评价

谈谈本次任务的收获与感悟。

任务三
学习板式换热器的结构、工作原理和选用

任务描述

请以新入职设备操作工的身份进入本任务的学习,熟悉工作中常用到的板式换热器

的种类、结构、工作原理及选用。

应知应会

一、作用及功能

板式换热器是由框架和板束组成，传热板片和密封垫片组成板束，传热板片四角开有角孔，密封垫片和传热板片安装在固定压紧板和活动压紧板之间的框架内。工作介质分别在两相邻的传热板片所形成的狭窄而曲折的通道中流过，冷、热介质依次通过各个流道，中间隔一层传热板片，冷、热介质的传热过程实际上就是热介质的热能传递给冷介质的过程。在此过程中温度较高的热介质通过传热板片将热能传递给温度较低的冷介质，温度较高的热介质被冷却，热能减少；温度较低的冷介质被加热，热能增加。通过热能转移来满足工艺的要求。

二、结构特点

板式换热器是由许多波纹形的传热板片，按一定的间隔，通过橡胶垫片压紧组成的可拆卸的换热设备。板片组装时，两组交替排列，板与板之间用黏结剂把橡胶密封板条固定好，其作用是防止流体泄漏并使两板之间形成狭窄的网形流道，换热板片压成各种波纹形，以增加换热板片面积和刚性，并能使流体在低流速成下形成湍流，以达到强化传热的效果。板上的四个角孔，形成了流体的分配管和泄集管，两种换热介质分别流入各自流道，形成逆流或并流通过每个板片进行热量的交换。

1. 板式换热器的优点
（1）体积小，占地面积少；
（2）传热效率高；
（3）组装灵活；
（4）金属消耗量低；
（5）热损失小；
（6）拆卸、清洗、检修方便。
2. 板式换热器的缺点

板式换热器缺点是密封周边较长，容易泄漏，使用温度只能低于150℃，承受压差较小，处理量较小，一旦发现板片结垢必须拆开清洗。

三、板式换热器的构成

板式换热器的结构组成比较简单，主要由板片、垫片、固定压紧板、活动压紧板、导杆、夹紧螺柱和螺母、支柱、中间隔板等零部件组成，如图13-16所示。

四、板式换热器的分类

（1）螺旋板式换热器　这种板式换热器主要是由两张保持一定间距的平行金属板卷制成的，冷热流体分别在金属板的两侧螺旋形的通道内部流动，这种换热器的传热系数比较高，平均温度差大，流动阻力小，不容易产生结垢的现象，但是维修也比较困难，使用压力不超过2MPa。螺旋板式换热器如图13-17所示。

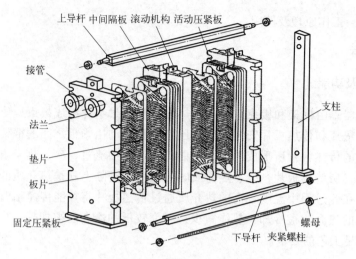

图 13-16 板式换热器结构

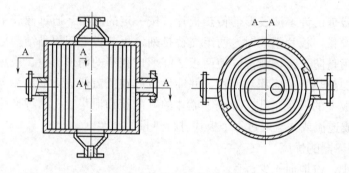

图 13-17 螺旋板式换热器

（2）平板式换热器 这种板式换热器主要是由一定形状的波纹薄板及密封垫片交叉叠合而成的，冷热流体分别在波纹板的两侧流道中流过，经过板片进行换热。波纹板通常由厚度为 0.5～3mm 的不锈钢、铝、钼等薄板冲制而成。平板式换热器的优点是传热系数高（比管式换热器高 2～4 倍），容易拆洗，并可增减板片数以调整传热面积。操作压力通常不超过 2MPa，操作温度不超过 250℃。平板式换热器如图 13-18 所示。

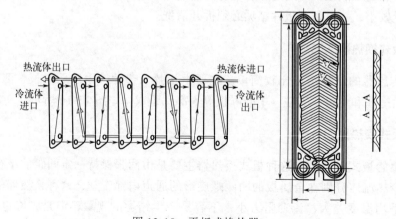

图 13-18 平板式换热器

（3）板翅式换热器　我们通常所说的板翅式换热器由封闭在带有冷、热流体进出口的集流箱中的换热板束构成。板束由平板和波纹翅片交互叠合，钎焊固定而成。冷、热流体流经平板两侧换热，翅片增加了传热面积，又促进了流体的湍动，并对设备有增强作用。板翅式换热器结构非常紧凑，传热效果好，且使用压力可达 5MPa。但它的制造工艺复杂，流道小，内漏不易修复，因而限用于清洁的无腐蚀性流体，如作空气分离用的换热器。板翅式换热器如图 13-19 所示。

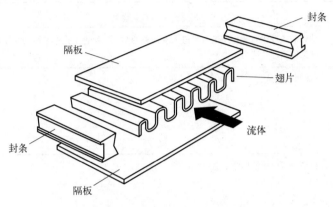

图 13-19　板翅式换热器

五、板式换热器选型原则

1. 板型选择

板型应根据换热场合的实际需要而定。对流量大、允许压降小的情况，应选用阻力小的板型，反之选用阻力大的板型。根据流体压力和温度的情况，确定选择可拆卸式，还是钎焊式。确定板型时不宜选择单板面积太小的板片，以免板片数量过多，板间流速偏小，传热系数过低，对较大的换热器更应注意这个问题。

2. 流程和流道的选择

流程指板式换热器内一种介质同一流动方向的一组并联流道，而流道指板式换热器内相邻两板片组成的介质流动通道。一般情况下，将若干个流道按并联或串联的方式连接起来，以形成冷、热介质通道的不同组合。

流程组合形式应根据换热和流体阻力计算，在满足工艺条件要求下确定。尽量使冷、热水流道内的对流换热系数相等或接近，从而得到最佳的传热效果。因为在传热表面两侧对流换热系数相等或接近时传热系数获得较大值。虽然板式换热器各板间流速不等，但在换热和流体阻力计算时，仍以平均流速进行计算。

3. 压降校核

在板式换热器的设计选型时，一般对压降有一定的要求，所以应对其进行校核。如果校核压降超过允许压降，需重新进行设计选型计算，直到满足工艺要求为止。

4. 计算方法

传热系数和压降由各个厂家产品的性能曲线计算得到。性能曲线（准则关联式）一般来自产品的性能测试。对于缺少性能测试的板型，也可通过参考尺寸法，根据板型的特性几何尺寸获得板型的准则关联式，国际上的一些通用软件均采用这种方法。

板式换热器与常规的管壳式换热器相比，在相同的活动阻力和泵功率消耗情况下，其传热系数要高出很多，在适用的范围内有取代管壳式换热器的趋势。

任务实施

工作任务单　学习板式换热器的结构、工作原理和选用

姓名：	专业：	班级：	学号：	成绩：
步骤	内容			
任务描述	请以新入职设备操作工的身份进入本任务的学习，熟悉工作中常用到的板式换热器的种类、结构、工作原理及选用。			
应知应会要点	（需学生提炼）			
任务实施	1. 请说明板式换热器主要构成。 2. 请写出3种板式换热器及其特点。 3. 在选用合适的板式换热器时需要注意哪些问题？			

任务总结与评价

谈谈本次任务的收获与感悟。

任务四
学习换热器的除垢清理

任务描述

请以新入职设备操作员工的身份进入该任务的学习，熟悉换热器的除垢清理，学会换热器的清洗方法及预防污垢措施。

应知应会

为了保证换热器长久正常运转，提高其生产效率，必须正确操作和使用换热器，并重视对设备的维护、保养和检修,将预防性维护摆在首位,强调安全预防,减少任何可能发生的事故,换热器的结垢就是常见的故障之一,这就要求人们掌握换热器的污垢清理方法。

一、污垢成因

(1)析出污垢　换热器大多是以水为载热体的换热系统,在温度升高或浓度较高时,原来 $Ca(HCO_3)_2$ 和 $Mg(HCO_3)_2$ 的溶液中析出微溶于水的 $CaCO_3$ 和 $MgCO_3$。析出的盐类附着于换热管表面,形成水垢。

(2)微粒污垢　流体系统中悬浮的固体颗粒,如:砂粒、灰尘、炭黑,在换热面上积聚形成污垢。

(3)化学反应污垢　由于自氧化和聚合反应即化学反应而造成的沉积物形成污垢。

(4)腐蚀污垢　由于流体具有腐蚀性或含有腐蚀性的杂质而腐蚀换热面,产生腐蚀产物沉积于换热面上而形成污垢。

(5)生物污垢　由微生物群体及其排泄物与化学污染物、泥浆等组分黏附在换热管壁面上形成的胶黏状沉积物,称生物污垢。

(6)凝固污垢　在过冷的换热面上,清洁液体或多组分溶液的高溶解组分凝固沉积而形成的污垢。

二、换热器常用清洗方法

1. 化学清洗

化学清洗是通过化学清洗液产生某种化学反应,使换热器传热管表面的水垢和其他沉积物溶解、脱落或剥离。

化学清洗不需要拆开换热器,简化了清洗过程,也减轻了清洗的劳动强度。其缺点是化学清洗液选择不当时,会腐蚀破坏清洗物基体,造成损失。

常用化学清洗剂有:

① 利用溶解作用去污的清洗剂(包括水和有机溶剂);

② 利用表面活性作用去污的表面活性剂清洗剂(如阳离子、阴离子、非离子及两性离子表面活性剂);

③ 利用化学反应作用去污的化学清洗剂(如酸、碱、盐、氧化剂等)。

化学清洗常用方法有:

① 循环法:用泵强制清洗液循环,进行清洗。

② 浸渍法:将清洗液充满设备,静置一定时间。

③ 浪涌法:将清洗液充满设备,每隔一定时间把清洗液从底部卸出一部分,再将卸出的液体装回设备内以达到搅拌清洗的目的。

换热器化学循环法清洗流程:

① 隔离设备,并把换热器内的水排放干净。

② 用高压水清洗管道杂质并封闭系统。

③ 隔离阀和交换器之间装球阀,接上输送泵和导管,清洗剂从换热器的底部泵入,从顶部流出。

④ 注入所需要的清洗剂，反复循环清洗。
⑤ 随时排出气体并注入适当的水。
⑥ 使用 pH 试纸测定清洗剂的有效性。
⑦ 回收清洗溶液并用清水反复冲洗至 pH 呈中性。

2. 物理清洗

物理清洗是借助各种机械外力和能量使污垢粉碎、分离并剥离物体表面，从而达到清洗的效果。

物理清洗方式都有一个共同点：高效、无腐蚀、安全、环保。其缺点是在清洗结构复杂的设备内部时其作用力有时不能均匀达到所有部位而出现"死角"。常见的物理清洗方法有超声波除垢、高压水喷射清洗、管道内移动式除垢机具除垢等。

（1）高压水喷射清洗　利用柱塞泵产生的高压水经过特殊喷嘴喷向垢层，除垢彻底、效率高，但是其装机容器量大、耗水多。

（2）超声波除垢　主要是利用超声波声场处理流体，使流体中的成垢物质在超声波声场作用下，物理形态和化学性能发生一系列变化，使之分散、粉碎、松散、松脱而不易附着管壁形成积垢。超声波的防垢机理主要为：①空化效应；②活化效应；③剪切效应；④抑制效应。

（3）管道内移动式除垢机具除垢　新型管道内移动式除垢机具效率较高，质量好，适用于油气输送管道及化工液体和水输送管道的除垢。

按驱动方式不通过，典型的管道内移动式除垢机具分为：①电力驱动移动式除垢机具；②液力驱动移动式除垢机具；③压缩空气驱动移动式除垢机具。

3. 机械清洗

它是靠机械作用提供一种大于污垢黏附力的力而使污垢从换热面上脱落。这种方法可以除去化学方法不能除去的碳化污垢和硬质垢，但要清理干净管内垢层一般需要 5～6 遍，有时多达 10 遍，清管效率低，质量差。

直管式换热器机械清洗操作步骤为：
① 准备好空压机和水源；
② 拆下换热器水管上的短接头；
③ 拧下换热器封头紧固螺栓，将封头旋转 180 度，露出传热管；
④ 将尼龙刷插入传热管，直至尼龙刷上的气堵完全进入；
⑤ 将气枪口插在传热管口上，水平持气枪，使气枪口上的密封垫片压紧；
⑥ 旋开气枪上的气阀，压缩空气即推动尼龙刷前进，当尼龙刷从传热管的另一端出来时，关上气阀；
⑦ 从换热器另一端将尼龙刷推回来，反复刷刮 3 次以上；
⑧ 用压力为 0.3MPa 的水冲洗传热管；
⑨ 换一根传热管，重复⑥～⑧，直至所有传热管清洗完毕；
⑩ 检查传热管内的颜色，如露出铜本色，则清洗合格；
⑪ 将封头旋回，检查封头密封垫片是否平整，拧紧换热器封头紧固螺栓；
⑫ 接上换热器水管上的短接头；
⑬ 清理现场。

4．微生物清洗

微生物清洗是利用微生物将设备表面附着的油污分解，使之转化为无毒无害的水溶性物质的方法。这种清洗把污染物（如油类）和有机物彻底分解，是一种真正意义上的环保型清洗技术。

各类换热器清洗方法清洗时的注意事项有：

① 化学清洗时溶液要保持一定的流速，一般为 0.8～1.2m/s，其目的是增加溶液的湍流程度。

② 对于不同的污垢应采用不同的化学清洗液。除了经常采用的稀释纯碱溶液外，对于水垢可用 5% 的硝酸溶液。在纯碱生产中生成的垢，可用 5% 的盐酸溶液。但不得使用对板片产生腐蚀的化学洗剂。

③ 任何情况下，不得使用盐酸清洗不锈钢金属板片。

④ 使用清洗液时，水中氯含量不得超过 300μL/L。

⑤ 机械（物理）清洗时不允许用碳钢刷子刷洗不锈钢片，以免加速板片的腐蚀，同时不能使板片表面有划痕、变形等。

⑥ 清洗后的板片要用清水冲洗干净并擦干，放置时应防止板片发生变形。

三、防止换热器结垢的措施

① 运行中严把水质关，必须对系统中的水和软化罐中的软化水进行严格的水质化验，合格后才能注入管网中。

② 新的系统投运时，应将换热器与供热系统分开，进行一段时间的循环后，再将换热器并入系统中，以避免管网中杂质进入换热器。

③ 在供热系统中，除污器和过滤器应当进行不定期的清理，还应当保持管网中的清洁，以防止换热器堵塞。

任务实施

工作任务单　学习换热器的除垢清理

姓名：	专业：	班级：	学号：	成绩：
步骤	内容			
任务描述	请以新入职设备操作工的身份进入本任务的学习，熟悉换热器的除垢清理，选择合理的换热器污垢清理方法。			
应知应会要点	（需学生提炼）			
任务实施	讨论换热器污垢形成的原因，小组分工合作完成对换热器的污垢清理方法的选择。			

任务总结与评价

谈谈本次任务的收获与感悟。

项目评价

项目综合评价表

姓名		学号		班级	
组别		组长及成员			

项目成绩：　　　　　　总成绩：

任务	任务一	任务二	任务三	任务四
成绩				

自我评价		
维度	自我评价内容	评分（1～10分）
知识	了解常见间壁式换热器的主要结构特点、主要性能及应用场合	
	了解常见列管式换热器的主要结构特点、主要性能及应用场合	
	了解板式换热器种类、结构、工作原理及选用	
	了解换热器的污垢成因、清洗方法和预防措施	
能力	能够看懂安装图纸，在老师指导下，进行拆装的基本技能训练	
素质	通过进行换热器的操作与维护，培养学生团队合作、动手能力	
	通过进行相关工具的使用，使学生树立正确的劳动态度	
	在拆装过程中强化安全要求，培养学生的安全意识	

我的反思	我的收获	
	我遇到的问题	
	我最感兴趣的部分	
	其他	

项目拓展

换热器的应用

换热器在化工、农业等领域应用十分广泛，在日常生活中换热设备也是随处可见，是生产生活中不可缺少的设备之一。

近年来，我国在节能增效方面提高了换热器性能，在提高换热效率、减小换热面积、降低压降、提高装置热强度等方面取得了显著成效。随着工业装置的大型化、高效化，换热器也趋于大型化，并朝着低温差、低压损设计方向发展。

近年来也出现了很多新型换热器：

气动喷涂翅片管换热器

俄罗斯提出了一种先进的方法，即气动喷涂，以提高翅片表面的性能。其本质是将高速冷或微热的含有颗粒的流体喷在翅片表面。这种方法不仅可以喷涂金属，还可以喷涂金属陶瓷混合物，从而获得具有各种不同性能的表面。

螺旋折流板换热器

最新发展起来的一种管壳式换热器，是由美国 ABB 公司提出的。在列管式换热器中，壳程通常是一个薄弱环节。美国 ABB 公司提出了一种全新方案，采用螺旋状折流板。

新型麻花管换热器

瑞典 Alares 公司开发了一种扁管式换热器,俗称麻花管式换热器。螺旋扁管的制造工艺包括压扁和热捻两道工序。改进后的麻花管换热器与传统的管壳式换热器一样简单,但改善了传热,减少了结垢,真正实现逆流,降低成本,无振动,节省空间,无挡板元件。由于独特的管体结构,管程与壳程同时进行螺旋运动,提高了湍流度。该换热器的总传热系数比常规换热器高 40%,压降几乎相同。组装换热器时也可以采用螺旋扁管和光管的混合方式。换热器严格按照 ASME 标准制造,可替代管壳式换热器和传统装置,可以获得普通管壳式换热器和板框式换热设备所获得的最佳值。预计新型麻花管换热器在化工、石油化工等行业具有广阔的应用前景。

项目十四　换热器拆装实训

学习目标

知识目标
1. 掌握换热器单元的工艺流程。
2. 掌握各种规格化工管路的连接方式及各种管件在管路中的作用。
3. 了解化工管路的拆装顺序、安装方法、安装原则及注意事项。
4. 了解掌握各种测量仪表的工作原理及拆装规范。

能力目标
1. 能根据操作规程正确拆装管路及换热器。
2. 能正确对法兰等密封面及密封件进行清理及检查。
3. 能够正确使用及拆装转子流量计、温度计等。

素质目标
1. 在工作中能够规范操作、听从指挥。
2. 遵守操作规程，具备较强的安全意识，工作细心严谨。
3. 在工作中具备较强的表达能力和沟通能力。
4. 在工作中能够互相配合，具备团队协助、团队合作意识。

项目导言

基础理论和基本技能是化工生产技术专业人员必须具备的能力，而换热器拆装实训涉及化工原理、化工工艺、化工仪表、化工设备、化工设计等多门化工专业核心理论课程，通过装置的操作实训，能提高学生的实际动手能力和理论知识的运用能力，因此本实训是化工类专业学生进行实践实习的重要内容之一。

本套拆装装置以水储罐、蒸气储罐、换热器、离心泵为主体，配套有管路、管件、阀门、测量仪表等。学生通过实训掌握化工管路拆装的技巧、技术要求，储罐、换热器及管路的材质、规格以及在化工生产中的重要作用，提高学生理论结合实践的能力，培养学生的工程观念和理论知识的综合应用能力。

本项目中学生将以操作人员身份进入"车间"，学习有关换热器的拆装操作。主要任务包括：
① 学习拆装的原则和方法；
② 了解换热器拆装工艺流程简图；
③ 学习换热器的拆装步骤；
④ 换热器拆装操作实训。

任务一
学习拆装的原则和方法

任务描述
绘制装置流程图，掌握拆装的原则及方法。

应知应会

一、拆装基本要求

（1）管路安装顺序及要求　管路安装顺序一般按照先下后上、先近后远，先主线、后分支，先管线、后仪表顺序安装。对于螺纹连接的管路，其中关键活接头必须最后安装或拧紧。管路安装要保证横平竖直，水平偏差不大于15mm/10m，但其全长不能大于50mm，垂直偏差不大于10mm。

作业前要有熟悉系统危险的人员做好工作安全分析，识别所有危险，如作业环境危险，管道、设备内系统存在危险，作业中可能产生的危险，个人防护等。

（2）法兰、管件的安装　法兰的安装要做到对得正、不反口、不错口、不张口。紧固法兰时要注意：首先将法兰密封面清洁干净，其表面不得有沟纹，在紧螺栓时要按对称位置的秩序拧紧，拧紧后螺栓应露出2～4丝扣；加垫片时要放正，每对法兰之间只能加一层垫片；每对法兰的平行度、同心度要符合要求。对螺纹连接管件的安装，螺纹接合时要做到生料带缠绕方向正确和厚度合适，螺纹与管件咬合时要对准、对正，拧紧用力要适中。

（3）阀门、仪表的安装　阀门安装前要将内部清洁干净，关闭好再进行安装，对单向阀、截止阀等有方向性的阀门要与介质流向吻合，安装好的阀门手轮或手柄位置要便于操作。流量计和压力表等测量仪表的安装要按具体安装要求进行，要注意流向，有刻度的位置要对着设备的操作面以便于读数。

（4）换热器的拆装　拆卸换热器，先拆下换热器固定脚螺栓，拆固定脚螺栓同时要有专人扶住换热器，以防换热器从支架上意外掉落。然后将换热器从支架上抬到地面上（换热器较重，注意安全），拆下换热器两段封盖即可看见内部列管结构。

二、试压试漏

管路安装完毕后，为了保证管路能正常运行，要对管路的强度和气密性进行试验，检查管路是否有漏气和漏液的现象。试压常用的是水压试验，管路的操作的压力和输送的物料不同，其试验压力的大小和稳压时间的要求也不同，试验压力一般为工作压力的1.25～1.5倍，稳压时间一般在30min以上。在规定的稳压时间内，试验压力保持不变，检查管路所有接口没有发现渗漏现象，即为水压试验合格。若试压过程中发现泄漏，先卸压再处理，直到无泄漏。水压试验时升压要缓慢，试验压力较高时，要逐渐加压，以便能及时发现泄漏处和其他缺陷。稳压工作不要反复进行，以免影响设备和管路的强度。试验结束后，将系统内的水排净。

三、工具使用

常用的工具有活口扳手、梅花扳手、呆扳手以及管子钳等。活口扳手、梅花扳手、呆扳手用于如螺栓等有角的零件或管件的拆卸和安装。管子钳用于圆管或圆形的管件拆卸和安装，不要用管子钳去拆卸和安装有角的零件或管件。使用台钳时，只能用台钳夹紧管子，绝不允许用台钳夹阀门、管件和仪表，以免夹坏这些部件。换热器拆装实训设备见表14-1。

表 14-1　换热器拆装实训设备

编号	名称	规格型号	数量
1	储罐	不锈钢 $\phi 500\text{mm} \times 600\text{mm}$	2
2	列管换热器	不锈钢，$\phi 219\text{mm}$，$F=1.1\text{ m}^2$	1
3	离心泵	机械密封卧式连轴离心泵	2

任务实施

工作任务单　学习拆装的原则和方法

姓名		专业		班级		学号		成绩	
步骤	内容								
任务描述	请以新入职员工的身份进入本任务的学习，在任务中学习拆装的原则及方法。								
应知应会要点	（需学生提炼）								
任务实施	请你梳理一下本次拆装工作涉及设备或材料都有哪些，以及在拆装这些部件过程中用到哪些工具。								

任务总结与评价

在学习过程中有哪些让你感兴趣的内容？

任务二
了解换热器拆装工艺流程简图

任务描述

请以新入职员工的身份进入本任务的学习，在任务中了解换热器拆装的简图。

应知应会

换热器拆装单元流程简介：

水蒸气在蒸汽储罐稳压后，经管路进入列管式换热器。冷却水由水泵（单泵、串联、并联）从水储罐输送到换热器与水蒸气逆向接触，蒸汽经水冷却后，由换热器底部管路排出，如图14-1所示。

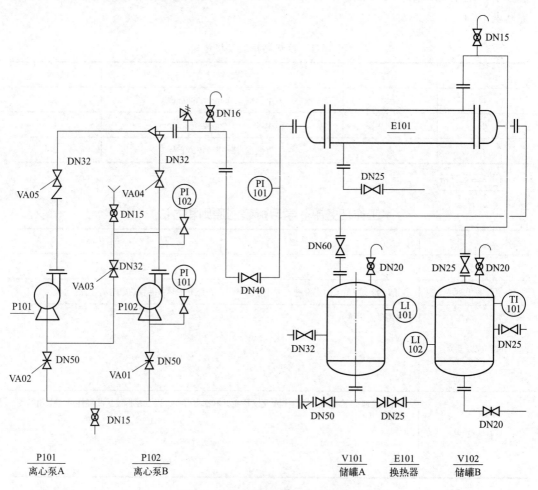

图 14-1　换热器拆装工艺流程图

任务实施

工作任务单　了解换热器拆装工艺流程简图

姓名：	专业：	班级：	学号：	成绩：
步骤	内容			
任务描述	请以新入职员工的身份进入本任务的学习，在任务中了解换热器拆装的流程简图。			
应知应会要点	（需学生提炼）			

任务实施	作为拆装人员，在换热器拆装之前需要了解工艺简图，请你用 CAD 或 Visio 画出换热器拆装的流程图。

任务总结与评价
谈谈本次任务的感受。

任务三
学习换热器的拆装步骤

任务描述
学习换热器的拆装步骤。

应知应会
1. 拆装前准备

（1）对照之前画的流程图，将装置中的设备管路、设备管口、管件、阀门、测量仪表作好标记，包括种类、安装方式、安装位置、连接零部件等，保证正确地拆卸及安装。

（2）准备拆装工具：准备好拆装工具并把工具摆放整齐，准备好货架，供摆放测量仪表使用，为拆装管路和设备预留足够的空间。

（3）穿戴好劳保用品，做好个人防护。

（4）拆装前先确认系统断电，挂禁动警示，设备及管道的水已排掉（如果是工艺物料，需要整个系统倒空、吹扫置换干净，不同位置取样分析，分别有两次合格结果才可拆卸，如有与其他装置相连的管线，需加盲板隔开，此次不涉及）。根据先易后难、先支路后主路、易损件优先的拆装原则，先后对测量仪表、管路、设备三个部分分别进行拆装。

2. 测量仪表的拆卸

（1）压力仪表的拆卸　拆卸现场的压力表，注意减少对压力表盘和缓冲管的保护，用力不能过猛，防止损坏压力表盘及缓冲管。压力表分类放在货架上，做到轻拿轻放，表盘面向上。

（2）流量计的拆卸　根据流量计的安装位置确定拆卸流量计的时机，支路管道上的流量计可先行拆卸，主管路上的流量计可在拆卸管路时择机拆卸。拆卸过程中保管好垫片等附件，螺栓、螺母及垫片集中分类放好。保持流量计的进出口清洁，并按流量计的不同规格分别放在货架上。

（3）液位计的拆卸　拆卸法兰式液位计，注意保护好液位计玻璃管，按规格不同分别将液位计放在货架上，法兰垫片、螺栓、螺母垫片等集中分类放好。

3. 管路的拆卸

管路根据先上后下、先支路后主路的原则依次拆卸。拆卸下来的阀门、管件分类放好，螺栓、法兰垫片等集中分类放好。拆卸过程中避免碰撞，保护好各零件，并注意自身及他人安全。

4. 换热器的拆卸

拆卸换热器，先拆下换热器固定脚螺栓，拆固定脚螺栓同时要有专人扶住换热器，以防换热器从支架上意外掉落。然后将换热器从支架上抬到地面上（换热器较重，注意安全）。

拆卸封头时，对角松开螺栓，初时每次 $1\sim 2$ 圈，重复多次至完全松开。拆下螺栓配套在指定位置摆放整齐。封头拆下后，小心取下垫片，一起放至指定位置，封头密封面向上。

5. 安装前准备

（1）对法兰等密封面、密封件进行清理，清理掉所有的杂质及污物，特别注意密封面凹槽中的杂物要清理彻底，如果法兰面损坏严重则需要修补或更换。

（2）装置中所有的垫片要清理干净，保证垫片干净完整，对破损或变形的垫片要更换。

（3）对各种阀门进行检查，保证外观要无损伤，阀体严密性好，阀杆不得弯曲，如不符合要求需要及时修补或更换。

6. 换热器的安装

先安装换热器的两个封盖，确保"对号入座"（即从哪拆下来就装回哪里去）。拧紧螺栓时应对称成十字交叉进行，以保障垫片各处受力均匀，拧紧后的螺栓列出丝扣的长度不应大于螺栓直径的一半，并不应小于 2mm。且不可一次性拧死，循序多次拧紧可保证良好的密封性。封头回装完成后，分别从上下左右选四个点测量两法兰间的间隙尺寸，保证尺寸一致性。之后将换热器放回基座固定好地脚螺栓（过程中注意安全，防止人员受伤）。

7. 管路的安装

管路安装顺序与拆卸顺序基本相反，以固定设备接口为起始端开始安装为佳，法兰螺栓安装方式与上述方法相同。同时应该注意以下几点：

（1）了解各个管件安装方式，整体规划安装顺序，部分位置安装顺序错误可能无法正常安装。

（2）保证管路走向横平竖直，拐角时要走直角。

（3）安装前将管路及阀门内部清理干净，阀门关闭好再进行安装。

（4）正确选择阀门种类及安装方向（流向、操作方向等）。

（5）活接垫片、法兰垫片、螺栓垫片等安装无遗漏。

（6）流量计安装注意流向、读值面朝向正确。

8. 测量仪表的安装

（1）液位计的安装　安装液位计的上下接口时，要保持液位计刻度及接口处清洁，保证安装方向正确。

（2）温度计的安装　安装过程要轻拿轻放，先安装双金属温度计，确定规格及读值面朝向正确。

（3）流量计的安装　要正确检查流量计的规格，确保方向竖直及读值面朝向正确，保持流量计畅通及进出口清洁。

（4）压力表的安装　先安装现场的压力表，安装过程中要保护好表盘和缓冲管，注意读值面朝向正确。

9. 试水运行

（1）检查装置已回装完成，无遗漏点。

（2）确认储罐液位，保证液位足够，防止抽空。

（3）离心泵送电、盘泵正常、油位正常、冷却水投用。

（4）打开 V-101 罐底至 P102 之间管线上所有阀门，进行灌泵。

（5）打开 E-101 管程出、入口阀门。打开 V-101 罐顶排气阀排气。

（6）启动泵，观察泵无异响及振动，缓慢打开泵出口阀，直至全开。

（7）观察泵出口压力稳定，运行正常。

（8）观察 V-101 罐液位稳定，则说明管线已充满，关闭灌顶排气阀。

（9）运行期间观察各接口位置是否有泄漏，少量滴漏可直接紧固。大量泄漏，停泵重新紧固。

（10）试漏完成关闭泵出口阀，停泵。

10. 常见的故障及处理方法

常见的故障及处理方法见表 14-2。

表 14-2　常见的故障及处理方法

故障特征	原因	处理方法
电机不能启动	电源故障	检查电源
泵不出水	水泵反转 泵腔蓄水太少 吸入、排出阀关死 进水管或泵中有空气	调整电机接线 增加蓄水量 打开阀门 重新灌液、排净空气
泵流量不足	管路堵塞 进水管吸入空气	清理水泵及管路 检查管路

任务实施

工作任务单　学习换热器的拆装步骤

姓名：	专业：	班级：	学号：	成绩：

步骤	内容
任务描述	请以新入职员工的身份进入本任务的学习，在任务中学习换热器拆装步骤。
应知应会要点	（需学生提炼）

	目前你已经掌握了换热器的拆装步骤,请明确你所在小组的分工,并完成下表。					
任务实施	序号	任务	承担任人员	配合人员	所需工具	可能出现的问题	解决措施
	1						
	2						
	3						
	4						
	5						
	6						
	7						
	8						
	9						

任务总结与评价

你所在小组是如何进行分工的,采取了什么原则?

任务四
换热器拆装操作实训

任务描述

请以操作人员的身份进入本任务的学习,在任务中进行换热器的拆装实训。

应知应会

1. 正确劳保着装

劳动保护并不是简单地穿上工作服即可,在进入化工设备内部作业时,劳保必须起防护作用,有一定的防护要求。在易燃、易爆的设备内,应穿防静电工作服,要穿着整齐,扣子要扣紧,防止起静电火花或有腐蚀性物质接触皮肤,工作服的兜内不能携带尖角或金属工具,一些小的工具,如角度尺等应装入专用的工具袋。

安全帽必须保证帽带扣紧,帽子与头适配,由于在设备内部作业施工空间不足,很可能出现碰头现象,还要保证帽芯与帽壳间留有一定缝隙,防止坠物打击帽子后帽芯不能将帽壳与头隔开,帽壳直接压在头上造成伤害。因此,帽芯内部要留有足够的缓冲距离。

正确佩戴劳保手套，在一些酸、碱等腐蚀性较强的设备内作业要佩戴防腐手套，手套坏了要及时更换，尤其是夏季作业手出汗多，会降低手套的绝缘性能和出现打滑现象，所以应最好多备几副手套。

劳保鞋要采用抗静电和防砸专用鞋。所穿的大头皮鞋，鞋底应采用缝制，不要用钉制，同时要考虑防滑性能，鞋带要系紧，保证行走方便。

在有条件的塔（工作环境允许的塔）内工作时，尽量在作业范围的塔底铺设一些石棉板或胶皮，这样既防滑又隔断了人与设备的直接接触。

2．拆装行为规范

（1）严禁烟火、不准吸烟；
（2）保持实训环境的整洁；
（3）不准从高处乱扔杂物；
（4）不准随意坐在灭火器箱、地板上；
（5）非紧急情况下不得随意使用消防器材（训练除外）；
（6）不得倚靠在实训装置上；
（7）在实训基地、教室里不得打骂和嬉闹；
（8）使用完的清洁用具按规定放置整齐。

3．进入容器、设备的八个必须

（1）必须申请办证，并得到批准；
（2）必须进行安全隔绝；
（3）必须切断动力电，并使用安全灯具；
（4）必须进行转换、通风；
（5）必须按时间要求，进行安全分析；
（6）必须佩戴规定的防护用品；
（7）必须有人在器外监护，并坚守岗位；
（8）必须有抢救后备措施。

任务实施

工作任务单　换热器拆装操作实训

姓名:	专业:	班级:	学号:	成绩:
步骤	内容			
任务描述	请以操作人员的身份进入本任务的学习，在任务中完成换热器的拆装实训。			
应知应会要点	（需学生提炼）			

续表

任务实施	1. 请小组完成本次拆装实训，并在小组中选出安全员（可小组之间互换），监督小组成员按照安全等相关规定进行实训。 2. 请完成送电申请。				
	申请部门		申请人		申请日期
	批准人		停、送电执行人		年 月 日 时 分
	操作时间：　　时　　分		停电□		送电□
	序号	设备名称			设备编号

任务总结与评价

在拆装实训过程中有哪些让你感触很深？

项目评价

项目综合评价表

姓名		学号		班级	
组别		组长及成员			

项目成绩：　　　　　总成绩：

任务	任务一	任务二	任务三	任务四
成绩				

自我评价

维度	自我评价内容	评分（1～10分）
知识	掌握换热器单元的工艺流程	
	掌握各种规格化工管路的连接方式及各种管件在管路中的作用	
	掌握各种测量仪表的工作原理及拆装规范	
能力	能根据操作规程正确拆装管路及换热器	
	能正确对法兰等密封面及密封件进行清理及检查	
	能够正确使用及拆装转子流量计、温度计等	
素质	在工作中能够规范操作、听从指挥	
	遵守操作规程，具备较强的安全意识，工作细心严谨	
	在工作中具备较强的表达能力和沟通能力	
	在工作能够互相配合，具备团队协助、团队合作意识	
我的反思	我的收获	
	我遇到的问题	
	我最感兴趣的部分	
	其他	

项目拓展

造纸术

造纸术是中国古代劳动人民的一项重要发明。纸是我们日常生活中最常用的物品。不管是看书、看报、写字还是画画，都需要纸。在工业、农业和国防工业的生产中，纸也是不可缺少的。中国造纸工业的发展与国民经济和社会发展密切相关。经济发展为造纸工业的发展提供了强有力的支持。你知道板式换热器在造纸行业中的应用吗？

蒸煮是在制浆过程中将造纸原料和蒸煮液放入蒸煮器中，用蒸汽加热，除去纤维原料中的非纤维素部分。烹饪中的能量消耗过程。蒸煮结束时，对蒸煮器喷出的浆液产生的大量低品位热能进行回收利用，是一个能源资源综合利用的过程。

将蒸煮锅底部排出的浆液喷入平底喷壶上部。因为压力下降，浆料中的水会闪蒸并产生脏蒸汽。脏蒸汽从排污盘顶部溢出，进入泥浆分离器。在泥浆分离器中，蒸汽携带的泥浆和其他杂质被分离出来，通过分离器底部的回流管返回平底喷壶。来自分离器顶部的蒸汽进入喷射冷凝器，同时，在闪蒸过程中排出的脏蒸汽和热空气也进入喷射冷凝器。

在喷射冷凝器中，由污热水喷射泵加压的 30～40℃污热水从喷射冷凝器顶部喷出。与污蒸汽直接进行热交换后成为 90℃污热水，进入污热水箱。从污热水箱上部溢出的污热水经过污热水过滤器去除污热水中的残留浆液和其他杂质后流经中水箱，然后将废热水送至板式换热器与冷水和清水进行热交换。换热后的废热水温度降至 35℃，返回作为喷淋冷凝器的冷却水。

来自洗涤段的冷净水的温度约为 25℃。大部分进入板式换热器与脏热水进行热交换，部分作为喷淋式冷凝器的冷却水补充。当温度升至 70℃时，放入热水箱，热水最终由热水泵送至洗涤工段进行纸浆洗涤。

板式换热器在造纸工业中的应用不仅限于此。只要是蒸汽和液体之间的加热、预热、冷却和冷凝，都可以使用板式换热器。

项目十五 换热器单元操作仿真训练

学习目标

知识目标
1. 掌握换热器单元的工艺流程的绘制。
2. 掌握换热器操作过程中的注意事项。
3. 掌握换热器单元操作中关键参数的调控要点。
4. 掌握换热器操作中典型故障的现象、产生原因和处理方法。
5. 理解换热器单元工艺的基本原理。

能力目标
1. 能够根据换热器现场图补全换热器工艺流程图。
2. 能根据开车操作规程，配合班组指令，进行换热器单元的开车操作。
3. 能根据停车操作规程，配合班组指令，进行换热器单元的停车操作。
4. 学习换热器的维护与保养，在出现故障时能够及时做出正确的处理。

素质目标
1. 在工作中具备较强的表达能力和沟通能力。
2. 遵守操作规程，工作认真、严谨、负责。
3. 在设备出现故障时，具有沉着冷静的心态并能进行及时正确的处理。
4. 在完成班组任务过程中，时刻牢记安全生产和经济生产。

项目导言

生活中，很多人喜欢在冬天有暖阳的时候晒被子，冬天白天在太阳底下晒干的被子晚上会感觉很暖和，拍打后效果更加明显。这可以用传热的知识来解释，被子晒干了之后，更多的空气可以进入棉布的缝隙中。空气的传热方式主要是导热，空气的热导率小并且具有良好的保温性能。狭小的棉绒空间内，拍打被子让更多的空气进入，所以拍打后效果更明显。还有一个奇怪的现象。为什么夏天在20℃的室内工作，穿单件外套感觉舒服？而冬天在22℃的室内工作，要穿保暖的衣物？首先，冬夏最大的不同就是室外温度的不同。夏季室外温度高于室内温度，因此通过墙壁的传热方向是从室外传递到室内。冬季室外温度低于室内温度，通过墙体的传热方向由室内传至室外。因此，墙体内表面的温度在冬夏不同，夏季温度高于冬季温度。因此，虽然冬季

22℃的室内温度略高于夏季的20℃，但人体在冬季通过辐射和墙壁散出的热要比夏季高得多。人体的冷暖感觉主要是散热原理，冬天散热量大，所以需要穿厚厚的棉衣。

化学工业与传热密切相关。这是因为化学生产中的许多过程和单元操作都需要加热和冷却。例如，化学反应通常在一定的温度下进行，为了达到并保持一定的温度，需要向反应器输入或输出热量；另外在蒸发、蒸馏和干燥等单元操作中，热量输入或输出均有传热装置的使用。此外，化工设备的保温、生产过程中热能的合理利用、余热的回收等，都与传热问题有关。可见，传热过程普遍存在于化工生产中，起着极其重要的作用。

本项目中学生将以操作人员身份进入"车间"，学习有关换热器的生产操作。主要任务包括：

① 换热器的开车操作；
② 换热器的停车操作；
③ 换热器的事故处理（结垢、管堵、阀卡）。

任务一
换热器的开车操作

任务描述
请以操作人员（外操岗位）的身份进入本任务的学习，在任务中按照操作规程，完成换热器的开车操作。

应知应会
1. 工艺流程简介

换热器是进行热交换操作的通用工艺设备，广泛应用于化工、石油化工、动力、冶金等工业部门，特别是在石油炼制和化学加工装置中，占有重要地位。换热器的操作技术培训在整个操作培训中尤为重要。

本单元设计采用管壳式换热器。来自界外的92℃冷物流（沸点：198.25℃）由泵P101A/B送至换热器E-101的壳程被流经管程的热物流加热至145℃，并有20%被汽化。冷物流流量由流量控制器FIC101控制，正常流量为12000kg/h。来自另一设备的225℃热物流经泵P102A/B送至换热器E-101与流经壳程的冷物流进行热交换，热物流出口温度由TIC101控制（177℃），如图15-1所示。

为保证热物流的流量稳定，TIC101采用分程控制，TV101A和TV101B分别调节流经E-101和副线的流量，TIC101输出0%～100%分别对应TV101A开度0%～100%，TV101B开度100%～0%。

2. 控制方案

TIC101的分程控制线，如图15-2所示。

本单元现场图中现场阀旁边的实心红色圆点代表高点排气和低点排液的指示标志，当完成高点排气和低点排液时实心红色圆点变为绿色。

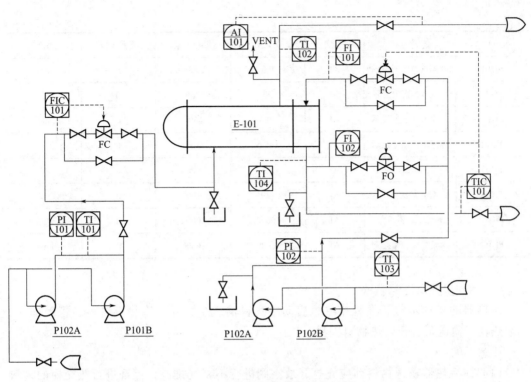

图 15-1 换热器单元工艺流程图

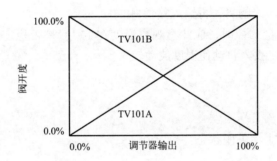

图 15-2 TIC101 的分程控制线

3. 主要设备

P101A/B：冷物流进料泵

P102A/B：热物流进料泵

E-101：列管式换热器

4. 主要工艺参数

换热器单元仿真主要工艺参数见表 15-1。

表 15-1 换热器单元仿真主要工艺参数

位号	说明	类型	正常值	量程上限	量程下限	工程单位
FIC101	冷流入口流量控制	PID	12000	20000	0	kg/h
TIC101	热流入口温度控制	PID	177	300	0	℃

续表

位号	说明	类型	正常值	量程上限	量程下限	工程单位
PI101	冷流入口压力显示	AI	9.0	27000	0	atm
TI101	冷流入口温度显示	AI	92	200	0	℃
PI102	热流入口压力显示	AI	10.0	50	0	atm
TI102	冷流出口温度显示	AI	145.0	300	0	℃
TI103	热流入口温度显示	AI	225	400	0	℃
TI104	热流出口温度显示	AI	129	300	0	℃
FI101	流经换热器流量	AI	10000	20000	0	kg/h
FI102	未流经换热器流量	AI	10000	20000	0	kg/h

5．启动步骤及注意事项

换热器的启动步骤：壳程排气、启动冷物料输送泵、开启冷物料进料、管程排气、启动热物料输送泵、开启热物料进料。

注意事项：

（1）在换热器输送物料前应先打开放空阀进行不凝气排放，保证进行热交换的物料能够充分接触。

（2）应保证先输入冷物料，再输入热物料。

（3）在热物料流量调控时，应注意观察温度在177℃是否稳定，在温度稳定后再投自动，避免温度不稳定投入自动使温度波动较大。

6．操作规程

（1）准备工作

① 换热器处于常温常压下。

② 各调节阀处于手动关闭状态。

③ 各手操阀处于关闭状态。

换热器单元开车操作

（2）启动冷物流进料泵 P101A

① 开换热器壳程排气阀 VD03。

② 开 P101A 泵的前阀 VB01。

③ 启动泵 P101A。

④ 当进料压力指示表 PI101 指示达 9.0atm 以上，打开 P101A 泵的出口阀 VB03。

（3）冷物流进料

① 打开 FIC101 的前后阀 VB04、VB05，手动逐渐开大调节阀 FV101（FIC101）。

② 观察壳程排气阀 VD03 的出口，当有液体溢出时（VD03 旁边标志变绿），标志着壳程已无不凝性气体，关闭壳程排气阀 VD03，壳程排气完毕。

③ 打开冷物流出口阀（VD04），将其开度置为 50%，手动调节 FV101，使 FIC101 达到 12000kg/h，且较稳定时 FIC101 设定为 12000kg/h，投自动。

（4）启动热物流进料泵 P102A

① 开管程放空阀 VD06。

② 开 P102A 泵的前阀 VB11。

③ 启动 P102A 泵。

④ 当热物流进料压力表 PI102 指示大于 10atm 时，全开 P102 泵的出口阀 VB10。

（5）热物流进料

① 全开 TV101A 的前后阀 VB06、VB07，TV101B 的前后阀 VB08、VB09。

② 打开调节阀 TV101A（默认即开）给 E-101 管程注液，观察 E-101 管程排气阀 VD06 的出口，当有液体溢出时（VD06 旁边标志变绿），标志着管程已无不凝性气体，此时关管程排气阀 VD06，E-101 管程排气完毕。

③ 打开 E-101 热物流出口阀（VD07），将其开度置为 50%，手动调节管程温度控制阀 TIC101，使其出口温度在（177±2）℃，且较稳定，TIC101 设定在 177℃，投自动。

任务实施

工作任务单　换热器的开车操作

姓名：	专业：	班级：	学号：	成绩：
步骤	内容			
任务描述	请以操作人员（外操岗位）的身份进入本任务的学习，在任务中按照操作规程，完成换热器的开车操作。			
应知应会要点	（需学生提炼）			
任务实施	现本班组接到生产任务需完成换热器的启动工作，请你完成开工方案的制定后，完成换热器的开车操作。 1. 本次开工方案主要步骤是什么？ 2. 启动仿真软件，完成冷态开车，要求成绩在 85 分以上，在 30min 内完成。			

任务总结与评价

请根据你学习的换热器冷态开车仿真操作，写下你认为换热器操作工在冷态开车环节应掌握的知识及技能。

任务二
换热器的停车操作

任务描述
请以操作人员（外操岗位）的身份进入本任务的学习，在任务中按照操作规程，完成换热器停车操作。

应知应会

1. 停车步骤及注意事项

停车步骤：停热物料输送泵、停止热物料进料、停冷物料输送泵、停冷物料进料、管程泄液、壳程泄液。

注意事项：

（1）应先停止热物料进料再停止冷物料进料，避免骤冷骤热造成机器损伤。

（2）停车后应进行高点排气，低点泄液。

（3）应先停泵再停止进料，避免泵空转造成损伤。

2. 操作规程

（1）停热物流进料泵 P102A

① 关闭 P102 泵的出口阀 VB10。

② 停 P102A 泵。

③ 待 PI102 指示小于 0.1atm 时，关闭 P102 泵入口阀 VB11。

（2）停热物流进料

① TIC101 置手动。

② 关闭 TV101A 的前、后阀 VB06、VB07。

③ 关闭 TV101B 的前、后阀 VB08、VB09。

④ 关闭 E-101 热物流出口阀 VD07。

（3）停冷物流进料泵 P101A

① 关闭 P101 泵的出口阀 VB03。

② 停 P101A 泵。

③ 待 PI101 指示小于 0.1atm 时，关闭 P101 泵入口阀 VB01。

（4）停冷物流进料

① FIC101 置手动。

② 关闭 FIC101 的前、后阀 VB04、VB05。

③ 关闭 E-101 冷物流出口阀 VD04。

（5）E-101 管程泄液

① 打开管程泄液阀 VD05，观察管程泄液阀 VD05 的出口。

② 当不再有液体泄出时，关闭泄液阀 VD05。

（6）E-101 壳程泄液

① 打开壳程泄液阀 VD02，观察壳程泄液阀 VD02 的出口。

② 当不再有液体泄出时，关闭泄液阀 VD02。

任务实施

工作任务单　换热器的停车操作

姓名：	专业：	班级：	学号：	成绩：
步骤	内容			
任务描述	请以操作人员（外操岗位）的身份进入本任务的学习，在任务中按照操作规程，完成换热器的停车操作。			
应知应会要点	（需学生提炼）			
任务实施	现本班组接到生产任务需完成换热器的停车操作，请你完成停工方案的制定后，完成换热器的停车操作。 1. 本次停工方案主要步骤是什么？ 2. 启动仿真软件，根据操作规程，完成停车操作，要求成绩在 85 分以上，在 20min 内完成。			

任务总结与评价

请根据你学习的换热器停车仿真操作，写下你认为换热器操作工在停车环节应掌握的知识及技能。

任务三
换热器的事故处理

任务描述

请以操作人员（外操岗位）的身份进入本任务的学习，在任务中了解并掌握换热器出现故障的现象，能够对结垢、管堵、阀卡等做出及时、妥当的处理。

应知应会

换热器单元在操作过程中常出现阀卡、结垢、管堵的现象，在出现操作故障时要求操作人员能够及时进行事故处理。下面介绍换热器常见故障的主要现象和处理方法。

1. 阀卡

（1）FIC101（冷流入口流量控制）阀卡

主要现象及原因：

① FIC101 流量减小，热流体流量无变化。产生原因：FIC101 的开度被卡在小于 50% 的位置。

② P101 泵出口压力升高。产生原因：P101 泵入口压力不变，泵功率不变，而出口处开度减小，流体受阻，压力升高。

③ 冷物流出口温度升高。产生原因：冷流体进入换热器的流量减少，而热流体流量不变，单位体积的冷流体温度升高。

事故处理：关闭 FIC101 前后阀，打开 FIC101 的旁路阀（VD01），调节流量使其达到正常值。

（2）TV101A（热流入口温度控制）阀卡

主要现象及原因：

① 热物流经换热器换热后的温度降低。产生原因：热物流流入换热器的流量减少。

② 冷物流出口温度降低。产生原因：热物流流经换热器换热后的温度降低，热物流流入换热器的流量减少。

事故处理：关闭 TV101A 前后阀，打开 TV101A 的旁路阀（VD01），调节流量使其达到正常值。关闭 TV101B 前后阀，调节旁路阀（VD09）。

2. 部分管堵

主要现象：

① 热物流流量减小。

② 冷物流出口温度降低，汽化率降低。

③ 热物流 P102 泵出口压力略升高。

事故处理：停车拆换热器清洗。

3. 换热器结垢严重

主要现象及原因：热物流出口温度高。产生原因是冷物流出口温度降低，汽化率下降。

事故处理：停车拆换热器清洗。

任务实施

工作任务单　换热器的事故处理

姓名：		专业：		班级：		学号：		成绩：	
步骤	内容									
任务描述	请以操作人员（外操岗位）的身份进入本任务的学习，在任务中了解并掌握换热器出现故障的现象，能够做出及时妥当的处理。								

续表

应知应会要点	（需学生提炼）		
任务实施	1. 填写表格中换热器典型故障产生原因与处理方法。		
	事故名称	产生原因	处理方法
	冷流入口流量控制阀阀卡		
	结垢严重		
	2. 启动仿真软件，根据操作规程，完成故障处理工况操作，要求成绩在 85 分以上，在 20min 内完成。		

任务总结与评价

请根据你学习的换热器事故处理仿真操作，写下你认为换热器操作工在事故处理环节应掌握的知识及技能。

项目评价

项目综合评价表

姓名		学号		班级	
组别		组长及成员			

项目成绩： 　　　　　总成绩：

任务	任务一	任务二	任务三
成绩			

自我评价

维度	自我评价内容	评分（1~10分）
知识	握换热器单元的工艺流程的绘制	
	掌握换热器操作过程中的注意事项	
	掌握换热器单元操作中关键参数的调控要点	
	掌握换热器操作中典型故障的现象、产生原因和处理方法	
	理解换热器单元工艺的基本原理	
能力	根据换热器现场图补全换热器工艺流程图	
	能根据开车操作规程，配合班组指令，进行换热器单元的开车操作	
	能根据停车操作规程，配合班组指令，进行换热器单元的停车操作	
	学习换热器的维护与保养，在出现故障时能够及时做出正确的处理	
素质	在工作中具备较强的表达能力和沟通能力	
	遵守操作规程，工作认真、严谨、负责	
	在设备出现故障时，具有沉着冷静的心态并能进行及时正确的处理	
	在完成班组任务过程中，时刻牢记安全生产和经济生产	
我的反思	我的收获	
	我遇到的问题	
	我最感兴趣的部分	
	其他	

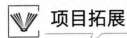 项目拓展

换热器事故典型案例

事故后果：

1994年2月17日，湖南岳阳氮肥厂甲胺分厂发生泄漏事故，死亡3人，中毒4人，直接经济损失约157万元，停产1个月。

事故经过：

1994年2月13日，湖南省岳阳市氮肥厂甲胺分厂合成柱低温换热器因内漏导致转化率低而停机安排检修。2月15日，堵住内漏，拆下法兰垫片，20点维修完毕，水压试验未发现漏水，于是开车加热。2月16日，中产班转入正常运营。2月17日凌晨3时10分，新更换的换热器封头法兰金属缠绕垫突然被容器内介质冲走，大量液氨和甲醇混合物喷出，形成东西约200m、南北约100m的混合体。现场操作人员7人中毒，其中重度中毒3人死亡，4人被送往医院抢救。事故发生后，全厂干部职工及时赶到事故现场，排除起爆条件，切断泄漏气源，并用5辆消防洒水车强行稀释有毒气体，5点30分，事故现场已得到控制。

事故分析：

这起事故的直接原因是工厂工人没有按图纸要求更换法兰垫片。低温换热器封头法兰密封垫片要求为金属复合石棉垫，2月15日维修更换为金属缠绕垫，当设备工作压力升高时，薄弱点的金属缠绕垫被冲开，内部介质突然大量外喷，造成事故。

事故发生的主要原因是维修完成后，操作人员没有严格按照规定对集装箱进行水压试验和气密性试验，埋下了事故隐患。同时，设备维修质量问题也是事故发生的重要原因。安装封头法兰时，不按拧紧螺栓的方法进行操作，使整个法兰受力均匀；并且28个法兰螺栓没有装满，缺少1个。值班的操作、维修人员没有及时发现事故征兆，没有加强检查。

项目十六　锅炉单元操作仿真训练

学习目标

知识目标
1. 掌握锅炉单元的工艺流程与基本原理。
2. 掌握锅炉常见事故的应急处理方法。
3. 掌握锅炉单元仿真操作，工艺参数的设定与调节。

能力目标
1. 能够根据操作规程，配合班组指令，完成锅炉单元的开车操作。
2. 能够根据操作规程，配合班组指令，完成锅炉单元的停车操作。
3. 在操作中出现事故时，能够做出及时正确的处理。

素质目标
1. 通过仿真练习培养严谨、认真、求实的工作作风。
2. 在仿真练习中总结生产操作的经验，为日后走上工作岗位奠定基础。
3. 具备团队精神及理论联系实践的独立工作能力。

项目导言

　　锅炉是一种能量转换设备，输入锅炉的能量是燃料中的化学能、电能，锅炉输出一定量的蒸汽、高温水或有机热载体的热能。锅的本义是指在火上加热的盛水容器，炉是指燃料燃烧的地方，而锅炉包括锅和炉两部分。锅炉产生的热水或蒸汽，可以直接提供工业生产和人们生活所需的热能，也可以通过蒸汽动力装置转化为机械能，也可以通过发电机将机械能转化为电能。

　　锅炉在"锅"和"炉"两部分同时进行，水进入锅炉后，汽水系统中锅炉受热面将吸收的热量传递给水，使水在一定温度和压力下加热成热水或产生蒸汽，将其引出应用。在燃烧设备部分，燃料燃烧不断释放热量，燃烧产生的高温烟气通过热量的传播将热量传递到锅炉的受热面，同时自身温度逐渐降低，最终从烟囱排出。

　　基于燃料（燃料油、燃料气）与空气按一定比例混合即发生燃烧而产生高温火焰并放出大量热量的原理，锅炉主要是通过燃烧后辐射段的火焰和高温烟气对水冷壁的锅炉给水进行加热，使锅炉给水变成饱和水而进入汽包进行汽水分离，而从辐射室出来进入对流段的烟气仍具有很高的温度，再通过对流室对来自汽包的饱和蒸汽进行加热即产生过热蒸汽。

名词解释：

（1）汽水系统　汽水系统即所谓的"锅"，它的任务是吸收燃料燃烧放出的热量，使水蒸气蒸发最后成为规定压力和温度的过热蒸汽。它由（上、下）汽包、对流管束、下降管、（上、下）联箱、水冷壁、过热器、减温器和省煤器组成。

① 汽包：装在锅炉的上部，包括上下两个汽包，它们分别是圆筒形的受压容器，它们之间通过对流管束连接。上汽包的下部是水，上部是蒸汽，它接收省煤器的来水，并依靠重力的作用将水经过对流管束送入下汽包。

② 对流管束：由多根细管组成，将上、下汽包连接起来。上汽包中的水经过对流管束流入下汽包，其间要吸收炉膛放出的大量热。

③ 下降管：它是水冷壁的供水管，汽包中的水流入下降管并通过水冷壁下的联箱均匀地分配到水冷壁的上升管中。

④ 水冷壁：是布置在燃烧室内四周墙上的许多平行的管子。它主要的作用是吸收燃烧室中的辐射热，使管内的水汽化，蒸汽就是在水冷壁中产生的。

⑤ 过热器：过热器的作用是利用烟气的热量将饱和的蒸汽加热成一定温度的过热蒸汽。

⑥ 减温器：在锅炉的运行过程中，由于很多因素使过热蒸汽加热温度发生变化，而为用户提供的蒸汽温度要保持在一定范围内，为此必须装设汽温调节设备。其原理是接收冷量，将过热蒸汽温度降低。本单元中，一部分锅炉给水先经过减温器调节过热蒸汽温度后再进入上汽包。本单元的减温器为多根细管装在一个筒体中的表面式减温器。

⑦ 省煤器：装在锅炉尾部的垂直烟道中。它利用烟气的热量来加热给水，以提高给水温度，降低排烟温度，节省燃料。

⑧ 联箱：本单元采用的是圆形联箱，它实际为直径较大，两端封闭的圆管，用来连接管子，起着汇集、混合和分配水汽的作用。

（2）燃烧系统　燃烧系统即所谓的"炉"，它的任务是使燃料在炉中更好地燃烧。本单元的燃烧系统由炉膛和燃烧器组成。

本项目中学生将以操作人员身份进入"车间"，学习有关锅炉的生产操作。主要任务包括：

① 锅炉的开车操作；

② 锅炉的停车操作；

③ 锅炉的事故处理。

任务一
锅炉的开车操作

任务描述

请以操作人员（外操岗位）的身份进入本任务的学习，在任务中按照操作规程，完成锅炉的开车操作。

应知应会

1. 工艺流程简介

主要设备为 WGZ65/39-6 型锅炉，采用自然循环，双汽包结构。锅炉主体由省煤器、上汽包、对流管束、下汽包、下降管、水冷壁、过热器、表面式减温器、联箱组成。省煤器的主要作用是预热锅炉给水，降低排烟温度，提高锅炉热效率。上汽包的主要作用是汽水分离，连接受热面构成正常循环。水冷壁的主要作用是吸收炉膛辐射热。过热器分低温段、高温段过热器，其主要作用是使饱和蒸汽变成过热蒸汽。减温器的主要作用是微调过热蒸汽的温度（调整范围为 10～33℃）。

锅炉设有一套完整的燃烧设备，可以适应燃料气、燃料油、液态烃等多种燃料。根据不同蒸汽压力既可单独烧一种燃料，也可以多种燃料混烧，还可以分别和 CO 废气混烧。本任务仿真为燃料气、燃料油、液态烃与 CO 废气混烧仿真。

除氧器通过水位调节器 LIC101 接收外界来水，经热力除氧后，一部分水经低压水泵 P102 供全厂各车间，另一部分经高压水泵 P101 供锅炉用水，除氧器压力由 PIC101 单回路控制。锅炉给水一部分经减温器回水至省煤器；一部分直接进入省煤器，两路给水调节阀通过过热蒸汽温度调节器 TIC101 分程控制，被烟气回热至 256℃。饱和蒸汽进入上汽包，再经对流管束至下汽包，再通过下降管进入锅炉水冷壁，吸收炉膛辐射热使其在水冷壁里变成汽水混合物，然后进入上汽包进行汽水分离。锅炉总给水量由上汽包液位调节器 LIC102 单回路控制。

256℃的饱和蒸汽经过低温段过热器（通过烟气换热）、减温器（锅炉给水减温）、高温段过热器（通过烟气换热），变成 447℃、3.77MPa 的过热蒸汽供给全厂用户。

燃料气包括高压瓦斯气和液态烃，分别通过压力控制器 PIC104 和 PIC103 单回路控制进入高压瓦斯罐 V-101，高压瓦斯罐顶气通过过热蒸汽压力控制器 PIC102 单回路控制进入六个点火枪；燃料油经燃料油泵 P105 升压进入六个点火枪进料燃烧室。

燃烧所用空气通过鼓风机 P104 增压进入燃烧室。CO 烟气系统由催化裂化再生器产生，温度为 500℃，经过水封罐进入锅炉，燃烧放热后再排至烟囱。

锅炉的主要用途是提供中压蒸汽及消除催化裂化装置再生的 CO 废气对大气的污染，回收催化装置再生的废气之热能。锅炉排污系统包括连排系统和定排系统，用来保持水蒸气品质。

补充说明：单元的液位指示说明

（1）在除氧器 DW-101 中，在液位指示计的 0 点下面，还有一段空间，故开始进料后不会马上有液位指示。

（2）在锅炉上汽包中，同样是在液位指示计的起测点下面，还有一段空间，故开始进料后不会马上有液位指示。同时上汽包中的液位指示计较特殊，其起测点的值为 -300mm，上限为 300mm，正常液位为 0mm，整个测量范围为 600mm。

2. 复杂控制回路说明

TIC101：锅炉给水一部分经减温器回水至省煤器；一部分直接进入省煤器，通过控制两路水的流量来控制上汽包的进水温度，两股流量由一分程调节器 TIC101 控制。当 TIC101 的输出为 0 时，直接进入省煤器的一路为全开，经减温器回水至省煤器一路为 0；当 TIC101 的输出为 100 时，直接进入省煤器的一路为 0，经减温器回水至省煤器一路为全开。锅炉上水的总量只受上汽包液位调节器 LIC102 单回路控制。

分程控制：就是由一只调节器的输出信号控制两只或更多的调节阀，每只调节阀在调节器的输出信号的某段范围中工作。

3. 主要设备

B-101：锅炉主体

V-101：高压瓦斯罐

DW-101：除氧器

P101：高压水泵

P102：低压水泵

P103：Na_2HPO_4 加药泵

P104：鼓风机

P105：燃料油泵

4. 主要工艺参数

锅炉单元主要工艺参数见表 16-1。

表 16-1　锅炉单元主要工艺参数

位号	说明	类型	正常值	量程高限	量程低限	工程单位
LIC101	除氧器水位	PID	400.0	800.0	0.0	mm
LIC102	上汽包水位	PID	0.0	300.0	-300.0	mm
TIC101	过热蒸汽温度	PID	447.0	600.0	0.0	℃
PIC101	除氧器压力	PID	2000.0	4000.0	0.0	mmH$_2$O
PIC102	过热蒸汽压力	PID	3.77	6.0	0.0	MPa
PIC103	液态烃压力	PID	0.30	0.6	0.0	MPa
PIC104	高压瓦斯压力	PID	0.30	1.0	0.0	MPa
FI101	软化水流量	AI	61.20	200.0	0.0	t/h
FI102	至催化裂化除氧水流量	AI	76.14	200.0	0.0	t/h
FI103	锅炉上水流量	AI	3.91	80.0	0.0	t/h
FI104	减温水流量	AI	9.91	20.0	0.0	t/h
FI105	过热蒸汽输出流量	AI	65.0	80.0	0.0	t/h
FI106	高压瓦斯流量	AI	1468.09	3000.0	0.0	m^3/h（标准状况下）
FI107	燃料油流量	AI	1.15	8.0	0.0	m^3/h（标准状况下）
FI108	烟气流量	AI	100.00	200000.0	0.0	m^3/h（标准状况下）
LI101	大水封液位	AI	77.05	100.0	0.0	%
LI102	小水封液位	AI	80.12	100.0	0.0	%
PI101	锅炉上水压力	AI	5.0	10.0	0.0	MPa
PI102	烟气出口压力	AI	1.03	40.0	0.0	mmH$_2$O

续表

位号	说明	类型	正 常 值	量程高限	量程低限	工程单位
PI103	上汽包压力	AI	3.90	6.0	0.0	MPa
PI104	鼓风机出口压力	AI	337.77	600.0	0.0	mmH$_2$O
PI105	炉膛压力	AI	200.0	400.0	0.0	mmH$_2$O
TI101	炉膛烟温	AI	900.00	1200.0	0.0	℃
TI102	省煤器入口东烟温	AI	382.13	700.0	0.0	℃
TI103	省煤器入口西烟温	AI	389.11	700.0	0.0	℃
TI104	排烟段东烟温：油气+CO	AI	200.0 / 180.0	300.0	0.0	℃
TI105	除氧器水温	AI	105.54	200.0	0.0	℃
POXYGEN	烟气出口氧含量	AI	0.9~3.0	21.0	0.0	%O$_2$

5. 启动步骤及注意事项

锅炉开车启动步骤：启动公用工程、投运除氧器、锅炉上水、燃料系统投运、锅炉点火、升压、并汽、负荷提升、至催化裂化除氧水流量提升。

锅炉冷态开车注意事项：

① 操作满足开车状态为所有设备均经过吹扫试压，压力为常压，温度为环境温度，所有可操作阀均处于关闭状态；

② 锅炉在供气正常后要密切监视水位、压力、燃烧状况，正确调整各种参数；

③ 随时掌握蒸汽使用情况及时调整负荷。

6. 操作规程

（1）启动公用工程 启动"公用工程"按钮，使所有公用工程均处于待用状态。

锅炉单元仿真操作

（2）除氧器投运

① 手动打开液位调节器 LIC101，向除氧器充水，使液位指示达到 400mm；将调节器 LIC101 投自动（给定值设为 400mm）。

② 手动打开压力调节器 PIC101，送除氧蒸汽，打开除氧器再沸腾阀 B08，向 DW101 通一段时间蒸汽后关闭。

③ 除氧器压力升至 2000mmH$_2$O（1mmH$_2$O=9.8Pa）时，将压力调节器 PIC101 投自动（给定值设为 2000mmH$_2$O）。

（3）锅炉上水

① 确认省煤器与下汽包之间的再循环阀（B10）关闭，打开上汽包液位计汽阀 D30 和水阀 D31。

② 确认省煤器给水调节阀 TIC101 全关。

③ 开启高压泵 P101。

④ 通过高压泵循环阀（D06）调整泵出口压力约为 5.0MPa。

⑤ 缓开给水调节阀的小旁路阀（D25），手控上水。（注意上水流量不得大于 10t/h，

上水时间较长时，在实际教学中，可加大进水量，加快操作速度）

⑥ 待水位升至 50mm，关入口水调节阀旁路阀（D25）。

⑦ 开启省煤器和下汽包之间的再循环阀（B10）。

⑧ 打开上汽包液位调节阀 LV102。

⑨ 小心调节 LV102 阀使上汽包液位控制在 0mm 左右，投自动。

（4）燃料系统投运

① 将高压瓦斯压力调节器 PIC104 置手动，手控高压瓦斯调节阀使压力达到 0.3MPa。给定值设 0.3MPa 后投自动。

② 将液态烃压力调节器 PIC103 给定值设为 0.3MPa 投自动。

③ 依次开喷射器高压入口阀（B17），喷射器出口阀（B19），喷射器低压入口阀（B18）。

④ 开火嘴蒸汽吹扫阀（B07），2mim 后关闭。

⑤ 开启燃料油泵（P105），燃料油泵出口阀（D07），回油阀（D13）。

⑥ 关烟气大水封进水阀（D28），开大水封放水阀（D44），将大水封中的水排空。

⑦ 开小水封上水阀（D29），为导入 CO 烟气做准备。

（5）锅炉点火

① 全开上汽包放空阀（D26）、过热器排空阀（D27）和过热器疏水阀（D04），全开过热蒸汽对空排气阀（D12）。

② 炉膛送气。全开风机入口挡板（D01）和烟道挡板（D05）。

③ 开启风机（P104）通风 5min，使炉膛不含可燃气体。

④ 将烟道挡板调至 20% 左右。

⑤ 将 1、2、3 号燃气火嘴点燃。先开点火器，后开炉前根部阀。

⑥ 置过热蒸汽压力调节器（PIC102）为手动，按锅炉升压要求，手动控制升压速度。

⑦ 将 4、5、6 号燃气火嘴点燃。

（6）锅炉升压　冷态锅炉由点火达到并汽条件，时间应严格控制不得小于 3h，升压应缓慢平稳。在仿真器上为了提高培训效率，缩短为半小时左右。升压期间严禁关小过热器疏水阀（D04）和对空排汽阀（D12），赶火升压，以免过热器管壁温度急剧上升和对流管束胀口渗水等现象发生。

① 开加药泵 P103，加 Na_2HPO_4。

② 压力在 0.7～0.8MPa 时，根据止水量估计排空蒸汽量。关小减温器、上汽包排空阀。

③ 过热蒸汽温度达 400℃ 时投入减温器。（按分程控制原理，调整调节器的输出为 0 时，减温器调节阀开度为 0%，省煤器给水调节阀开度为 100%。输出为 50%，两阀各开 50%。输出为 100%，减温器调节阀开度 100%，省煤器给水调节阀开度 0%）

④ 压力升至 3.6MPa 后，保持此压力达到平稳后，准备锅炉并汽。

（7）锅炉并汽

① 确认蒸汽压力稳定，且为 3.62～3.67MPa，蒸汽温度不低于 420℃，上汽包水位为 0mm 左右，准备并汽。

② 在并汽过程中，调整过热蒸汽压力低于母管压力 0.10～0.15MPa。

③ 缓开主汽阀旁路阀（D15）。

④ 缓开隔离阀旁路阀（D16）。

⑤ 开主汽阀（D17）约 20%。

⑥ 缓慢开启隔离阀（D02），压力平衡后全开隔离阀。

⑦ 缓慢关闭隔离阀旁路阀（D16）。此时若压力趋于升高或下降，通过过热蒸汽压力调节器手动调整。

⑧ 缓关主汽阀旁路阀，注意压力变化。若压力趋于升高或下降，通过过热蒸汽压力调节器手动调整。

⑨ 将过热蒸汽压力调节器给定值设为 3.77MPa，手调蒸汽压力达到 3.77MPa 后投自动。

⑩ 缓慢关闭疏水阀（D04）。

⑪ 缓慢关闭排空阀（D12）。

⑫ 缓慢关闭过热器放空阀（D27）。

⑬ 关省煤器与下汽包之间再循环阀（B10）。

（8）锅炉负荷提升

① 将减温调节器给定值设为 447℃，手调蒸汽温度达到 447℃ 后投自动。

② 逐渐开大主汽阀（D17），使负荷升至 20t/h。

③ 缓慢手调主汽阀提升负荷（注意操作的平稳度。提升速度每分钟不超过 3t/h，同时要注意加大进水量及加热量），使蒸汽负荷缓慢提升到 65t/h 左右。

④ 打开燃油泵至 1 号火嘴阀（B11），燃油泵至 2 号火嘴阀（B12），同时调节燃油出口阀和主汽阀使压力 PIC102 稳定。

⑤ 开除尘阀（B32），进行钢珠除尘，完成负荷提升。

（9）至催化裂化除氧水流量提升

① 启动低压水泵（P102）。

② 适当开启低压水泵出口再循环阀（D08），调节泵出口压力。

③ 渐开低压水泵出口阀（D10），使去催化的除氧水流量为 100t/h 左右。

任务实施

工作任务单　锅炉的开车操作

姓名：	专业：	班级：	学号：	成绩：
步骤	内容			
任务描述	请以操作人员（外操岗位）的身份进入本任务的学习，在任务中按照操作规程，完成锅炉的开车操作。			
应知应会要点	（需学生提炼）			
任务实施	经历了前面的学习，我们已经掌握了锅炉单元开车的基本操作，是一名锅炉冷态开车操作员啦。接下来请接收下面的任务考核为自己的操作水平评级吧。 启动仿真软件，完成冷态开车工况，要求成绩在 85 分以上，在 30min 内完成。			

任务总结与评价

请根据你学所学习的锅炉单元冷态开车仿真操作，写下你认为锅炉操作工在冷态开车环节应掌握的知识及技能。

任务二
锅炉的停车操作

任务描述

请以操作人员（外操岗位）的身份进入本任务的学习，在任务中按照操作规程，完成锅炉停车操作。

应知应会

1. 停车步骤及注意事项

锅炉停车步骤：降低锅炉负荷、停止燃料系统、停止上汽包上水、泄液。

注意事项：

① 停炉时要时刻监视气温、压力、水位和省煤器的水温；

② 临时停炉时，要注意缓火；

③ 要注意保持锅炉内水位处于高水位。

2. 操作规程

（1）锅炉负荷降量

① 停加药泵 P103。

② 缓慢开大减温器开度，使蒸汽温度缓慢下降。

③ 缓慢关小主汽阀（D17），降低锅炉蒸汽负荷。

④ 打开疏水阀（D04）。

（2）关闭燃料系统

① 逐渐关闭 D03 停用 CO 烟气，大小水封上水。

② 缓慢关闭燃料油泵出口阀（D07）。

③ 关闭燃料油后，关闭燃料油泵 P105。

④ 停燃料系统后，打开 D07 对火嘴进行吹扫。

⑤ 缓慢关闭高压瓦斯压力调节阀（PV104）及液态烃压力调节阀（PV103）。

⑥ 缓慢关闭过热蒸汽压力调节阀（PV102）。

⑦ 停燃料系统后，逐渐关闭主蒸汽阀门（D17）。

⑧ 同时开启主蒸汽阀前疏水阀，尽量控制炉内压力，使其平缓下降。

⑨ 关闭隔离阀（D02）。

⑩ 关闭连续排污阀（D09），并确认定期排污阀（D46）已关闭。

⑪ 关引风机挡板（D01），停鼓风机 P104，关闭烟道挡板（D05）。

⑫ 关闭烟道挡板后，打开 D28 给大水封上水。

（3）停上汽包上水

① 关闭除氧器液位调节阀 LV102。
② 关闭除氧器加热蒸汽压力调节阀 PV101。
③ 关闭低压水泵 P102。
④ 待过热蒸汽压力小于 0.1atm 后，打开 D27 和 D26。
⑤ 待炉膛温度降为 100℃后，关闭高压水泵 P101。
（4）泄液
① 除氧器温度（TI105）降至 80℃后，打开 D41 泄液。
② 炉膛温度（TI101）降至 80℃后，打开 D43 泄液。
③ 开启鼓风机入口挡板 D01、鼓风机 P104 和烟道挡板 D05 对炉膛进行吹扫，然后关闭。

任务实施

工作任务单　锅炉的停车操作

姓名：	专业：	班级：	学号：	成绩：
步骤	内容			
任务描述	请以操作人员（外操岗位）的身份进入本任务的学习，在任务中按照操作规程，完成换热器的停车操作。			
应知应会要点	（需学生提炼）			
任务实施	经历了前面的学习，我们已经掌握了锅炉单元停车的基本操作，是一名锅炉操作员啦。接下来请接收下面的任务考核一下自己的操作水平吧！ 启动仿真软件，根据操作规程，完成停车工况操作，要求成绩在 85 分以上，在 20min 内完成。			

任务总结与评价

请根据你学所学习的锅炉单元停车仿真操作，写下你认为锅炉操作工在停车环节应掌握的知识及技能。

任务三
锅炉的事故处理

任务描述

请以操作人员（外操岗位）的身份进入本任务的学习，在任务中了解并掌握换热器出现故障的现象,能够做出及时妥当的处理。

应知应会

锅炉在操作过程中常出现对流管坏、减温器坏、二次燃烧的现象,在出现操作故障时操作人员能及时进行事故处理。以下将介绍锅炉常见故障的主要现象以及处理方法:

锅炉常见事故

1. 常见事故现象原因及处理方法

(1) 对流管坏

现象:水位下降,蒸气压下降,给水压力下降,管温下降。

原因:对流管开裂,汽水漏入炉膛。

处理方法:紧急停炉处理。

(2) 减温器坏

现象:过热蒸汽温度降低,减温水量不正常地减少,蒸汽温度调节器不正常地出现忽大、忽小振荡。

原因:减温器出现内漏,减温水进入过热蒸汽,使汽温下降。此时汽温为自动控制状态,所以减温水调节阀关小,使汽温回升,调节阀再次开启。如此往复形成振荡。

处理方法:降低负荷。将汽温调节器打手动,并关减温水调节阀。改用过热器疏水阀暂时维持运行。

(3) 二次燃烧

现象:排烟温度不断上升,超过250℃,烟道和炉膛正压增大。

原因:省煤器处发生二次燃烧。

处理方法:紧急停炉。

2. 锅炉出现故障时紧急停炉

(1) 上汽包停止上水

① 停加药泵 P103。

② 关闭上汽包液位调节阀 LV102。

③ 关闭上汽包与省煤器之间的再循环阀(B10)。

④ 打开下汽包泄液阀(D43)。

(2) 停燃料系统

① 关闭过热蒸汽调节阀 PV102。

② 关闭喷射器入口阀(B17)。

③ 关闭燃料油泵出口阀(D07)。

④ 打开吹扫阀(B07)对火嘴进行吹扫。

(3) 降低锅炉负荷

① 关闭主汽阀前疏水阀(D04)。

② 关闭主汽阀(D17)。

③ 打开过热蒸汽排空阀(D12)和上汽包排空阀(D26)。

④ 停引风机 P104 和烟道挡板(D05)。

任务实施

工作任务单　锅炉的事故处理

姓名：	专业：	班级：	学号：	成绩：

步骤	内容
任务描述	请以操作人员（外操岗位）的身份进入本任务的学习，在任务中按照操作规程，完成锅炉的事故处理。
应知应会要点	（需学生提炼）
任务实施	经过知识的讲解，对于锅炉事故处理有了充分的了解，作为一名操作工来完成下面练习吧！ 1. 作为一名优秀的操作工，请写出锅炉在发生以下事故时我们应该如何处理。 | 事故名称	出现的现象	处理的方法
---	---	---
对流管坏		
减温器坏			 2. 启动仿真软件，根据操作规程，完成事故处理操作，要求成绩在85分以上，在20min内完成。

任务总结与评价

请根据你学所学习的锅炉事故处理操作，写下你认为锅炉操作工在事故处理环节应掌握的知识及技能。

项目评价

项目综合评价表

姓名		学号		班级	
组别		组长及成员			
		项目成绩：		总成绩：	
任务	任务一		任务二		任务三
成绩					

自我评价

维度	自我评价内容	评分（1～10分）
知识	掌握锅炉单元的工艺流程与基本原理	
	掌握锅炉常见事故的应急处理方法	
	掌握锅炉单元仿真操作，工艺参数的设定与调节	
能力	能够根据操作规程，配合班组指令，完成锅炉单元的开车操作	
	能够根据操作规程，配合班组指令，完成锅炉单元的停车操作	
	在操作中出现事故时，能够做出及时正确的处理	
素质	通过仿真练习培养严谨、认真、求实的工作作风	
	在仿真练习中总结生产操作的经验，为日后走上工作岗位奠定基础	
	具备团队精神及理论联系实际的独立工作能力	
我的反思	我的收获	
	我遇到的问题	
	我最感兴趣的部分	
	其他	

项目拓展

锅炉

锅炉是国民经济中重要的供热设备。电力、机械、冶金、化工、纺织、造纸、食品等行业,以及工业和民用采暖,都需要锅炉提供大量的热能。锅炉是利用燃料燃烧释放的热能或其他能量,将工质(中间热载体)加热到一定参数的设备。将水加热成蒸汽的锅炉称为蒸汽锅炉,又称蒸汽发生器;用于加热水使其温度升高的锅炉称为热水锅炉,而用于加热有机热载体的锅炉称为有机热载体锅炉。从能源利用的角度看,锅炉是一种能量转换设备。在锅炉中,一次能源(燃料)的化学储存能通过燃烧过程转化为燃烧产物(烟气、灰烬)中所含的热能,再将热量传递给中间热载体(如水和蒸汽),通过传热过程将热量传递到热力设备。这种用于传热的中间热载体属于二次能源,因为它的目的是为耗能设备提供能量。中间热载体在热机中用于热功转换时称为"工质"。如果中间热载体只是将热量传递给热力设备供热利用,则通常称为"热介质"。锅炉可分为电站锅炉、工业锅炉、船用锅炉和机车锅炉。前两种也称为固定式锅炉,因为它们安装在固定的基础上,不能移动。后两种类型称为移动式锅炉。

项目十七　管式加热炉单元操作仿真训练

学习目标

知识目标
1. 掌握管式加热炉操作过程中的注意事项。
2. 掌握管式加热炉操作中典型故障的现象、产生原因和处理方法。
3. 理解管式加热炉单元工艺的基本原理。

能力目标
1. 能根据开车操作规程，配合班组指令，进行管式加热炉单元的开车操作。
2. 能根据停车操作规程，配合班组指令，进行管式加热炉单元的停车操作。
3. 学习管式加热炉的维护与保养，在出现故障时能够及时做出正确的处理。

素质目标
1. 在工作中具备较强的表达能力和沟通能力。
2. 在设备出现故障时，具有沉着冷静的心态并进行及时正确的处理。
3. 在完成班组任务过程中，时刻牢记安全生产和经济生产。

项目导言

近年来，我国经济日益发展壮大，随之而来的，我们对能源的需求也日益凸显。生活中人们对环保的理念越发重视，节能减排、环保措施在生活中也随处可见。目前，人类所使用的资源大多来自对石油的提取炼化。本项目所讲的管式加热炉是最常见的炼油以及化工生产装置的加热炉，原油的裂解、转化等反应基本发生于管式加热炉中。

管式加热炉在各类工艺工程中均有应用，尤其在制造乙烯、氢气、氨等工艺过程中，作为进行裂解或转化反应的心脏设备，支配着整个工厂或装置的产品质量、产品收率、能耗和操作周期等。管式加热炉的技术发展对于石油炼制和化工工艺的进步起到很大作用，如图17-1所示。

在工业生产中，能对物料进行加工，并使其发生物理或化学变化的加热设备称为炉或窑。一般把用来完成各种物料的加热、熔炼等加工工艺的加热设备叫作炉；把用于固体物料分解所用的加热设备叫作窑。

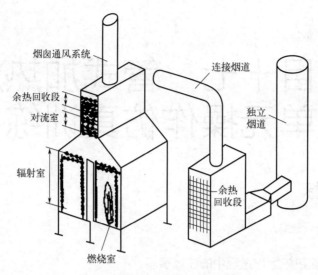

图 17-1　管式加热炉

本项目中学生将以操作人员身份进入"车间",学习有关管式加热炉的生产操作。主要任务包括:

① 管式加热炉的开车操作;
② 管式加热炉的停车操作;
③ 管式加热炉的事故处理(料油火嘴堵、炉管破裂)。

任务一
管式加热炉的开车操作

任务描述

请以操作人员(外操岗位)的身份进入本任务的学习,在任务中按照操作规程,完成管式加热炉的开车操作。

应知应会

1. 工艺流程简述

本单元选择的是石油化工生产中最常用的管式加热炉。管式加热炉是一种直接受热式加热设备,主要用于加热液体或气体化工原料,所用燃料通常有燃料油和燃料气。管式加热炉的传热方式以辐射传热为主,管式加热炉通常由以下几部分构成。

辐射室:通过火焰或高温烟气进行辐射传热的部分。这部分直接受火焰冲刷,温度很高(600～1600℃),是热交换的主要场所(占热负荷的70%～80%)。

对流室:靠辐射室出来的烟气进行对流传热的换热部分。

燃烧器:是使燃料雾化并混合空气,使之燃烧的产热设备,燃烧器可分为燃料油燃烧器、燃料气燃烧器和油-气联合燃烧器。

通风系统:将燃烧用空气引入燃烧器,并将烟气引出炉子,可分为自然通风方式和强制通风方式。

2. 复杂方案说明

TIC106 是工艺物流炉出口温度。TIC106 通过一个切换开关 HS101 实现两种控制方案：一是直接控制燃料气流量，二是与燃料压力调节器 PIC109 构成串级控制。当第一种方案时：燃料油的流量固定，不做调节，通过 TIC106 自动调节燃料气流量控制工艺物流炉出口温度；当第二种方案时：燃料气流量固定，TIC106 和燃料压力调节器 PIC109 构成串级控制回路，控制工艺物流炉出口温度。

3. 主要设备

V-105：燃料气分液罐

V-108：燃料油储罐

F-101：管式加热炉

P101A：燃料油 A 泵

P101B：燃料油 B 泵

4. 主要工艺参数

管式加热炉主要工艺参数见表 17-1。

表 17-1 管式加热炉主要工艺参数

位号	说明	类型	正常值	工程单位
AR101	烟气氧含量	AI	4.0	%
FIC101	工艺物料进料量	PID	3072.5	kg/h
FIC102	采暖水进料量	PID	9584.0	kg/h
LI101	V-105 液位	AI	40.0～60.0	%
LI115	V-108 液位	AI	40.0～60.0	%
PIC101	V-105 压力	PID	2.0	atm（g）
PI107	烟膛负压	AI	-2.0	mmH$_2$O
PIC109	燃料油压力	PID	6.0	atm（g）
PDIC112	雾化蒸汽压差	PID	4.0	atm（g）
TI104	炉膛温度	AI	640.0	℃
TI105	烟气温度	AI	210.0	℃
TIC106	工艺物料炉	PID	420.0	℃
TI108	燃料油温度	AI		℃
TI134	炉出口温度	AI		℃
HS101	切换开关	SW		
MI101	风门开度	AI		%
MI102	挡板开度	AI		%
TT106	TIC106 的输入	AI	420.0	℃

续表

位号	说明	类型	正常值	工程单位
PT109	PIC109 的输入	AI	6.0	atm
FT101	FIC101 的输入	AI	3072.5	kg/h
FT102	FIC102 的输入	AI	9584.0	kg/h
PT101	PIC101 的输入	AI	2.0	atm
PT112	PDIC112 的输入	AI	4.0	atm
FRIQ104	燃料气的流量	AI	209.8	m³/h（标准状况下）
COMPG	炉膛内可燃气体的含量	AI	0.00	%

5. 启动步骤及注意事项

启动步骤：开启公用工程、启动联锁不投用、联锁复位、点火准备、加热炉点火、加热炉升温、工艺物料进料、燃料油系统启动、调整控制。

注意事项：

① 加热炉在点火前要对炉膛进行蒸汽吹扫，排出可能积存的爆炸混合气体，以免点火时发生爆炸；

② 加热过程中要进行烘炉，缓慢升温。

6. 操作规程

（1）开车操作规程 本操作规程仅供参考，详细操作以评分系统为准。装置的开车状态为氨置换的常温常压氨封状态。

管式加热炉的操作

（2）开车前的准备

① 公用工程启用（现场图"UTILITY"按钮置"ON"）。

② 摘除联锁（现场图"BYPASS"按钮置"ON"）。

③ 联锁复位（现场图"RESET"按钮置"ON"）。

（3）点火准备工作

① 全开加热炉的烟道挡板 MI102。

② 打开吹扫蒸汽阀（D03），吹扫炉膛内的可燃气体（实际约需 10min）。

③ 待可燃气体的含量低于 0.5% 后，关闭吹扫蒸汽阀（D03）。

④ 将 MI101 调节至 30%。

⑤ 调节 MI102 的开度为 30% 左右。

（4）燃料气准备

① 手动打开 PIC101 的调节阀，向 V-105 充燃料气。

② 控制 V-105 的压力不超过 2atm，在 2atm 处将 PIC101 投自动。

（5）点火操作

① 当 V-105 压力大于 0.5atm 后，启动点火棒（"IGNITION"按钮置"ON"），开常明线上的根部阀门（D05）。

② 确认点火成功（火焰显示）。

③ 若点火不成功，需重新进行吹扫和再点火。

（6）升温操作

① 确认点火成功后，先开燃料气线上的调节阀的前后阀（B03、B04），再稍开调节阀 TV106（＜10%），再全开根部阀（D10），引燃料气入加热炉火咀。

② 用调节阀 TV106 控制燃料气量，来控制升温速度。

③ 当炉膛温度升至 100℃时恒温 30s（实际生产恒温 1h）烘炉，当炉膛温度升至 180℃时，恒温 30s（实际生产恒温 1h）暖炉。

（7）引工艺物料　当炉膛温度升至 180℃后，引工艺物料。

① 先开进料调节阀的前后阀（B01、B02），再稍开调节阀 FV101（＜10%）。引工艺物料进加热炉。

② 先开采暖水线上调节阀的前后阀（B13、B12），再稍开调节阀 FV102（＜10%），引采暖水进加热炉。

（8）启动燃料油系统　待炉膛温度升至 200℃左右时，开启燃料油系统。

① 开雾化蒸汽调节阀的前后阀（B15、B14），再微开调节阀 PDIC112（＜10%）。

② 全开雾化蒸汽的根部阀（D09）。

③ 开燃料油压力调节阀 PV109 的前后阀（B09、B08）。

④ 开燃料油返回 V-108 管线阀（D06）。

⑤ 启动燃料油泵 P101A。

⑥ 微开燃料油调节阀 PV109（＜10%），建立燃料油循环。

⑦ 全开燃料油根部阀（D12），引燃料油入火咀。

⑧ 打开 V-108 进料阀（D08），保持贮罐液位为 50%。

⑨ 按升温需要逐步开大燃料油调节阀，通过控制燃料油升压（最后到 6atm 左右）来控制进入火咀的燃料油量，同时控制 PDIC112 在 4atm 左右。

（9）调整至正常

① 逐步升温使炉出口温度至正常（420℃）。

② 在升温过程中，逐步开大工艺物料线的调节阀，使流量调整至正常。

③ 在升温过程中，逐步将采暖水流量调至正常。

④ 在升温过程中，逐步调整风门使烟气氧含量正常。

⑤ 逐步调节挡板开度使炉膛负压正常。

⑥ 逐步调整其他参数至正常。

⑦ 将联锁系统投用（"INTERLOCK"按钮置"ON"）。

任务实施

工作任务单　管式加热炉的开车操作

姓名：		专业：		班级：		学号：		成绩：	
步骤		内容							
任务描述		请以操作人员（外操岗位）的身份进入本任务的学习，在任务中按照操作规程，完成管式加热炉的开车操作。							

续表

应知应会要点	（需学生提炼）
任务实施	1. 管式加热炉的工艺流程主要包括哪些？ 2. 启动仿真软件，完成冷态开车工况，要求成绩在 85 分以上，在 30min 内完成。

任务总结与评价

经过本任务的练习学习，相信你对于管式加热炉有了一定的了解，那么请写下你认为化工操作工在管式加热炉开车操作中应该掌握的知识吧。

任务二
管式加热炉的停车操作

任务描述

请以操作人员（外操岗位）的身份进入本任务的学习，在任务中按照操作规程，完成停车操作。

应知应会

1. 停车步骤及注意事项

操作步骤：准备停车、降量、降温及停燃料油系统、停燃料气及工艺物料、炉膛吹扫。

注意事项：

① 降量操作中应缓慢逐步降量，不可直接降至最低值。

② 先停止燃料油的进料，再对燃料泵进行调控。

2. 停车操作规程

本操作规程仅供参考，详细操作以评分系统为准。

（1）停车准备　摘除联锁系统（现场图上按下"联锁不投用"）。

（2）降量

① 通过 FIC101 逐步降低工艺物料进料量至正常的 70%。

② 在 FIC101 降量过程中，逐步通过减少燃料油压力或燃料气流量，来维持炉出口温度 TIC106 在 420℃左右。

③ 在 FIC101 降量过程中，逐步降低 FIC102 的流量。

④ 在降量过程中，适当调节风门和挡板，维持烟气氧含量和炉膛负压。

（3）降温及停燃料油系统

① 当 FIC101 降至正常量的 70% 后，逐步开大燃料油的 V-108 返回阀来降低燃料油压力，降温。

② 待 V-108 返回阀全开后，可逐步关闭燃料油调节阀，再停燃料油泵（P101A/B）。

③ 在降低燃料油压力的同时，降低雾化蒸汽流量，最终关闭雾化蒸汽调节阀。

④ 在以上降温过程中，可适当降低工艺物料进料量，但不可使炉出口温度高于 420℃。

（4）停燃料气及工艺物料

① 待燃料油系统停完后，关闭 V-105 燃料气入口调节阀（PIC101 调节阀），停止向 V-105 供燃料气。

② 待 V-105 压力下降至 0.3atm 时，关燃料气调节阀 TV106。

③ 待 V-105 压力降至 0.1atm 时，关常明线根部阀（D05），灭火。

④ 待炉膛温度低于 150℃时，关 FIC101 调节阀停工艺进料，关 FIC102 调节阀，停采暖水。

（5）炉膛吹扫

① 灭火后，开吹扫蒸汽，吹扫炉膛 5s（实际 10min）。

② 停吹扫蒸汽后，保持风门、挡板一定开度，使炉膛正常通风。

任务实施

工作任务单　管式加热炉的停车操作

姓名：	专业：	班级：	学号：	成绩：
步骤	内容			
任务描述	请以操作人员（外操岗位）的身份进入本任务的学习，在任务中按照操作规程，完成管式加热炉的停车操作。			
应知应会要点	（需学生提炼）			
任务实施	1. 根据学过的理论知识，请尝试写出什么叫作加热炉？本项目所讲的管式加热炉有什么特征？ 2. 启动仿真软件，根据操作规程，完成停车工况操作，要求成绩在 85 分以上，在 20min 内完成。			

任务总结与评价

请根据所学知识写下你认为在管式加热炉操作中，操作人员在停车环节应该掌握的知识与能力。

任务三
管式加热炉的事故处理

任务描述

请以操作人员(外操岗位)的身份进入本任务的学习,在任务中了解并掌握管式加热炉出现故障的现象(燃料油火嘴堵、炉管破裂),做出及时、妥当的处理。

应知应会

管式加热炉单元在操作过程中常出现燃料油火嘴堵、炉管破裂的现象,在出现操作故障时要求操作人员能够及时进行事故处理。以下将介绍管式加热炉常见故障的主要现象以及处理方法。

1. 燃料油火嘴堵

事故现象:
① 燃料油泵出口压控阀压力忽大忽小。
② 燃料气流量急骤增大。

处理方法:紧急停车。

2. 炉管破裂

事故现象:
① 炉膛温度急骤升高。
② 炉出口温度升高。
③ 燃料气控制阀关阀。

处理方法:炉管破裂的紧急停车。

任务实施

工作任务单　管式加热炉的事故处理

姓名:	专业:	班级:	学号:	成绩:
步骤	内容			
任务描述	请以操作人员(外操岗位)的身份进入本任务的学习,在任务中按照操作规程,完成事故处理。			
应知应会要点	(需学生提炼)			
任务实施	1. 根据所学,请写下管式加热炉炉管破裂的现象,以及产生原因与处理方法。 2. 启动仿真软件,根据操作规程,完成相关事故处理操作,要求成绩在85分以上,在20min内完成。			

任务总结与评价

经历了本次仿真事故的练习,请写下你认为化工操作人员应该具备的能力与素质吧。

项目评价

项目综合评价表

姓名		学号		班级	
组别		组长及成员			
项目成绩：			总成绩：		
任务	任务一		任务二		任务三
成绩					

自我评价		
维度	自我评价内容	评分（1～10分）
知识	掌握管式加热炉操作过程中的注意事项	
	掌握管式加热炉操作中典型故障的现象、产生原因和处理方法	
	理解管式加热炉单元工艺的基本原理	
能力	能根据开车操作规程，配合班组指令，进行管式加热炉单元的开车操作	
	能根据停车操作规程，配合班组指令，进行管式加热炉单元的停车操作	
	学习管式加热炉的维护与保养，在出现故障时能够及时做出正确的处理	
素质	在工作中具备较强的表达能力和沟通能力	
	在设备出现故障时，具有沉着冷静的心态并进行及时正确的处理	
	在完成班组任务过程中，时刻牢记安全生产和经济生产	
我的反思	我的收获	
	我遇到的问题	
	我最感兴趣的部分	
	其他	

项目拓展

管式加热炉

目前，国内大部分煤焦化企业采用管式加热炉进行粗苯蒸馏，焦炉煤气为燃料，筒式炉采用火焰燃烧器（燃烧器）。根据工艺粗略计算，年产 300 万吨焦炭的粗苯管式加热炉每小时需消耗焦炉煤气约 3000 立方米（管式加热炉的热效率计算为 75%），CO_2 年排放量约 1050 万立方米（或约 2 万吨）。管式加热炉烟囱烟气中含有 CO_2、SO_2 和 NO_x，是焦化生产有组织排放的固定污染源之一。《炼焦化学工业污染物排放标准》（GB 16171—2012）中规定了大气污染物排放限值；而地方标准，如河北 DB13/2863—2018《炼焦化学工业大气污染物超低排放标准》规定，焦炉煤气作为粗苯管式加热炉燃料时，烟囱烟气中 SO_2 排放限值为 30mg/m³（烟气中 O_2 基本含量为 8%，下同）；NO_x 排放限值为 150mg/m³。

目前，国内煤焦化企业已计划对粗苯加热管式炉进行改造。

富油加热器法用于替代现有的管式加热炉法（在热能源和工艺条件方面与传统工艺蒸汽加热法有本质区别），富油加热器的热源来自介质干熄焦余热锅炉的压力过热蒸汽（如安徽铜陵泰富特材公司化工生产分公司已使用，原管式加热炉备用）及余热产生的蒸汽（如河北中煤旭阳焦化公司等）。采用上述工艺技术措施后，可消除粗苯管式加热炉烟囱烟气污染源，真正达到节能减排（减碳、SO_2、NO_x 等）的目的。

根据工艺计算，将管式加热炉现有焦炉煤气燃烧器改为低 NO_x 燃烧器（或燃烧烟气再循环等），以 H_2S 含量 ≤ 20mg/m³，有机硫 ≤ 130mg/m³ 的净化焦炉煤气为加热燃料，在精心调整和运行的条件下，应满足超低排放限值的要求。

钢铁联合焦化企业可改造粗苯管式加热炉煤气燃烧器。在设定安全措施的前提下，可使用高炉煤气代替焦炉煤气作为燃料（如原浙江杭钢焦化分公司）。由于高炉煤气中无机硫含量低（一般去除有机硫），其热值低于焦炉煤气，燃烧火焰高温区温度较低，产生的 T-NO_x（低氮氧化合物）相对较低，在精心调整和运行的条件下，基本可以满足超低排放限值。

项目十八　传热操作实训

学习目标

知识目标
1. 了解换热器换热的原理，认识各种传热设备的结构和特点。
2. 了解传热装置流程及各传感检测的位置、作用，各显示仪表的作用等。
3. 掌握传热设备的基本操作、调节方法，了解传热的主要影响因素。
4. 了解逆流、并流对换热效果的影响。

能力目标
1. 能够根据所学知识完成实训。
2. 能够进行换热器的投用与切换。

素质目标
1. 通过实训操作，培养动手能力。
2. 按照操作规程，避免事故发生，培养安全意识。
3. 面对生产故障时，临危不乱，具备解决问题能力和责任意识。
4. 小组完成实训操作，培养团队协作能力。

项目导言

换热器的操作是重要的单元基本操作，化工生产中换热器的投资占建设总投资的 30%～40%，换热器对整个企业的建设投资及经济效益有着重要影响。

本项目是换热器操作实训，模拟化工企业操作流程进行任务设计。具体任务如下：
① 换热器的开、停车操作；
② 换热器联合操作；
③ 换热器典型事故处理。

任务一
换热器的开、停车操作

任务描述

请以操作人员的身份进入本任务的学习，在任务中了解换热器的开、停车操作，完成实训操作。

应知应会

一、实训装置流程

换热器装置流程图见图 18-1。

介质 A：空气经增压气泵（冷风风机）C-601 送到水冷却器 E-604，调节空气温度至常温后，作为冷介质使用。

介质 B：空气经增压气泵（热风风机）C-602 送到热风加热器 E-605，经加热器加热至 70℃后，作为热介质使用。

介质 C：来自外管网的自来水。

介质 D：水经过蒸汽发生器 R-601 汽化，产生压力为 ≤ 0.2MPa（g）的饱和水蒸气。

从冷风风机 C-601 出来的冷风经水冷却器 E-604 和其旁路控温后，分为四路：一路进入列管式换热器 E-603 的管程，与热风换热后放空；二路经板式换热器 E-602 与热风换热后放空；三路经套管式换热器 E-601 内管，与水蒸气换热后放空；四路经列管式换热器 E-603 管程后，再进入板式换热器 E-602，与热风换热后放空。

从热风风机 C-602 出来的热风经热风加热器 E-605 加热后，分为三路：一路进入列管式换热器 E-603 的壳程，与冷风换热后放空；二路进入板式换热器 E-602，与冷风换热后放空；三路经列管式换热器 E-603 壳程换热后，再进入板式换热器 E-602，与冷风换热后放空。其中，热风进入列管式换热器 E-603 的壳程分为两种形式，与冷风并流或逆流。

从蒸汽发生器 R-601 出来的蒸汽，经套管式换热器 E-601 的外管与内管的冷风换热后排空。

二、工艺操作指标

压力控制：蒸汽发生器内压力为 0～0.1MPa；

套管式换热器内压力为 0～0.05MPa。

温度控制：热风加热器出口热风温度为 0～80℃，高位报警 H=100℃；

水冷却器出口冷风温度为 0～30℃。

列管式换热器冷风出口温度为 40～50℃，高位报警 H=70℃；

流量控制：冷风流量为 15～60m³/h；

热风流量：15～60m³/h；

液位控制：蒸汽发生器液位为 200～500mm，低位报警 L=200mm。

三、主要设备及阀门

（1）主要静设备　换热器实训主要静设备见表 18-1。

（2）主要动设备　换热器实训主要动设备见表 18-2。

（3）主要阀门一览表　主要阀门见表 18-3。

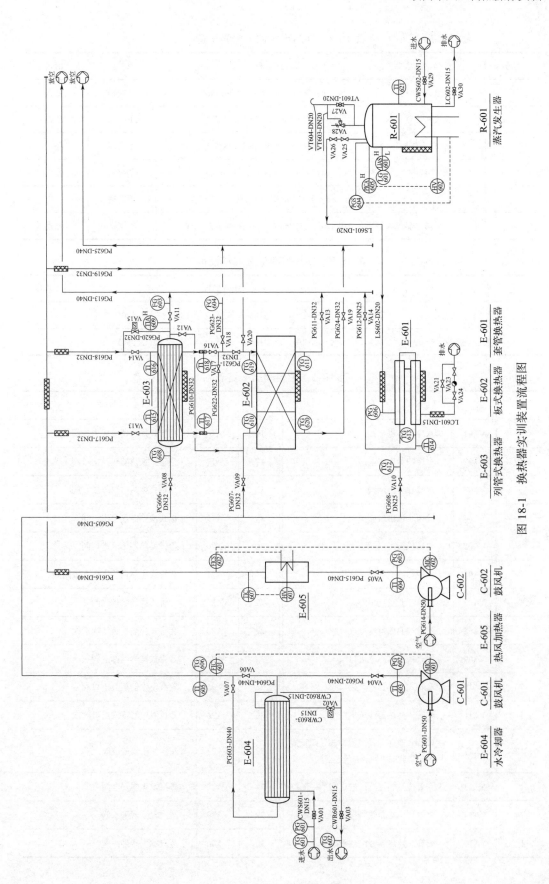

图 18-1 换热器实训装置流程图

表 18-1 换热器实训主要静设备

编号	名称	规格型号	材质	形式
1	列管式换热器	$\phi260mm \times 1170mm$，$F=1.0m^2$	不锈钢	卧式
2	板式换热器	$\phi550mm \times 150mm \times 250mm$，$F=1.0m^2$	不锈钢	卧式
3	套管式换热器	$\phi500mm \times 1250mm$，$F=0.2m^2$	不锈钢	卧式
4	水冷却器	$\phi108mm \times 1180mm$，$F=0.3m^2$	不锈钢	卧式
5	蒸汽发生器（含汽包）	$\phi426mm \times 870mm$，加热功率，$P=7.5kW$	不锈钢	立式
6	热空加热器	$\phi190mm \times 1120mm$，加热功率，$P=4.5kW$	不锈钢	卧式

表 18-2 换热器实训主要动设备

编号	名称	规格型号	数量
1	热风风机	风机功率，$P=1.1kW$，流量 $Q_{max}=180m^3/h$，$U=380V$	1
2	冷风风机	风机功率，$P=1.1kW$，流量 $Q_{max}=180m^3/h$，$U=380V$	1

表 18-3 主要阀门一览表

序号	编号	名称	序号	编号	名称
1	VA01	水冷却器进水阀	16	VA16	列管式换热器热风出口阀（并流）
2	VA02	水冷却器出水电磁阀	17	VA17	列管式换热器热风出口阀（逆流）
3	VA03	水冷却器出水阀	18	VA18	列管式换热器热风放空阀
4	VA04	冷风风机出口阀	19	VA19	板式换热器热风出口阀
5	VA05	热风风机出口阀	20	VA20	板式换热器热风进口阀
6	VA06	水冷却器空气出口旁路阀	21	VA21	套管式换热器蒸汽疏水旁路阀
7	VA07	水冷却器空气出口阀	22	VA22	套管式换热器排气阀
8	VA08	列管式换热器冷风进口阀	23	VA23	套管式换热器蒸汽疏水阀
9	VA09	板式换热器冷风进口阀	24	VA24	套管式换热器排液阀
10	VA10	套管式换热器冷风进口阀	25	VA25	蒸汽发生器蒸汽出口阀一
11	VA11	列管式换热器冷风出口阀	26	VA26	蒸汽发生器蒸汽出口阀二
12	VA12	列管式换热器冷风出口阀（列管式与板式串联时）	27	VA27	蒸汽发生器放空阀
13	VA13	列管式换热器热风进口阀（并流）	28	VA28	蒸汽发生器安全阀
14	VA14	列管式换热器热风进口阀（逆流）	29	VA29	蒸汽发生器进水阀
15	VA15	列管式换热器旁路电磁阀	30	VA30	蒸汽发生器排污阀

四、操作步骤

1. 风机与蒸汽发生器的启用

启动热风风机 C-602，调节风机出口流量 FIC602 为某一实验值，开启 C-602 热风风机出口阀（VA05），列管式换热器 E-603 热风进、出口阀和放空阀（VA13、VA16、VA18），启动热风加热器 E-605（首先在 C3000A 上手动控制加热功率大小，待温度缓慢升高到实验值时，调为自动），控制热空气温度稳定在 80℃。注意：当流量 FIC602 ≤ 20% 时禁止使用热风加热器，而且风机运行时，尽量调到最大功率运行。

启动蒸汽发生器 R-601 的电加热装置，调节合适加热功率，控制蒸汽压力 PIC605 在 0.07 ~ 0.1MPa（首先在 C3000B 上手动控制加热功率大小，待压力缓慢升高到实验值时，调为自动）。注意：当液位 LI601 ≤ 1/3 时禁止使用电加热器。

2. 列管式换热器开车

依次开启换热器热风进、出口阀和放空阀（VA13、VA16、VA18），关闭其他与列管式换热器相连接的管路阀门，通入热风（风机全速运行），待列管式换热器热风进、出口温度基本一致时，开始下步操作。

（1）并流操作

① 依次开启列管式换热器冷风进、出口阀（VA08、VA11），热风进、出口阀和放空阀（VA13、VA16、VA18），关闭其他与列管式换热器相连接的管路阀门。

② 启动冷风风机 C-601，调节其流量 FIC601 为某一实验值，开启冷风风机出口阀（VA04），开启水冷却器 E-604 冷风出口阀（VA07），自来水进出阀（VA01、VA03），通过阀门 VA01 调节冷却水流量，通过阀门 VA06 控制冷空气温度 TI605 稳定在 30℃。

③ 调节热风进口流量 FIC602 为某一实验值，热风加热器出口温度 TIC607 控制在 80℃，调节热风电加热器加热功率，控制热风出口温度稳定。待列管式换热器冷、热风进出口温度基本恒定时，可认为换热过程基本平衡，记录相应的工艺参数。

④ 以冷风或热风的流量作为恒定量，改变另一介质的流量，从小到大，做 3 ~ 4 组数据，做好操作记录。

（2）逆流操作

① 依次开启列管式换热器冷风进、出口阀（VA08、VA11），热风进、出口阀和放空阀（VA14、VA17、VA18），关闭其他与列管式换热器相连接的管路阀门。

② 启动冷风风机 C-601，调节其流量 FIC601 为某一实验值，开启冷风风机出口阀（VA04），开启水冷却器空气出口阀（VA07），自来水进出阀（VA01、VA03），通过阀门 VA01 调节冷却水流量，通过阀门 VA06 控制冷空气温度 TI605 稳定在 30℃（其控温方法为手动）。

③ 调节热风进口流量 FIC602 为某一实验值、热风加热器出口温度 TIC607 控制在 80℃，调节热风电加热器加热功率，控制热风出口温度稳定。待列管式换热器冷、热风进出口温度基本恒定时，可认为换热过程基本平衡，记录相应的工艺参数。

④ 以冷风或热风的流量作为恒定量，改变另一介质的流量，从小到大，做 3 ~ 4 组数据，做好操作记录。

3. 板式换热器开车

① 依次开启板式换热器冷风进口阀（VA09）、热风进口阀（VA20），关闭其他与板式换热器相连接管路阀门。通入热风（风机全速运行），待板式换热器热风进、出口温度基本一致时，开始下步操作。

② 启动冷风风机 C-601，调节其流量 FIC601 为某一实验值，开启冷风风机出口阀（VA04），开启水冷却器空气出口阀（VA07），自来水进出阀（VA01、VA03），通过阀门 VA01 调节冷却水流量，通过阀门 VA06 控制冷风温度 TI605 稳定在 30℃。

③ 调节热风进口流量 FIC602 为某一实验值，热风加热器出口温度 TIC607 控制在 80℃，调节热风电加热器加热功率，控制热风出口温度稳定。待板式换热器冷、热风进出口温度基本恒定时，可认为换热过程基本平衡，记录相应的工艺参数。

④ 以冷风或热风的流量作为恒定量，改变另一介质的流量，从小到大，做 3~4 组数据，做好操作记录。

4. 套管式换热器开车

① 设备预热：依次开启套管式换热器蒸汽进口阀（V25、V26）、冷凝液出口阀（V21、V24），关闭其他与套换热器相连接管路阀门，通入水蒸气，待蒸汽发生器内温度 TI621 和套管式换热器冷风出口温度 TI614 基本一致时，开始下步操作。注意：首先打开阀门 VA25，再缓慢打开阀门 VA26，观察套管式换热器进口压力 PI606，使其控制在 0~0.02MPa 以内的某一值。

② 控制蒸汽发生器 R-601 加热功率，保证其压力和液位在实验范围内，注意调节 VA26，控制套管式换热器内蒸汽压力为 0~0.15MPa 之间的某一恒定值。

③ 打开套管式换热器冷风进口阀（VA10），启动冷风风机 C-601，调节其流量 FIC601 为某一实验值，开启冷风风机出口阀（VA04），开启水冷却器空气出口阀（VA07），自来水进出阀（VA01、VA03），通过阀门 VA01 调节冷却水流量，通过阀门 VA06 控制冷风温度稳定在 30℃。

④ 待套管式换热器冷风进出口温度和套管式换热器内蒸汽压力基本恒定时，可认为换热过程基本平衡，记录相应的工艺参数。

⑤ 以套管式换热器内蒸汽压力作为恒定量，改变冷风流量，从小到大，做 3~4 组数据，做好操作记录。

五、正常停车

① 停止蒸汽发生器电加热器运行，关闭蒸汽出口阀（VA25、VA26），开启蒸汽发生器放空阀（VA27），开套管式换热器蒸汽疏水旁路阀（VA21），将蒸汽系统压力卸除。

② 停热风加热器。

③ 继续大流量运行冷风风机和热风风机，当冷风风机出口总管温度接近常温时，停冷风、停冷风风机出口冷却器冷却水；当热风加热器出口温度 TIC607 低于 40℃时，停热风风机。

④ 将套管式换热器残留水蒸气冷凝液排净。

⑤ 装置系统温度降至常温后，关闭系统所有阀门。

⑥ 切断控制台、仪表盘电源。

⑦ 清理现场，搞好设备、管道、阀门维护工作。

模块三 传热技术
项目十八 传热操作实训

任务实施

工作任务单 换热器的开、停车操作

姓名：　　　　专业：　　　　班级：　　　　学号：　　　　成绩：

步骤	内容
任务描述	请以操作人员的身份进入本任务的学习，任务中了解换热器的开、停车操作，完成实训操作
应知应会要点	（需学生提炼）
任务实施	1. 请写出图18-1中各个阀门和设备的名称。 2. 在换热器投用过程中，你先投　　　（冷/热）物料，因为：　　　　。 3. 按照操作步骤，完成板式换热器的投用，并记录实验数据。

		冷风				热风			
序号	时间	打开阀门	水冷却器进口压力	阀门VA07的开度	风机出口流量/(m³/h)	列管式换热器出口流量/(m³/h)	电加热的开度	风机出口流量/(m³/h)	列管式换热器出口热风流量/(m³/h)	冷风进口温度/℃	冷风出口温度/℃	热风进口温度/℃	热风出口温度/℃
1													
2													
3													
4													
5													
6													

操作记录：

异常情况记录：

操作人：　　　　指导老师：

续表

4. 按照操作步骤，完成列管式换热器的投用，并记录实验数据。

序号	时间	打开阀门	水冷却器进口压力	冷风			电加热的开度	热风		冷风进口温度/℃	冷风出口温度/℃	热风进口温度/℃	热风出口温度/℃
				阀门VA07的开度	风机出口流量/(m³/h)	列管式换热器出口热流量/(m³/h)		风机出口流量/(m³/h)	列管式换热器出口热流量/(m³/h)				
1													
2													
3													
4													
5													
6													

操作记录

异常情况记录

操作人：　　　　　　　　　　　　　指导老师：

任务总结与评价

谈谈本次操作的注意事项有哪些。

任务二
换热器联合操作

任务描述

请以操作人员的身份进入本任务的学习，在任务中了解换热器联合操作，完成实训操作。

应知应会

一、实训装置流程

详见任务一应知应会内容。

二、操作步骤

1. 列管式换热器（并流）、板式换热器串联开车

① 设备预热：依次冷热风开启列管式、板式换热器热风进、出口阀（VA13、VA16、VA19），关闭其他与列管式、板式换热器相连接的管路阀门，通入热风（风机全速运行），待列管式、板式换热器热风进、出口温度基本一致时，开始下步操作。

② 依次开启冷风管路阀（VA08、VA12）；热风管路阀（VA13、VA16、VA19），关闭其他与列管式换热器、板式换热器相连接的管路阀门。

③ 启动冷风风机 C-601，调节其流量 FIC601 为某一实验值，开启冷风风机出口阀（VA04），开启水冷却器空气出口阀 VA07，自来水进出阀（VA01、VA03），通过阀门 VA01 调节冷却水流量，通过阀门 VA06 控制冷风温度 TI605 稳定在 30℃。

④ 调节热风进口流量 FIC602 为某一实验值，调节热风电加热器加热功率，控制热风出口温度稳定在 80℃。待列管式换热器冷、热风进口温度和板式换热器冷、热风出口温度基本恒定时，可认为换热过程基本平衡，记录相应的工艺参数。

⑤ 以冷风或热风的流量作为恒定量，改变另一介质的流量，从小到大，做 3～4 组数据，做好操作记录。

2. 列管式换热器（并流）、板式换热器并联开车

① 设备预热：依次开启列管式、板式换热器热风进、出口阀和放空阀（VA13、VA16、VA18、VA20），关闭其他与列管式、板式换热器相连接管路阀门，通入热风（风机全速运行），待列管式换热器并流热风进出口温度（TI615 与 TI618）与板式换热器热风进出口温度（TI619 与 TI620）基本一致时，开始下步操作。

② 依次开启冷风管路阀（VA08、VA11、VA09）；热风管路阀（VA13、VA16、VA18、VA20），关闭其他与列管式换热器（逆流）、板式换热器相连接的管路阀门。

③ 启动冷风风机 C-601，调节其流量 FIC601 为某一实验值，开启冷风风机出口阀

(VA04)，开启水冷却器空气出口阀（VA07），自来水进出阀（VA01、VA03），通过阀门VA01调节冷却水流量，通过阀门VA06控制冷风温度TI605稳定在30℃。

④ 调节热风进口流量FIC602为某一实验值，调节热风电加热器加热功率，控制热风出口温度稳定在80℃。待列管式换热器冷、热风进出口温度和板式换热器冷、热风进出口温度基本恒定时，可认为换热过程基本平衡，记录相应的工艺参数。

⑤ 以冷风或热风的流量作为恒定量，改变另一介质的流量，从小到大，做3～4组数据，做好操作记录。

3. 列管式换热器（逆流）、板式换热器并联开车

① 设备预热：依次开启列管式、板式换热器热风进、出口阀（VA14、VA17、VA18、VA20），关闭其他与列管式、板式换热器相连接管路阀门，通入热风（风机全速运行），待列管式换热器逆流热风进出口温度（TI616与TI617）与板式换热器热风进出口温度（TI619与TI620）基本一致时，开始下步操作。

② 依次开启冷风管路阀（VA08、VA11、VA09）；热风管路阀（VA14、VA17、VA18、VA20），关闭其他与列管式换热器（逆流）、板式换热器相连接的管路阀门。

③ 启动冷风风机C-601，调节其流量FIC601为某一实验值，开启冷风风机出口阀（VA04），开启水冷却器空气出口阀（VA07），自来水进出阀（VA01、VA03），通过阀门VA01调节冷却水流量，通过阀门VA06控制冷风温度TI605稳定在30℃。

④ 调节热风进口流量FIC602为某一实验值，调节热风电加热器加热功率，控制热风出口温度稳定在80℃。待列管式换热器冷、热风进出口温度和板式换热器冷、热风进出口温度基本恒定时，可认为换热过程基本平衡，记录相应的工艺参数。

⑤ 以冷风或热风的流量作为恒定量，改变另一介质的流量，从小到大，做3～4组数据，做好操作记录。

任务实施

工作任务单　换热器联合操作

姓名：	专业：	班级：	学号：	成绩：
步骤	内容			
任务描述	请以操作人员的身份进入本任务的学习，在任务中了解换热器联合操作，完成实训操作。			
应知应会要点	（需学生提炼）			

续表

列管式换热器与板式换热器联合（串联、并联）操作。

<table>
<tr><th rowspan="3">序号</th><th rowspan="3">时间</th><th rowspan="3">打开阀门</th><th colspan="4">冷风</th><th colspan="3">热风</th><th rowspan="3">冷风进口温度 /℃</th><th rowspan="3">冷风出口温度 /℃</th><th rowspan="3">热风进口温度 /℃</th><th rowspan="3">热风出口温度 /℃</th></tr>
<tr><th rowspan="2">水冷却器进口压力</th><th rowspan="2">阀门VA07的开度</th><th rowspan="2">风机出口流量 /(m³/h)</th><th rowspan="2">列管式换热器出口流量 /(m³/h)</th><th rowspan="2">电加热的开度</th><th rowspan="2">风机出口流量 /(m³/h)</th><th rowspan="2">列管式换热器出口流量 /(m³/h)</th></tr>
<tr></tr>
<tr><td>1</td><td></td><td></td><td></td><td></td><td></td><td></td><td></td><td></td><td></td><td></td><td></td><td></td><td></td></tr>
<tr><td>2</td><td></td><td></td><td></td><td></td><td></td><td></td><td></td><td></td><td></td><td></td><td></td><td></td><td></td></tr>
<tr><td>3</td><td></td><td></td><td></td><td></td><td></td><td></td><td></td><td></td><td></td><td></td><td></td><td></td><td></td></tr>
<tr><td>4</td><td></td><td></td><td></td><td></td><td></td><td></td><td></td><td></td><td></td><td></td><td></td><td></td><td></td></tr>
<tr><td>5</td><td></td><td></td><td></td><td></td><td></td><td></td><td></td><td></td><td></td><td></td><td></td><td></td><td></td></tr>
<tr><td>6</td><td></td><td></td><td></td><td></td><td></td><td></td><td></td><td></td><td></td><td></td><td></td><td></td><td></td></tr>
</table>

操作记录

异常情况记录

操作人：

指导老师：

任务总结与评价

谈谈本次操作的注意事项有哪些。

任务三
换热器典型事故处理

任务描述
请以操作人员的身份进入本任务,了解换热器实训过程中的典型事故处理措施。

应知应会

一、设备维护及检修
① 风机的开、停,正常操作及日常维护。
② 系统运行结束后,相关操作人员应对设备进行维护,保持现场、设备、管路、阀门清洁,方可离开现场。
③ 定期组织学生进行系统检修演练。

二、异常现象及处理措施
异常现象及处理措施见表 18-4。

表 18-4 异常现象及处理措施

异常现象	原因	处理措施
水冷却器冷空气进出温差小,出口温度高	水冷却器冷却量不足	加大自来水开度
换热器换热效果下降	换热器内不凝气体集聚或冷凝液集聚; 换热器管内、外严重结垢	排放不凝气体或冷凝液; 对换热器进行清洗
换热器发生振动	冷流体或热流体流量过大	调节冷流体或热流体流量
蒸汽发生器系统安全阀起跳	超压; 蒸汽发生器内液位不足,缺水	立即停止蒸汽发生器电加热装置,手动放空; 严重缺水时(液位计上看不到液位),停止电加热器加热,打开蒸汽发生器放空阀,不得往蒸汽发生器内补水

任务实施

工作任务单 换热器典型事故处理

姓名:	专业:	班级:	学号:	成绩:
步骤	内容			
任务描述	请以操作人员的身份进入本任务,了解换热器实训过程中的典型事故处理措施。			
应知应会要点	(需学生提炼)			
任务实施	在实训过程中,你是否遇到了故障?你是如何解决的?			

任务总结与评价
请你谈谈在化工生产过程中安全生产的重要性。

项目评价

项目综合评价表

姓名		学号		班级	
组别		组长及成员			
项目成绩：			总成绩：		
任务	任务一		任务二		任务三
成绩					

自我评价		
维度	自我评价内容	评分（1～10分）
知识	了解换热器换热的原理、认识各种传热设备的结构和特点	
	了解传热装置流程及各传感检测的位置、作用，各显示仪表的作用等	
	掌握传热设备的基本操作、调节方法，了解传热的主要影响因素	
	了解逆流、并流对换热效果的影响	
能力	能够根据所学知识完成实训	
	能够进行换热器的投用与切换	
素质	通过实训操作，培养学生动手能力	
	按照操作规程，避免事故发生，培养学生安全意识	
	面对生产故障时，临危不乱，具备解决问题能力和责任意识	
	小组完成实训操作，培养学生团队协作能力	

我的反思	我的收获	
	我遇到的问题	
	我最感兴趣的部分	
	其他	

 项目拓展

换热器在生活中的应用

换热器已广泛应用于生活中，主要包括城乡住所、矿山、工厂等场所，用于居民和工人的生活取暖、淋浴和洗涤。生活热水属于低温热能利用。一般温度在 25～60℃之间。板式换热器可通过蒸汽或热水高温热源将恒温水加热至所需温度。由板式换热器组成的板式换热机组，通过系统的调节和控制，可以将热水源源不断地输送给区域内的用户。板式换热器具有规模大、安装方便、智能控制、覆盖面广、换热效率高、可远程监控等优点。

1. 换热器在采暖空调中的应用

换热器可用于建筑物之间的冷却和区域供热。换热器因其价格低廉、耐高温、耐腐蚀等优点而被广泛应用于空调系统。

2. 换热器在城市集中供热中的应用

城市集中供热系统包括水-水热交换系统、蒸汽-水热交换系统和生活热水供暖系统。换热器具有结构紧凑、换热效率高、操作简单、维修方便等优点。将其应用于城市集中供热系统，可以合理分配热能，提高热交换水平。如今，换热器已成为城市集中供热系统不可缺少的组成部分。

3. 换热器对蓄冰系统的影响

当夜间储冰空调用电负荷较低时，利用电动制冷空调制冰并储存在储冰装置中，以满足第二天的制冷需求。这种方法可以降低高峰时段空调系统的电力负荷和装机容量，从而有效节约能源和成本。目前，大部分蓄冰系统都采用换热器。换热器对降低电网压力的作用不可低估。

4. 换热器对高层建筑的压力效应

首先，普通的暖通空调系统使用水和乙二醇作为传热介质，往往会产生极高的静压。在高层建筑的暖通空调系统中，换热器作为阻压器，可以将静压分解成较低的部分，从而降低系统对阀门、冷热水机组的压力，有效节约能源和运营成本。

项目十九　干燥基础知识

学习目标

知识目标
1. 了解干燥的原理及过程。
2. 了解干燥在化工生产中的应用。
能力目标
通过学习干燥相关知识，解决生产中的问题，培养学生分析问题、解决问题能力。
素质目标
培养职业素养，增强工程思维。

项目导言

在化学工业生产中所得到的产品中往往含有较多的水分，要制得合格的产品需要除去产品中多余的水分。本项目主要讨论固体干燥相关内容。

固体干燥实质上就是将固体中的湿分除去的操作，在日常生活中，洗衣粉、奶粉等吸收空气中的水分会结块变质；干炒的花生、瓜子，酥香的麻花、饼干等食品久置于空气中会失去原有的口味……这都是过多水分存在的缘故。例如：木材在制作木模、木器前的干燥可以防止制品变形；陶瓷坯料在煅烧前进行干燥可以防止成品龟裂；将收获的粮食干燥到一定湿含量以下，以防霉变；药物和食品的去湿（中药冲剂、片剂、糖、咖啡等），以防失效变质；塑料颗粒若含水量超过规定，则在以后的注塑加工中会产生气泡，影响产品的品质。常见的"去湿"方法可分为以下三类：

（1）机械去湿　用压榨、过滤或离心分离的方法去除湿分的操作。该操作能耗低，但湿分的除去不完全。当物料带水较多时，可采用机械分离方法除去大量的水分。

（2）吸附去湿　用某种平衡水汽分压很低的干燥剂（如 $CaCl_2$、硅胶等）与湿物料并存，使物料中的水分被干燥剂吸附并带走。如实验室中用干燥剂保存干物料，我们购买的食品包装中也常常会看到干燥剂。

（3）供热干燥　向物料提供热量使物料中的水分汽化。工业干燥操作多用热空气或其他高温气体为介质，使之吹过物料表面，同时向湿物料供热并带走汽化的湿分，此种干燥常称为对流干燥。

本项目学习干燥的相关内容。主要内容有：
① 学习干燥的基本概念和干燥速率；
② 了解干燥的方式和工业应用。

任务一
学习干燥的基本概念和干燥速率

任务描述

请以新入职员工的身份进入本任务的学习，在任务中学习干燥的基本概念和干燥速率相关知识。

应知应会

一、干燥的基本概念

干燥是借助于热能使物料中水分或者其他溶剂等移除的单元操作。化工生产中最常见的是对流干燥，我们主要讨论干燥介质为空气，湿分为水的对流干燥过程。

1. 湿空气的性质

（1）湿度　湿空气的湿度又称湿含量或绝对湿度，是指单位质量干空气所带有的水汽质量，用符号 H 表示，单位为 kg 水汽/kg 干空气。湿度可以通过湿空气的总压与水汽的分压求得：

$$H = 0.622 \times \frac{p_\text{汽}}{p - p_\text{汽}} \tag{19-1}$$

式中　H——空气的湿度，kg 水汽/kg 干空气；
　　　p——湿空气的总压，Pa；
　　　$p_\text{汽}$——湿空气中水蒸气的分压，Pa。

由式（19-1）可以看出，湿空气的湿度 H 与湿空气的总压 p 以及水汽的分压 $p_\text{汽}$ 有关，当总压 p 一定时，湿度 H 随水汽的分压 $p_\text{汽}$ 增大而增大。

当湿空气达到饱和时，所对应的湿度为饱和湿度，表示为 H_s，该湿空气中水汽的分压为 p_s，可以表示为：

$$H_s = 0.622 \times \frac{p_s}{p - p_s} \tag{19-2}$$

（2）相对湿度　在一定的温度和压力下，湿空气中的水汽分压与同温度下的饱和水蒸气的分压之比称为湿空气的相对湿度，用 φ 表示：

$$\varphi = \frac{p_\text{汽}}{p_s} \times 100\% \tag{19-3}$$

相对湿度用来衡量湿空气的不饱和程度。当相对湿度 $\varphi = 100\%$，水汽的分压等于饱和蒸汽压，即 $p_\text{汽} = p_s$ 时，表明该湿空气已被水汽饱和，不能再吸收水汽。当相对湿度 $\varphi = 0$ 时，水汽分压等于零，即 $p_\text{汽} = 0$ 时，表明空气中水汽含量为 0，该空气为绝对干燥的空气，又称为绝干空气，具有较强的吸水能力。

（3）露点　使不饱和的湿空气在总压和湿度不变的情况下冷却降温达到饱和状态时的温度称为该湿空气的露点，用符号 t_d 表示，单位为℃或K。

处于露点温度的湿空气的相对湿度 φ 为100%，即湿空气中的水汽分压是饱和蒸汽压。

$$p_s = \frac{Hp}{0.622 + H} \tag{19-4}$$

在确定露点温度时，只需将湿空气的总压 p 和湿度 H 代入式中，求得 p_s，然后通过饱和水蒸气表查出对应的温度，即为该湿空气的露点 t_d。由式（19-4）可知，在总压一定时，湿空气的露点只与其湿度有关。

（4）干球温度和湿球温度　湿球温度是将湿球温度计置于湿空气中测得的温度，如图19-1所示，左侧为干球温度计，右侧为湿球温度计。湿球温度计的感温球用湿纱布包裹，湿纱布的下端浸在水中（感温球不能与水接触），使湿纱布始终保持湿润。将它们同时置于空气中，干球温度计测得的温度为该空气的干球温度，湿球温度计测得的温度为该空气的湿球温度，湿球温度用 t_w 表示，单位为℃或K。

在绝热条件下，使湿空气绝热增湿达到饱和时的温度称为绝热饱和温度，用符号 t_{as} 表示，单位为℃或K。绝热饱和温度是大量水与少量空气接触的结果，其数值取决于湿空气的状态，是湿空气的性质。对空气-水系统，实验证明，湿空气的绝热饱和温度与其湿球温度基本相同。工程计算中，常取 $t_w = t_{as}$。

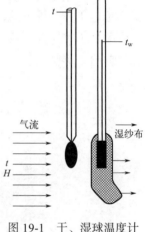

图19-1　干、湿球温度计

2. 自由水分和平衡水分

平衡水分：当湿物料与一定温度和湿度的空气接触时，湿物料表面所产生的水汽分压大于空气中水汽的分压时，物料中的水汽将会向空气中转移，干燥可以顺利进行；当湿物料表面产生的水汽分压小于空气中的水汽分压时，则物料将吸收空气中的水分，产生所谓"返潮"现象；当物料表面产生的水汽分压等于空气中的水汽分压时，两者处于平衡状态，湿物料中的水分含量为一定值，不会因为与空气接触的时间长短而变化，此时，物料中的含水量就是该物料在此空气状态下的平衡含水量，又称平衡水分，用 X^* 表示，单位为 kg（水）/kg（干料）。

自由水分：湿物料中的水分含量大于平衡水分时，则其含水量与平衡水分之差称为自由水分。

日常生活中把湿衣服凉干，就是简单的对流干燥过程：温度较高的空气把热量传递到湿衣服表面，湿衣服中的水分得到热量汽化。我们发现温度高、空气干燥的地方，衣服干得快；而温度低、空气潮湿的地方，衣服干得慢。这说明在晾衣服的过程中，干燥速率与空气的温度和湿度密切相关。

关于平衡水分和自由水分还有一种非常通俗的说法：即在一定干燥条件下，能用干燥方法除去的水分称为自由水分；用干燥方法不能除去的水分称为平衡水分。

3. 结合水分和非结合水分

根据物料中所含水分被除去的难易程度，可将物料中的水分分为结合水分和非结合水分。物料中毛细管内的水分、细胞壁内的水分以及与物料结合力较强的水分，所产生的蒸气压低于同温度下纯水的饱和蒸气压，用干燥方法不易除去，这部分水分称为结合水分。物料表面的吸附水分和存在于大孔隙中的水分，其饱和蒸气压等于同温度下纯水的饱和蒸气压，与物料之间的结合力弱，用干燥的方法容易除去，这部分水分称为非结合水分。在干燥过程中，除去结合水分比除去非结合水分难。

二、干燥速率

干燥速率是指单位时间内、单位干燥面积上所汽化的水分的质量，用符号 U 表示，单位是 kg 水 /（$m^2 \cdot s$）。

干燥速率是由实验测定的，该实验是用大量空气干燥少量湿物料，故可以看作实验是在恒定干燥条件下进行的。图 19-2 是由实验数据所绘得的干燥速率曲线，表明在一定干燥条件下，干燥速率与物料的干基含水量的关系。从该曲线可以看出，干燥速率很明显分为两个阶段，即恒速干燥阶段 BC 和降速干燥阶段 CE。

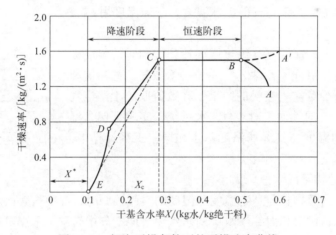

图 19-2　恒定干燥条件下的干燥速率曲线

（1）**恒速干燥阶段**　如图 19-2 中 BC 段所示，在该阶段，干燥速率保持不变，为一恒定值，且不随物料含水量的变化而变化。干燥开始进行时，物料表面的含水量较高，其表面的水分可以认为是非结合水分，在恒速干燥阶段，物料内部水分的扩散速率大于表面水分汽化速率，物料表面始终被水汽所润湿。物料表面水分的蒸汽压与空气中水分的蒸汽压之差保持不变，空气传给物料的热量等于水分汽化所需的热量。此时，干燥速率的大小取决于物料表面水分汽化速率的大小，取决于湿空气的性质，而与湿物料的性质关系很小，因此，恒速干燥阶段又称为表面汽化控制阶段或干燥第一阶段，在该阶段，物料表面的温度基本保持为空气的湿球温度。

（2）**降速干燥阶段**　如图 19-2 中 CE 段所示，在该阶段，干燥速率不断下降。干燥进行到一定阶段后，由于物料内部水分的扩散速率小于表面含水的汽化速率，物料表面的含水量逐渐减小，干燥速率不断下降。在该阶段，干燥速率主要取决于物料本身的结构、形状和大小等性质，而与空气性质的关系很小。因此，降速干燥阶段又称为内部水分控制阶段或干燥第二阶段。在该阶段，由于空气传给湿物料的热量大于水分汽化所需的热量，湿物料表面温度不断上升，最终接近空气的温度。

恒速干燥阶段与降速干燥阶段的转折点 C 称为临界点，该点的干燥速率仍为恒速干燥速率，与该点对应的湿物料的含水量称为临界含水量 X_c。临界点是物料中非结合水分与结合水分划分的界限，物料的含水量大于临界含水量的部分是非结合水分，小于临界含水量的部分是结合水分。

干燥速率曲线与横轴的交点 E 所表示的含水量为物料的平衡含水量 X^*，即平衡水分。

综上所述，当物料的含水量大于临近含水量时，属于恒速干燥阶段；当物料的含水量小于临界含水量时，属于降速干燥阶段；当物料的含水量为平衡含水量时，干燥速率为零。实际上，在工业生产过程中，物料干燥的限度不可能是平衡含水量，而是在平衡含水量与临界含水量之间的某一数值，其值视生产要求和经济核算而定。

任务实施

工作任务单　学习干燥的基本概念和干燥速率

姓名：	专业：	班级：	学号：	成绩：
步骤	内容			
任务描述	请以新入职员工的身份进入本任务的学习，在任务中学习干燥的基本概念和干燥速率相关知识。			
应知应会要点	（需学生提炼）			
任务实施	车间需完成一批物料的干燥工作，某操作人员认为干燥过程中会失去产品中所有水分，结合本任务的应知应会内容，请你指出其说法是否正确。用对流干燥方法干燥湿物料时，是不是物料中的所有水分都能除去呢？			

任务总结与评价

根据本次任务学习用"我学会了"造句。

任务二　了解干燥的方式和工业应用

任务描述

请以新入职员工的身份进入本任务的学习，在任务中你了解干燥的方式和工业应用。

应知应会

近年来随着相关产业的发展,干燥的应用越来越广泛,对干燥的要求也越来越多样化。

一、干燥的分类

(1) 按操作压强分类　主要有常压干燥和真空干燥。

常压干燥:在常压下进行的干燥操作,多数物料的干燥采用常压干燥。

真空干燥:该过程在真空条件下操作,可以降低湿分的沸点和物料的干燥温度,适用于处理热敏性、易氧化或要求产品含湿量很低的物料。

(2) 按操作方式分类　有连续式干燥和间歇式干燥。

连续式干燥:湿物料从干燥设备中连续投入,干品连续排出。其特点是生产能力大,产品质量均匀,热效率高和劳动条件好。

间歇式干燥:湿物料分批加入干燥设备中,干燥完毕后卸下干品再加料。如烘房,适用于小批量,多品种或要求干燥时间较长的物料的干燥。

(3) 热量供给方式分类　有传导干燥、对流干燥、辐射干燥和介电加热干燥。

① 传导干燥。湿物料与加热介质不直接接触,热量以传导方式通过固体壁面传给湿物料。此法热能利用率高,但物料温度不易控制,容易过热变质。如烘房、滚筒干燥器等。

② 对流干燥。热量通过干燥介质(某种热气流)以对流方式传给湿物料。干燥过程中,干燥介质与湿物料直接接触,干燥介质供给湿物料汽化所需要的热量,并带走汽化后的湿分蒸汽。如气流干燥器、流化床干燥器、喷雾干燥器等。这种干燥器物料不易过热,但介质从干燥器出来时由于温度较高,热能利用率低。

③ 辐射干燥。热能以电磁波的形式由辐射器发射至湿物料表面,被湿物料吸收后再转变为热能将湿物料中的湿分汽化并除去,如红外线干燥器。辐射干燥生产强度大,产品洁净且干燥均匀,但能耗高。

④ 介电加热干燥。将湿物料置于高频电磁场内,在高频电磁场的作用下,物料吸收电磁能量,在内部转化为热能用于蒸发湿分从而达到干燥目的。电场频率在300MHz以下的称为高频加热,频率在(300MHz ~ 300GHz)的称为微波加热,如箱式微波干燥器。介电干燥加热速度快、加热均匀、能选择性加热(一般地,电磁场只与物料中的溶剂而不与溶剂的载体耦合),能量利用率高。但投资大,操作费用较高(如更换磁控管等元件)。

二、干燥设备

1. 对干燥设备的基本要求

工业上由于被干燥物料的性质、干燥程度的要求、生产能力的大小等各不相同,因此,所采用的干燥器的形式和操作方式也就多种多样。为确保优化生产、提高效益,对干燥器有如下一些基本要求。

① 能满足生产的工艺要求。工艺要求主要是指达到规定的干燥程度、保证产品具有一定的形状和大小等。由于不同物料的性质、形状差异很大,因此对干燥设备的要求也就各不相同,干燥器必须根据物料的这些不同特征而确定不同的结构。

② 生产能力大。干燥器的生产能力取决于物料达到规定干燥程度所需的时间。干燥速率越快，所需的干燥时间越短，设备的生产能力越大。许多干燥器，如流化床干燥器、喷雾干燥器等就能够使物料在干燥过程中处于分散、悬浮状态，从而增大了气固相的接触面积并不断更新，因此干燥速率快，干燥时间短，设备的生产能力高。

③ 热效率高。在对流干燥中，提高热效率的主要途径是减少废气带走的热量。干燥器的结构应有利于气固相接触、有较大的传热和传质推动力，以提高热能的利用率。

④ 干燥系统的流动阻力要小，以降低能量消耗。

⑤ 操作控制方便，劳动条件良好，附属设备简单等。

2．工业干燥设备

一般干燥器按加热方式可分为下列四类：

对流干燥器，如厢式干燥器、转筒干燥器、气流干燥器、沸腾床干燥器、喷雾干燥器。

传导干燥器，如滚筒干燥器、减压干燥器、真空耙式干燥器、冷冻干燥器等。

辐射干燥器，如红外线干燥器。

介电加热干燥器，如微波干燥器。

本任务主要介绍化工生产中最常用的几种对流干燥器。

（1）厢式干燥器　厢式干燥器又称为室式干燥器，小型的称为烘箱，大型的称为烘房。厢式干燥器为常压间歇式操作设备，可用于多种不同形态的物料。厢式干燥器主要由一外壁绝热的厢式干燥室和放在小车支架上的物料盘构成，盘数和干燥室的大小由所处理的物料量和所需干燥面积而定。多层长方形浅盘叠置在框架上，湿物料在浅盘中，厚度通常为 10～100mm，一般浅盘的面积为 0.3～1m^2。新鲜空气由风机抽入，经加热后沿挡板均匀地进入各层之间，平行流过湿物料表面，带走物料中的湿分。

厢式干燥器的优点是物料损失小、盘易清洗、构造简单、容易制造、适应性强。它既适合于干燥粒状、片状、膏状物料和较贵重的物料，又适合于批量小、干燥程度要求高、不允许粉碎的易碎脆性物料以及随时需要改变空气流量、温度和湿度等干燥条件的场合。厢式真空干燥器适用于热敏性、易氧化或燃烧的物料。

（2）喷雾干燥器　喷雾干燥器是采用雾化器将原料分散为雾滴，并以热空气干燥雾滴而获得产品的一种干燥方法。操作时，用高压将浆液以雾状的形式从喷嘴喷出，由于喷嘴随着旋转十字管一起转动，雾状的液滴便均匀地分布于热空气中，空气经预热器预热后由干燥器上部进入，干燥结束后的废气经袋滤器回收其中的物料后由排气管排出，干燥产品从干燥器底部引出。原料液可以是溶液、乳浊液或悬浮液，也可以是熔融液或膏糊状稠浆。干燥产品可根据生产要求制成粉状、颗粒状、空心球或团粒状。

喷雾干燥器的特点是物料的干燥时间短，通常为 15～30s，甚至更少；产品可制成粉末状、空心球或疏松团粒状，适用于热敏性物料的干燥，例如牛奶、蛋品、血浆、洗涤剂、抗生素、酵母和染料等的干燥；工艺流程简单，原料进入干燥室后即可获得产品，省去蒸发、结晶、过滤、粉碎等步骤。

（3）转筒干燥器　转筒干燥器又称为回转圆筒干燥器，主要部分为一个倾斜角度为 0.5～6°的横卧旋转圆筒，直径为 0.5～3m，长度一般为 2～7m，最长达 50m。圆筒全部重量支撑在托轮上，筒身被齿轮带动而回转，转速一般为 3～8r/min。操作时，加热蒸汽由滚筒的中空轴通入筒内，通过间壁将黏附在筒外的物料加热烘干，干料层的厚度由两滚筒间的间隙来控制。

转筒干燥器的优点是热效率高,在操作过程中,可以根据物料黏度的大小和要求的干燥程度,来调节转筒间的间距和转筒的转速。转筒干燥器适用于大量生产的粒状、块状、片状物料的干燥,例如各种晶体、有机肥料、无机肥料、矿渣、水泥等物料。所处理物料的含水量范围为3%~50%,产品含水量可降至0.5%左右,甚至可降到0.1%。

(4) 沸腾床干燥器 沸腾床干燥器也称为流化床干燥器,是流化技术在干燥操作中的应用。热空气从底部通入,经过多孔分布板进入前面的干燥室,使物料处于流态化,这样,物料与热空气能够充分接触,增大了干燥过程的速率。当物料通过最后一室时,与下部通入的冷空气接触,使得产品迅速冷却,便于包装和收藏。

沸腾床干燥器的优点是颗粒在器内停留时间比在气流干燥器内长,而且可以调节,故气、固相接触好,能得到较低的最终含水量;空气流速较小,物料与设备磨损较轻,压强较小;热能利用率高,结构简单,设备紧凑,造价低,活动部件少,维修费用低。

沸腾床干燥器(图19-3)适用于处理粉粒状物料,由于优点较多而得到广泛使用。

图 19-3 沸腾床干燥器

任务实施

工作任务单 了解干燥的方式和工业应用

姓名:	专业:	班级:	学号:	成绩:
步骤	内容			
任务描述	请以技术人员的身份进入本任务的学习,在任务中了解干燥的方式和工业应用。			
应知应会要点	(需学生提炼)			

续表

任务实施	现车间需从牛奶料液直接得到奶粉制品,你作为技术人员,应选用什么样的干燥器呢?如果要干燥小批量,晶体在摩擦下易碎,但又希望保留较好的晶形的物料,又应选用哪种干燥器?

任务总结与评价
谈谈本次任务的收获与感受。

项目评价

项目综合评价表

姓名		学号		班级	
组别		组长及成员			

项目成绩：　　　　　　总成绩：

任务	任务一		任务二	
成绩				

自我评价

维度	自我评价内容	评分（1～10分）
知识	了解干燥的原理及过程	
	了解干燥在化工生产中的应用	
能力	通过学习干燥相关知识，解决生产中的问题，培养学生分析问题、解决问题能力	
素质	培养学生职业素养，增强学生工程思维	
我的反思	我的收获	
	我遇到的问题	
	我最感兴趣的部分	
	其他	

项目拓展

新型干燥技术

1. 真空冷冻干燥（冻干技术）

冻干技术是利用水的升华原理，在低温（-25～50℃）下把物料冻结，然后抽真空，同时升温至10～80℃，使冰不经液化而直接挥发，从而达到去水干燥的目的。

冻干技术已广泛应用于食品、医药、化工及高新科技等领域中。目前，冻干技术是保存菌种最理想方法之一；冻干皮肤和骨骼，复水后再植已经获得成功；除此之外，针对农产品的冷冻干燥研究也取得一些进展，苹果、花菇、小麦种子、中药、血茸等物质的冷冻干燥研究取得了良好的应用效果。和常规干燥工艺比较，真空冷冻干燥在保持物料的物理化学特性和生物活性及营养成分方面具有非常明显的优势，同时冻干工艺对生物细胞和组织破坏极小，在一定条件下容易吸水还原为原来的鲜活态。但冻干工艺能耗高、干燥时间长，设备控制难度大，操作成本也比其他干燥方法高出5～7倍，因此，冻干技术的广泛应用受到很大限制，目前主要在高新生物科技领域有所应用。

2. 红外干燥技术

红外干燥是利用电磁光波共振原理使物料温度上升，水分散失，从而达到干燥物料的目的。自1936年美国福特汽车公司首先把红外线用于汽车涂膜的干燥开始，红外线干燥技术得到不断改进和发展。目前，新型的红外线辐射干燥技术已广泛应用于车体、木工制品、合成树脂、合成纤维、食品等领域；日本研制的最新一代燃油远红外干燥机采用远红外辐射与燃油烟气对流加热技术，具有高效、热均匀与节能环保的特点，该工艺应用于水稻种子的干燥，去水率达1.2%。红外线干燥能效高、加热均匀、不需中间介质、热量直接可透入物体内部，而且工艺简单，控制自动化，成本较低。目前，在印刷业、涂料等方面已广泛开始采用红外干燥技术。

3. 微波干燥

微波是波长在1m～1mm（频率300GHz～300MHz）区域内的电磁波，家用微波炉一般采用12.2cm作为固定波长。微波的致热效应，是依靠介质的偶极子转向极化和界面极化在微波场中的介电损耗而引起的体内发热，物料被加热，水分散失。微波干燥技术自20世纪40年代开始应用以来，其干燥优点得到人们普遍认可，新型的微波干燥技术已在食品、药品与生物制品等领域应用；一些中草药加工及植物标本制作中微波干燥技术也都有所应用。微波加热时物料的升温和蒸发是在整个物体中同时进行的，在物体表面由于蒸发冷却，使物料表面温度略低于里层温度，同时由于物料内部产生热量以至于内部蒸汽迅速产生，形成压力梯度，促使水分流向表面，使微波干燥具有由内向外的干燥特点。对物料整体而言，物料内部首先干燥，克服了常规干燥中因物料外层首先干燥而形成硬壳板结而阻碍内部水分继续外移的缺点；另外微波干燥具有速度快，时间短，加热选择性强的优点。但微波干燥设备也有投入资金大，运转费用高及能源利用率低的缺点。

4. 喷雾干燥

喷雾干燥是通过喷雾器将泥浆状物料（或料液）喷成雾滴，分散在热气流中，使水迅速汽化而达到干燥目的。喷雾过程中，热气流和物料以并流、逆流或混合流方式相互接触，喷雾方式常采用离心式、压力式和气流式。

喷雾干燥技术现今主要应用于农产品加工、中药制剂和产品制粒等方面。国内许多化肥厂均采用喷雾干燥进行化肥造粒；我国西北地区的亚麻胶干燥已采用喷雾干燥法；工业上用喷雾干燥法制头孢菌素C钠盐；微胶囊化食品也采用喷雾干燥法制备。

喷雾干燥具有工艺流程简单，易于实现机械化和自动化，操作也比较灵活；其产品颗粒均匀，有较好的流动性，易于达到各种质量指标。

项目二十　蒸发基础知识

学习目标

知识目标
1. 了解蒸发的原理及过程。
2. 了解蒸发在化工生产中的应用。

能力目标
1. 能够运用蒸发知识解释生活中的现象。
2. 能够准确描述蒸发的原理及过程。

素质目标
1. 关注中国古代蒸发制盐和制糖的工艺，拓展视野。
2. 通过学习蒸发相关知识，解决生产中的问题，培养分析问题、解决问题的能力。

项目导言

蒸发通常指液体的表面汽化现象。在化工生产中，专指含有不挥发性溶质的溶液受热沸腾，蒸去溶剂而浓缩的过程，是一种属于传热过程的单元操作。蒸发是一种古老的操作，在《天工开物》中记载着用大锅熬卤制盐和榨汁制糖，就是蒸发的早期应用。随着生产技术的发展，蒸发在化工、食品、医药和核工业中得到了广泛的应用。

本项目学习蒸发的相关内容。主要内容有：
① 学习蒸发的基本概念；
② 了解蒸发的方式和工业应用。

任务一　学习蒸发的基本概念

任务描述

请以新入职员工的身份进入本任务的学习，在任务中学习蒸发的基本概念。

应知应会

一、蒸发水量的确定

对图 20-1 所示的单效蒸发进行溶质的物料衡算，可得：

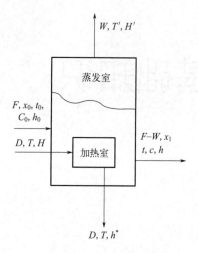

图 20-1　单效蒸发的物料衡算

$$Fx_0 = (F-W)x_1 = Lx_1$$

由此可得水的蒸发量：

$$W = F\left(1 - \frac{x_0}{x_1}\right) \quad (20\text{-}1)$$

完成液的浓度：

$$x_1 = \frac{Fx_0}{F-W} = \frac{Fx_0}{L} \quad (20\text{-}2)$$

式中　F——原料液量，kg/h；
　　　W——蒸发水量，kg/h；
　　　L——完成液量，kg/h；
　　　x_0——原料液中溶质的浓度，%；
　　　x_1——完成液中溶质的浓度，%。

二、加热蒸汽消耗量的确定

通过热量衡算可以得到蒸汽消耗量 D 的计算公式：

$$D = \frac{WH' + (F-W)h - Fh_0 + Q_L}{r} \quad (20\text{-}3)$$

式中　D——加热蒸汽消耗量，kg/s；
　　　r——加热蒸汽的汽化热，kJ/kg；
　　　h——浓缩液的焓，kJ/kg；
　　　h_0——料液的焓，kJ/kg；
　　　H'——二次蒸汽的焓，kJ/kg；
　　　Q_L——蒸发器的热损失，W。

三、蒸发器的生产强度

生产强度用单位传热面积单位时间内的蒸发量表示，蒸发器的生产强度能更好地反映蒸发器的处理能力。

$$U = \frac{W}{S} \quad (20\text{-}4)$$

式中　U——蒸发器的生产强度，kg/（m²·h）；
　　　S——蒸发器蒸发面积，m²。

四、蒸发器生产能力的强化

（1）强化途径
① 适量增大传热温度差。

② 增大总传热系数。尽量采用溶液沸腾时的传热系数、减少污垢热阻等。在设计和操作时，需考虑不凝性气体的排除，否则冷凝侧热阻将大大增加，使传热系数下降。沸腾侧污垢热阻常常是影响传热系数 K 的重要因素。易结晶或结垢的物料，往往很快形成垢层，从而使热流量降低。为减小污垢热阻，除定期清洗外，还可从设备结构上改进，另外也可考虑新的除垢方法。

（2）单效和多效蒸发时，蒸发器的生产能力和生产强度比较

① 由于多效蒸发时的温度差损失较单效蒸发时大，故多效蒸发时的生产能力较小。

② 由于多效蒸发的总温度差损失受总有效温度差的限制，所以多效蒸发的效数也有一定的限制。

③ 在多效蒸发中，效数增加，单位蒸汽消耗量减少，操作费用降低；但装置的投资费用增加，且生产能力降低。

（3）提高加热蒸汽经济性的其他措施

① 抽出额外蒸汽。

② 冷凝水显热的利用。

③ 热泵利用。

任务实施

工作任务单　学习蒸发的基本概念

姓名：	专业：	班级：	学号：	成绩：
步骤	内容			
任务描述	请以新入职员工的身份进入本任务的学习，在任务中学习蒸发的基本概念。			
应知应会要点	（需学生提炼）			
任务实施	要将质量分数为 25%，流量为 3600kg/h 的 NaOH 水溶液进行蒸发，浓缩后得到质量分数为 50% 的浓缩液。计算加热过程中蒸发的水量。 ①写出计算公式：＿＿＿＿＿。 ②确定已知条件 原料液流量 $F=$ ＿＿＿＿kg/h； 原料液中溶质的质量分数 = ＿＿＿＿； 浓缩液中溶质的质量分数 = ＿＿＿＿。 ③计算蒸发水量 $W = F\left(1 - \dfrac{x_0}{x_1}\right) = 3600\left(1 - \text{＿＿＿＿}\right) = \text{＿＿＿＿ kg/h}$ （蒸发水量是 1800kg/h，你的答案对吗？）			

任务总结与评价

根据本次任务学习用"我学会了"造句。

任务二
了解蒸发的方式和工业应用

任务描述
请以新入职员工的身份进入本任务的学习,在任务中学习蒸发的方式及工业应用。

应知应会

一、蒸发操作的分类

(1)按蒸发方式分为自然蒸发和沸腾蒸发。自然蒸发即溶液在低于沸点温度下蒸发,如海水晒盐,这种情况下,因溶剂仅在溶液表面汽化,溶剂汽化速率低。沸腾蒸发是将溶液加热至沸点,使之在沸腾状态下蒸发。工业上的蒸发操作基本上皆是此类。

(2)按加热方式分直接热源加热和间接热源加热。直接热源加热将燃料与空气混合,使其燃烧产生的高温火焰和烟气经喷嘴直接喷入被蒸发的溶液中来加热溶液、使溶剂汽化的蒸发过程。间接热源加热通过容器间壁传给被蒸发的溶液,即在间壁式换热器中进行的传热过程。

(3)按操作压力分为常压、加压和减压蒸发操作。对于热敏性物料,如抗生素溶液、果汁等应在减压下进行蒸发;而高黏度物料应采用加压高温热源(如导热油、熔盐等)进行蒸发。

(4)按效数分可分为单效与多效蒸发。若蒸发产生的二次蒸汽直接冷凝不再利用,称为单效蒸发;若将二次蒸汽作为下一效加热蒸汽,并将多个蒸发器串联,此蒸发过程即为多效蒸发。

二、常见的蒸发设备

蒸发装置的核心设备是蒸发器,一般都是由加热室和分离室(蒸发室)组成。

图20-2 中央循环管式蒸发器

(1)中央循环管式蒸发器 中央循环管式蒸发器(图20-2)为最常见的蒸发器,它主要由加热室、蒸发室、中央循环管和除沫器组成。原料液进入加热室,被加热并且沸腾汽化,由于中央循环管内气液混合物的平均密度较大,而其余加热管内气液混合物的平均密度较小。在密度差的作用下,料液从中央循环管下降,而从加热管上升,做自然循环流动,浓缩后的溶液(常称为完成液)从蒸发器底部排出。

这种蒸发器具有结构紧凑、制造方便、传热较好、操作可靠等优点,缺点是清理和检修麻烦,溶液循环速度较低,一般仅在0.5m/s以下,传热系数小。它适用于黏度适中,结垢不严重,有少量的结晶析出及腐蚀性不大的场合。

(2)升膜式蒸发器 它的加热室由一根或数根垂直长管组成。通常加热管管径为25~50mm,管长与管径之比为100~150。溶液停留时间短,故特别适用于热敏性物料的蒸发;温度差损失较小,表面传热系数较大。循环速度大（2～3.5m/s），而且可以调节；可用于蒸发黏度大，易结晶结垢的物料。输送设备能耗大，每平方米加热面积需 0.4～0.8kW。

（3）降膜式蒸发器　结构上与升膜式蒸发器类似，降膜式蒸发器（图20-3）可用于蒸发黏度较大（0.05～0.45Pa·s）、浓度较高的溶液，但不适于处理易结晶和易结垢的溶液，这是因为这种溶液形成均匀液膜较困难，传热系数也不高。

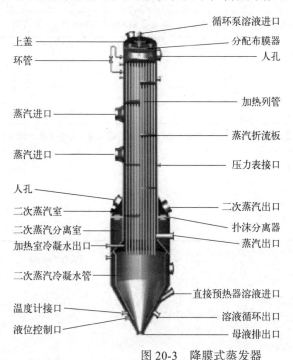

降膜式蒸发器

图20-3　降膜式蒸发器

（4）外加热式蒸发器　外加热式蒸发器如图20-4所示。将加热室与蒸发室独立设置，料液从加热室的底部进入加热管，加热后再进入蒸发室将气液进行分离，二次蒸汽从蒸发室顶部排出。这样不仅易于清洗、更换，同时还有利于降低蒸发器的总高度。这种蒸发器的加热管较长（管长与管径之比为50～100），且循环管又不被加热，故溶液的循环速度可达 1.5m/s，它既利于提高传热系数，也利于减少结垢。

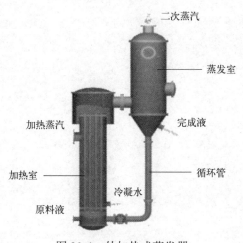

图20-4　外加热式蒸发器

任务实施

工作任务单　了解蒸发的方式和工业应用

姓名：	专业：	班级：	学号：	成绩：

步骤	内容
任务描述	请以技术人员的身份进入本任务的学习，在任务中了解蒸发的方式及工业应用。
应知应会要点	（需学生提炼）
任务实施	随着科技的发展与进步，蒸发技术也不断改进更新，请你查阅相关文献，说说目前新型的蒸发技术都有哪些。

任务总结与评价

谈谈本次任务的收获与感受。

 项目评价

项目综合评价表

姓名		学号		班级	
组别		组长及成员			

项目成绩：　　　　　总成绩：

任务	任务一	任务二
成绩		

自我评价

维度	自我评价内容	评分（1～10分）
知识	了解蒸发的原理及过程	
	了解蒸发在化工生产中的应用	
能力	能够运用蒸发知识解释生活中的现象	
	能够准确描述蒸发的原理及过程	
素质	关注中国古代蒸发制盐和制糖的工艺，拓展学生的视野	
	通过学习蒸发相关知识，解决生产中的问题，培养学生分析问题、解决问题的能力	
我的反思	我的收获	
	我遇到的问题	
	我最感兴趣的部分	
	其他	

项目拓展

《天工开物》节选

凡海水自具咸质，海滨地高者名潮墩，下者名草荡，地皆产盐。同一海卤，传神而取法则异。

一法：高堰地，潮波不没者，地可种盐。种户各有区画经界，不相侵越。度诘朝①无雨，则今日广布稻麦稿灰及芦茅灰寸许于地上，压使平匀。明晨露气冲腾，则其下盐茅②勃发，日中晴霁，灰、盐一并扫起淋煎。

一法：潮波浅被地，不用灰压，候潮一过，明日天晴，半日晒出盐霜，疾趋扫起煎炼。

一法：逼海潮深地，先掘深坑，横架竹木，上铺席苇，又铺沙于苇席上。俟潮灭顶冲过，卤气由沙渗下坑中，撤去沙、苇，以灯烛之，卤气冲灯即灭，取卤水煎炼。总之功在晴霁，若淫雨连旬，则谓之盐荒。又淮场地面，有日晒自然生霜如马牙者，谓之大晒盐。不由煎炼，扫起即食。海水顺风飘来断草，勾取煎炼，名蓬盐。

凡淋煎法，掘坑二个，一浅一深。浅者尺许，以竹木架芦席于上，将扫来盐料（不论有灰无灰，淋法皆同），铺于席上。四围隆起作一堤形③，中以海水灌淋，渗下浅坑中。深者深七八尺，受浅坑所淋之汁，然后入锅煎炼。

凡煎盐锅古谓之"牢盆"，亦有两种制度。其盆周阔数丈，径亦丈许。用铁者以铁打成叶片，铁钉拴合，其底平如盂，其四周高尺二寸，其合缝处一以卤汁结塞，永无隙漏。其下列灶燃薪，多者十二三眼，少者七八眼，共煎此盘。南海有编竹为者，将竹编成阔丈深尺，糊以蜃灰④，附于釜背。火燃釜底，滚沸延及成盐。亦名盐盆，然不若铁叶镶成之便也。凡煎卤未即凝结，将皂角椎碎，和粟米糠二味，卤沸之时投入其中搅和，盐即顷刻结成。盖皂角结盐，犹石膏之结腐也。

凡盐淮扬场者，质重而黑。其他质轻而白。以量较之。淮场者一升重十两，则广浙、长芦者只重六七两。凡蓬草盐不可常期⑤，或数年一至，或一月数至。凡盐见水即化，见风即卤，见火愈坚。凡收藏不必用仓廪，盐性畏风不畏湿，地下叠稿三寸，任从卑湿无伤。周遭以土砖泥隙，上盖茅草尺许，百年如故也。

【注释】

① 度：推测。诘朝：第二天。

② 盐茅：盐像茅草一样丛生。

③ 堤形：堤坝的样子。

④ 蜃灰：蛤蜊壳烧成的灰。

⑤ 常期：长期存放。

思考：在本节选中用到了本项目学到的哪些操作，请写出来。

项目二十一 多效蒸发操作仿真训练

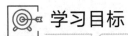

学习目标

知识目标
1. 理解多效蒸发单元的工艺流程。
2. 掌握多效蒸发操作中关键参数的调控要点。
3. 掌握多效蒸发操作中典型故障的现象和产生原因,以及蒸发器的维护与保养。

能力目标
1. 能根据开车操作规程,配合班组指令,进行多效蒸发的开、停车操作。
2. 根据生产中关键参数的正常运行区间,能够及时判断参数的波动方向和波动程度。

素质目标
1. 遵守操作规程,具备严谨的工作态度。
2. 面对参数波动和生产故障时,具备沉着冷静的心理素质和敏锐的观察判断能力。
3. 在完成班组任务过程中,时刻牢记安全生产、清洁生产和经济生产。

项目导言

化工生产中蒸发操作的目的是获得浓缩的溶液直接作为化工产品或者半成品,借蒸发脱除有机溶剂,将溶液增浓至饱和状态,随后加以冷却,析出固体产物,即采用蒸发、结晶的联合操作以获得固体溶质,脱除杂质,获得纯净溶质。

多效蒸发有下列三种操作流程:

(1)并流加料 并流加料溶液与蒸汽的流动方向相同,均由第一效顺序流至末效。其优点是料液可借相邻两效的压强差自动流入后一效,而不需用泵输送,同时,由于前一效的沸点比后一效的高,因此当物料进入后一效时,会产生自蒸发,这可多蒸出一部分水汽。这种流程的操作也较简便,易于稳定。但其主要缺点是传热系数会下降,这是因为后序各效的浓度会逐渐增高,但沸点反而逐渐降低,导致溶液黏度逐渐增大。

(2)逆流加料 逆流加料流程料液的流向与蒸汽的流向相反,即加热蒸汽由第一效进入,原料液由末效进入,完成液由第一效排出。其优点是各效浓度和温度对溶液黏度的影响大致相抵消,各效的传热条件大致相同,即传热系数大致相同。缺点是料液输送必须用泵,另外,进料也没有自蒸发。一般这种流程只有在溶液黏度随温度变化较大的场合才被采用。

（3）平流加料　平流加料特点是蒸汽的走向与并流相同，但原料液和完成液则分别从各效加入和排出。这种流程适用于处理易结晶物料，例如食盐水溶液的蒸发，如图21-1所示。

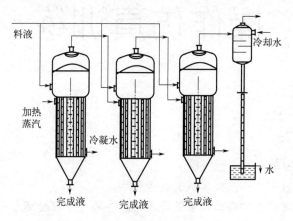

图21-1　平流加料

本项目中学生将以操作人员身份进入"车间"，学习有关多效蒸发的生产操作。主要任务包括：

① 多效蒸发的开车操作；
② 多效蒸发的停车操作；
③ 多效蒸发的事故处理。

任务一
多效蒸发的开车操作

任务描述

请以操作人员（外操岗位）的身份进入本任务的学习，在任务中按照操作规程，完成多效蒸发的开车操作。

应知应会

一、工艺流程简介

原料NaOH水溶液（沸点进料，沸点为143.8℃）经流量调节器FIC101控制流量（10000kg/h）后，进入蒸发器F101A，料液受热而沸腾，产生136.9℃的二次蒸汽，料液从蒸发器底部经阀门LV101流入第二效蒸发器F101B。压力为500kPa，温度为151.7℃左右的加热蒸汽经流量调节器FIC102控制流量（2063.4kg/h）后，进入F101A加热室的壳程，冷凝成水后经阀门VG08排出。第一效蒸发器F101A蒸发室压力控制在327kPa，溶液的液面高度通过液位控制器LIC101控制在1.2m。第一效蒸发器产生的二次蒸汽经过蒸发器顶部阀门 VG13 后，进入第二效蒸发器 F101B 加热室的壳程，冷凝成水后经阀门 VG07 排出。从第一效流入第二效的料液，受热汽化产生 112.7℃的二次蒸汽，料液从蒸发器底部经阀门 LV102 流入第三效蒸发器 F101C。第二效蒸发器 F101B 蒸发室压力控制在 163kPa，溶液的液面高度通过液位控制器 LIC102 控制在 1.2m。第二效蒸发器产生的二次蒸汽经过蒸发器顶部阀门 VG14 后，进入第三效蒸发器 F101C 加热室的壳程，冷凝成水后经阀门 VG06 排出。从第二效流入第三效的料液，受热汽化产生 60.1℃的二次蒸汽，料液从蒸发器底部经阀门 LV103 流入积液罐 F102。第三效蒸发器 F101C 蒸发室压力控制在 20kPa，溶液的液面高度通过液位控制器 LIC103 控制在 1.2m。完成液不满足工业生产要求时，经阀门 VG10 泄液。第三效产生的二次蒸汽送往冷凝器被冷凝而除去。真空泵用于保持蒸发装置的末效或后几效在真空下操作。

二、控制方案

（1）原料液流量控制　FV101 控制原料液的入口流量，FIC101 检测蒸发器的原料液入口流量的变化，并将信号传至 FV101 控制阀开度，使蒸发器入口流量维持在设定点，流量设定点为 10000kg/h。

（2）加热蒸汽流量控制　FV102 控制加热蒸汽的流量，FIC102 检测蒸发器的二次蒸汽流量的变化，并将信号传至 FV102 控制阀开度，使二次蒸汽流量维持在设定点，流量设定点为 2063.4kg/h。

（3）蒸发器的液位控制　LV101、LV102 和 LV103 控制蒸发器出口料液的流量，LIC101、LIC102 和 LIC103 检测蒸发器的液位，并将信号传给 LV101、LV102 和 LV103 控制阀的开度，使蒸发器的料液及时排走，使蒸发器的液位维持在设定点。液位设定点为 1.2m。

三、主要设备

多效蒸发工艺主要设备见表 21-1。

表 21-1　多效蒸发工艺主要设备

序号	位号	名称
1	F101A	第一效蒸发器
2	F101B	第二效蒸发器
3	F101C	第三效蒸发器
4	F102	储液罐
5	E101	换热器

四、主要工艺参数

（1）原料液入口流量 FIC101 为 10000kg/h。

（2）加热蒸汽流量 FIC102 为 2063.4kg/h，压力 PI105 为 500kPa。

(3) 第一效蒸发室压力 PI101 为 3.22atm，二次蒸汽温度 TI101 为 136.9℃。
(4) 第一效加热室液位 LIC101 为 1.2m。
(5) 第二效蒸发室压力 PI102 为 1.60atm，二次蒸汽温度 TI102 为 112.7℃。
(6) 第二效加热室液位 LIC102 为 1.2m。
(7) 第三效蒸发室压力 PI103 为 0.25atm，二次蒸汽温度 TI103 为 60.1℃。
(8) 第二效加热室液位 LIC103 为 1.2m。
(9) 冷凝器压力 PIC104 为 0.20atm。

任务实施

工作任务单　多效蒸发的开车操作

姓名：	专业：	班级：	学号：	成绩：
步骤	内容			
任务描述	请以操作人员（外操岗位）的身份进入本任务的学习，在任务中按照操作规程，完成多效蒸发的开车操作。			
应知应会要点	（需学生提炼）			
任务实施	启动仿真软件，完成冷态开车工况，要求成绩在 85 分以上，在 20min 内完成。			

任务总结与评价

在操作过程中遇到的难点是什么？你是如何解决的？

任务二
多效蒸发的停车操作

任务描述

请以操作人员（外操岗位）的身份进入本任务的学习，在任务中按照操作规程，完成多效蒸发的停车操作。

应知应会

停车操作的具体步骤如下：
(1) 关闭 LIC103，打开泄液阀 VG10。
(2) 调整 VG10 开度，使 FIC101 中保持一定的液位高度。
(3) 关闭 FV102，停热物流进料。

(4) 关闭 FV101，停冷物流进料。
(5) 全开排气阀 VG13。
(6) 调整 LV101 的开度，使 F101A 的液位接近 0。
(7) 当 F101A 中压力接近 1atm 时，关闭阀门 VG13。
(8) 关闭阀门 LV101。
(9) 调整 VG14 开度，当 F101B 中压力接近 1atm 时，关闭阀门 VG14。
(10) 调整 LV102 开度，使 F101B 液位为 0。
(11) 关闭阀门 LV102。
(12) 逐渐开大 VG10 泄液。
(13) 关闭阀门 VG10、VG15。
(14) 关闭真空泵 A、泵前阀 VG11。
(15) 关闭冷却水阀 VG05、VG04。
(16) 关闭冷凝水阀 VG12。
(17) 关闭疏水阀 VG08、VG07、VG06。

任务实施

工作任务单　多效蒸发的停车操作

姓名：	专业：	班级：	学号：	成绩：
步骤	内容			
任务描述	请以操作人员（外操岗位）的身份进入本任务的学习，在任务中按照操作规程，完成多效蒸发的停车操作。			
应知应会要点	（需学生提炼）			
任务实施	启动仿真软件，完成停车工况，要求成绩在 85 分以上，在 15min 内完成。			

任务总结与评价

在操作过程中遇到的难点是什么？你是如何解决的？

任务三
多效蒸发的事故处理

任务描述

请以操作人员（外操岗位）的身份进入本任务的学习，在任务中按照操作规程，完成多效蒸发的事故处理。

应知应会

一、冷物流进料调节阀卡

原因：冷物流进料调节阀 FV101 卡。

现象：进料量减少，蒸发器液位下降，温度降低、压力减少。

处理：打开旁路阀 V3，保持进料量至正常值。

二、F101A 液位超高

原因：F101A 液位超高。

现象：F101A 液位 LIC101 超高，蒸发器压力升高、温度增加。

处理：调整 LV101 开度，使 F101A 液位稳定在 1.2m。

任务实施

工作任务单　多效蒸发的事故处理

姓名：	专业：	班级：	学号：	成绩：
步骤	内容			
任务描述	请以操作人员（外操岗位）的身份进入本任务的学习，在任务中按照操作规程，完成多效蒸发的事故处理操作。			
应知应会要点	（需学生提炼）			
任务实施	启动仿真软件，完成多效蒸发的事故处理，要求成绩在 90 分以上，在 10min 内完成。			

任务总结与评价

在操作过程中遇到的难点是什么？你是如何解决的？

项目评价

项目综合评价表

姓名		学号		班级	
组别		组长及成员			
		项目成绩：		总成绩：	
任务	任务一		任务二		任务三
成绩					

自我评价			
维度	自我评价内容		评分（1~10分）
知识	理解多效蒸发单元的工艺流程		
	掌握多效蒸发操作中关键参数的调控要点		
	掌握多效蒸发操作中典型故障的现象和产生原因，以及蒸发器的维护与保养		
能力	能根据开、停车操作规程，配合班组指令，进行多效蒸发的开、停车操作		
	根据生产中关键参数的正常运行区间，能够及时判断参数的波动方向和波动程度		
素质	遵守操作规程，具备严谨的工作态度		
	面对参数波动和生产故障时，具备沉着冷静的心理素质和敏锐的观察判断能力		
	在完成班组任务过程中，时刻牢记安全生产、清洁生产和经济生产		
我的反思	我的收获		
	我遇到的问题		
	我最感兴趣的部分		
	其他		

 项目拓展

蒸发器的类型

蒸发一直是化工行业的常见操作单元。随着工业蒸发技术的不断发展，蒸发设备的结构和形式不断改进和创新，有许多种类和不同的结构。

目前企业常用的蒸发设备主要由加热室和分离室组成。

一般来说，根据溶液在蒸发器中的流动情况，大致可分为循环式和单向式两种。

循环蒸发器的特点是溶液在蒸发器中循环。根据液体循环原理的不同，可分为自然循环和强制循环。

强制循环蒸发器是一种具有晶浆循环的连续结晶器。操作时，料液从循环管下部加入，与离开结晶室底部的晶浆混合，然后泵送至加热室。晶浆在加热室中加热（一般为 $2 \sim 6 ℃$），但不发生蒸发。热晶浆进入结晶室后，沸腾使溶液达到过饱和状态，部分溶质沉积在悬浮颗粒表面，使晶体长大，作为产物的晶浆排出从循环管的上部。强制循环蒸发器生产能力大，但产品粒度分布较宽。根据物料在蒸发器中的流动方向和成膜原因可分为升膜蒸发器和降膜蒸发器。

升膜蒸发器适用于蒸发量大的溶液（即稀溶液）、热敏性和易起泡的溶液，但不适用于黏度高、易结晶或易结垢的溶液。

降膜蒸发器可蒸发高浓度溶液，也适用于高黏度物料。但是，它不适用于容易结晶或结垢的溶液。另外，由于管内液膜分布不均匀，其传热系数小于升膜蒸发器。

蒸发器有多种结构形式。在选择蒸发器的型号或设计蒸发器时，在满足生产任务要求和保证产品质量的前提下，还要考虑到结构简单、制造容易、操作维修方便、传热效果好等方面。此外，还需要对被蒸发材料的工艺特性有良好的适应性，包括材料的黏度、热敏性、腐蚀性、结晶或结垢等。

参考文献

[1] 刘兵，陈效毅. 化工单元操作技术. 北京：化学工业出版社，2014.

[2] 王志魁，刘丽英，刘伟. 化工原理. 4版. 北京：化学工业出版社，2012.

[3] 姚玉英，黄凤廉，陈常贵，等. 化工原理（上下册）. 2版. 天津：天津大学出版社，2004.

[4] 王志魁. 化工原理. 2版. 北京：化学工业出版社，1998.

[5] 贾绍义，柴诚敬. 化工原理课程设计. 天津：天津大学出版社，2002.

[6] 陈敏恒，丛德滋，齐鸣斋，等. 化工原理（上下册）. 5版. 北京：化学工业出版社，2020.

[7] 厉玉鸣，刘慧敏. 化工仪表及自动化. 6版. 北京：化学工业出版社，2019.

[8] 杨祖荣. 化工原理. 4版. 北京：化学工业出版社，2021.

[9] 大连理工大学化工原理教研室. 化工原理实验. 大连：大连理工出版社，2008.

[10] 冷士良. 化工单元操作. 3版. 北京：化学工业出版社，2019.

[11] 陈群. 化工仿真操作实训. 北京：化学工业出版社，2006.

[12] 杨百梅. 化工仿真. 北京：化学工业出版社，2004.

[13] 赵刚. 化工仿真实训指导. 3版. 北京：化学工业出版社，2013.

[14] 贾绍义. 化工原理及实验. 北京：高等教育出版社，2004.

[15] 苗顺玲. 化工单元仿真实训. 北京：石油工业出版社，2008.

[16] 饶珍. 化工单元操作技术. 北京：中国轻工业出版社，2017.

[17] 刘郁，张传梅. 化工单元操作. 北京：化学工业出版社，2018.

[18] 吴重光. 化工仿真实习指南. 3版. 北京：化学工业出版社，2012.

[19] 杨百梅，刁香，赵世霞. 化工仿真——实训与指导. 3版. 北京：化学工业出版社，2020.